반도체전력변환회로

한경희, 오봉환, 전지용 공저

동일출판사

머리말

이 책은 전기·전자공학을 전공하는 전문대학 및 대학 학부과정의 3, 4학년을 대상으로 다년간 강의한 내용을 정리한 것이다.

반도체소자를 사용한 전력변환회로는 전력을 변환하고 제어하는 분야로 전력전자공학의 토대가 된다. 전력변환은 기본적으로 AC-DC변환, AC-AC변환, DC-AC변환, DC-DC변환으로 나누어지며, 이러한 전력변환은 대용량 전력용반도체소자의 고속스위칭 특성과 제어회로인 소용량의 전자회로를 이용하므로 가능한 것이다.

이 책에서는 전력용반도체소자의 동작원리를 알기 쉽게 해설하고 있으며, 각종 소자의 구조와 동작특성을 소개하고, 이들 소자에 의한 각종 전력변환방식의 기본회로를 해석한다.

이 책의 구성은 다음과 같다.

제1장 서론에서는 전력전자공학의 배경과 그 응용분야를 소개하고, 전력변환회로의 기초가 되는 내용을 요약하였다.

제2장에서는 전력용반도체소자로서 Diode, PNP 및 NPN Transistor, MOSFET, IGBT, SCR, TRIAC, GTO, LASCR, MCT 의 구조 및 동작을 고찰한다.

제3장에서는 AC-DC 변환회로로서 단상정류회로, 단상제어정류회로, 3상 정류회로의 동작을 소개한다.

제4장에서는 AC-AC 변환회로로서 위상제어, 온·오프제어, 부분전압제어방식 및 사이크로 컨버터의 기본회로를 고찰한다.

제5장에서는 DC-AC 변환회로로서 각종 단상 자여식인버터, 3상 자여식인버터의 기본동작을 고찰한다.

제6장에서는 DC-DC 변환회로로서 대용량의 각종 직류쵸퍼방식과 소용량의 각종 스위칭레귤레이터의 기본회로에 대하여 해석한다.

각 장에서는 연습문제 및 해답을 수록하여 전력변환회로의 이해를 쉽도록 하였다. 특히 여러 전력변환회로를 대상으로 시뮬레이션을 하여 결과를 검토할 수 있도록 하였다. 시뮬레이션 소프트웨어는 시중에서 또는 인터넷상에서 쉽게 구입할 수 있는 PSIM을 이용하였다.

본서를 출간하는데 있어서, 저자들의 부족한 부분과 미비한 내용은 독자 여러분들의 지적과 충고를 겸허히 받아들여 보다 좋은 교재가 되도록 노력하겠습니다.

끝으로, 본 교재를 발행하는데 많은 도움을 주신 동일출판사의 관계자 제위께 심심한 사의를 드립니다.

저자씀

차 례

제1장 서 론 / 7

제2장 반도체 소자 / 29

제3장 AC-DC 변환 회로 / 69

01 서 론

반도체 소자를 중심으로 한 전력전자(Power electronics) 공학은 전기공학의 대표적인 주요 분야, 즉 전력과 전자를 결합한 공학 분야로 40여년의 실적을 갖게 되어, 전력변환은 물론 모든 전력응용분야에 이용되고 있다. 특히 최근에는 자기소호 능력을 갖는 대용량의 전력용 반도체소자가 계속 등장하고, 또 마이크로프로세서(Micro Processor)의 도입에 의해 반도체 전력변환장치의 제어성능은 한층 고도화되어, 그 응용분야도 다양하게 변모했다. 즉, 고속 스위칭 소자를 사용한 자여식 인버터에 의한 교류전동기 가변속 시스템, 또는 컴퓨터 관련기기의 전원으로서 무정전전원장치(UPS) 및 스위칭 레귤레이터(Switching Regulator)등의 응용분야가 확대되고, 나아가서 장래의 주요 분야로 주목되고 있는 태양전지나 연료전지 등 직류발전의 새로운 에너지시스템에서의 인버터의 역할 및 고조파 전류를 흡수하는 능동필터(Active Filter)에 대해서도 다방면에서 연구되고 있다.

1-1 전력전자 공학의 개요

전력전자(Power electronics)라 함은 문자가 표시하는 바와 같이 전력분야와 전자분야를 통합한 공학분야로서 다음과 같이 정의하고 있다. 대용량의 전력용 반도체소자를 이용한 전력회로와 소용량의 제어용 반도체소자를 이용한 전자회로(또는 제어회로)를 사용하여 전력을 변환하고, 제어하고, 개폐하는 학문분야를 말한다. 이와 같이 정의되고 있는 전력전자 공학은 전기와 관련되는 모든 분야 즉, 전력시스템은 물론, 산업시스템, 교통시스템, 정보시스템 및 가전제품 등 모든 분야에 영향을 미치고 있다.

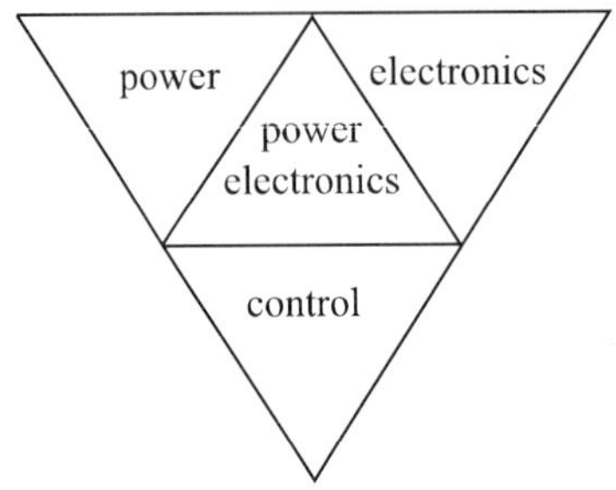

그림 1-1 전력전자의 구성

그림 1-1은 미국 WH(Whesting House) 회사의 Newell이 1973년 전력전자 전문가 회의에서 발표한 주제강연 중에 사용한 도형을 참고로 하여 전력전자는 반도체소자를 이용해서 전기공학의 3대 분야를 종합한 것으로 표현하고 있다.

(1) **전력분야** : 전력분야는 전력의 발전, 송전, 배전 및 부하에 관한 내용으로 전력전자 시스템응용에 기초가 되는 분야이다.

(2) **전자분야** : 전자분야는 제어목적을 달성하기 위한 제어신호의 발생과 각종 신호처리를 위한 소용량의 아날로그(analog) 및 디지털(digital) 전자회로의 설계와 구성에 관한 내용으로, 전력전자시스템 응용에 있어서 신경 및 두뇌가 되는 중요분야이다.

(3) **제어분야** : 제어분야는 폐루프 제어시스템(closed loop control system)의 안정도와 응답특성의 향상을 위한 이론과 알고리즘에 관한 내용으로 전력전자 시스템응용의 성능을 결정하는 분야이다. 물론 이들 각 분야는 분야별로 적정한 성능을 갖고 있는 반도체소자를 사용함으로서 가능하다.

전력전자 공학은 1957년 미국의 GE 회사에 의해 상품화가 시작된 SCR Thyristor라는 전력용 반도체소자의 개발로부터 시작되었으며, 이 전력용 반도체소자들의 혁신적인 개발에 의해 전력전자분야는 눈부신 발전을 하고 있다. 현대의 전력전자 공학은 매우 복합적인 공학분야로서, 전력용 반도체소자의 특성과 응용, 전력변환기의 회로구성, 전력계통, 회전기계, 정지기기, 제어이론, 마이크로프로세서, 컴퓨터응용, 아날로그/디지털 회로설계, 신호처리이론 및 센서응용 등 전기공학 전반을 융합한 학문이다. 이들 각 분야가 계속 발전하여감에 따라 전력전자 공학도 계속 발전하고 있는 단계에 있다고 볼 수 있다.

1-2 전력변환 방식

전력은 크게 직류전력과 교류전력으로 분류되며, 전력변환 방식의 기본은 다음과 같이 4가지로 나눌 수 있다.

(1) AC-DC변환

교류전력을 직류전력으로 변환하는 것으로, 보통 정류회로(Rectifier)라 한다. 제 3장에서 고찰한다.

(2) AC-AC변환

교류전력은 전압과 전류의 크기, 주파수, 위상 및 상수로 결정되며, AC-AC변환이라 함은 이들 중 하나 또는 그 이상을 변환하는 것을 의미한다. 예를 들면 교류쵸퍼(AC chopper) 또는 위상제어에 의하여 교류전력을 개폐함으로서 주파수나 상수의 변화 없이 전력의 크기(실효치)를 제어하는 방법이 있으며, 사이클로컨버터(cycloconverter)에 의하여 주파수와 크기를 가변할 수 있는 것이다. 제4장에서 고찰한다.

(3) DC-AC변환

직류전력을 교류전력으로 변환하는 것으로, 출력인 교류전력의 주파수를 가변 할 수 있는 변환기와 가변할 수 없는 변환기로 구분되며, 전자를 자여식인버터라 부르고, 후자를 타여식 인버터라 부른다. 제 5장에서 고찰한다.

(4) DC-DC변환

직류전력을 다른 크기의 직류전력으로 변환하는 것으로, 대용량의 DC-DC변환기는 보통 쵸퍼(chopper)라 부르고(정확하게는 DC chopper임), 소용량의 DC-DC변환기는 파워서플라이(power supply), 스위칭모드 레귤레이터(switching mode regulator) 및 SMPS(Switched-Mode Power Supply)로 불리고 있다. 제6장에서 고찰한다.

1-3 전력전자 공학의 응용

현재의 전력전자 공학의 응용분야는 매우 다양하여 전기, 전자와 관계되는 모든 분야에 활용되고 있다. 발전소에서부터 송전소, 변전소 및 수용가에 이르는 전력계통, 산업시스템, 전동기 구동시스템, 교통시스템 및 정보시스템 등에 다양하게 응용되고 있다. 몇 가지

예를 들어보기로 한다.

(1) 지하철 및 전철

대중 교통난 해소에 큰 역할을 하고 있는 우리나라 지하철은 1974년 8월 15일 개통 이래 현재 수도권, 부산 및 대구에서 운행 중이며, 인천, 광주, 대전 등지에서도 건설 중이거나 계획 중에 있다. 서울 지하철 제 1호선을 비롯한 1995년 이전에 완성된 지하철의 견인 전동기는 직류전동기로서 직류전원을 공급하기 위한 대용량의 AC-DC변환기가 사용되고 있다. 또한 1995년 이후부터는 견인전동기로서 직류전동기와 비교하여 여러 면에서 우수한 교류전동기로 대치하게 되었으며, 이 경우 대용량의 인버터(DC-DC변환기)가 사용되고 있다.

(2) 고속전철시스템

세계적으로 고속전철은 1964년 일본의 신간선(최고속도 250km/h)을 시작으로 1981년 프랑스의 TGV(Tres Grande Vitesse:초고속열차)(최고속도 380km/h), 1991년 독일의 ICE(Inter City Express)(최고속도 250km/h), 1992년 스페인의 AVE(Alta Velocidad Espanola)(최고속도 250km/h) 순으로 개통된 이래, 2004년 4월 1일 한국의 고속철도가 개통되었다. 고속철도의 견인 전동기는 교류전동기를 사용하고 있으며, 현재는 300km/h이상으로 추진하고 있는 실정이다.

고속전철에 응용되는 전력전자공학은 전력공급시스템, 견인전동기 구동 시스템, 차량내 보조전원 시스템 등이 있다.

(3) 전기자동차

가솔린 자동차에 의한 공해를 해결하고자 전기자동차 개발연구가 활발하며, 이미 부분적으로 실용화 되어있다. 전기자동차의 견인 전동기로 교류전동기를 사용하는 경우에는 직류인 전지를 VVVF(Variable Voltage Variable Frequency) 인버터를 사용하여 교류변환 하여야 하며, 고밀도 급속충전이 가능한 전지의 개발 등이 필요하다.

(4) 기타

상기 외에 우주선 및 항공기, 경전철, 핵융합발전, 고압직류송전, 전력저장 및 정보통신시스템을 비롯하여 일반산업용으로서 전기도금 및 제철, 공조시스템, 유도가열, 기중기, 전기용접, 전기집진 등 응용범위의 한계가 없을 정도이다.

이 책에서는 전력용 반도체소자를 사용한 전력변환회로에 대하여 고찰하기로 한다.

1-4 전력전자 공학의 기초

1 평균값

그림 1-1(a), (b)와 같이 주기 T를 갖는 전류 $i(t)$의 평균값 I_a는 다음과 같이 정의한다.

$$I_a = \frac{1}{T}\int_0^T i(t)\,dt \tag{1-1}$$

일반적으로 위의 평균값은 직류평균값(DC mean value)이라고도 불리우며, 평균값이라 하면 보통 직류평균값을 의미한다. 또한 전압 $v(t)$의 평균값 V_a는 다음과 같이 정의된다.

$$V_a = \frac{1}{T}\int_0^T v(t)\,dt \tag{1-2}$$

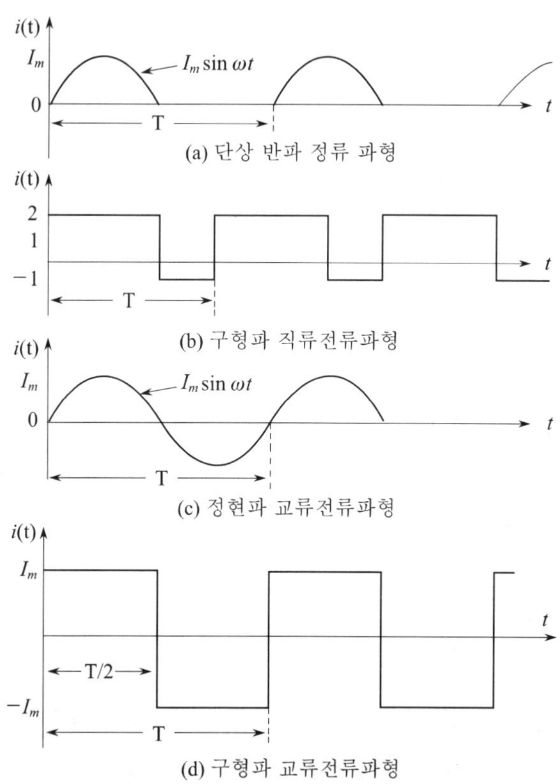

그림 1-1 전류파형

이에 대하여 그림 1-1(c), (d)와 같이 주기 T를 갖는 교류에서는 양(+)의 값과 음(-)의 값이 동일하므로 직류평균값은 영(zero)이되어 의미가 없다. 그러므로 교류파형에 대해서는 직류평균값과 달리 교류평균값(AC mean value)을 정의하여 사용한다.

$$I_a = \frac{1}{T}\int_0^T |i(t)|\,dt \tag{1-3}$$

일반적으로 위의 평균값은 정류평균값(rectified mean value)이라고도 불리운다. 예를들어 교류전류 $i(t) = I_m \sin\omega t$의 교류평균값 I_{AC}는 다음과 같다.

$$\begin{aligned} I_{AC} &= \frac{1}{T}\int_0^T |I_m \sin\omega t|\,dt = \frac{1}{T/2}\int_0^{T/2} I_m \sin\omega t\,dt \\ &= \frac{2}{\pi} I_m \end{aligned} \tag{1-4}$$

2 실효값

파형이 다른 여러 가지 주기파형의 실효값(effective value)은 주기적인 파형의 전압이나 전류에 의한 저항에서의 열효과의 크기를 나타내며, 그 크기는 주기적인 전류나 전압과 동일한 효과를 내는 직류전류나 직류전압의 크기로 결정한다.

그림 1-2의 저항회로에 그림 1-3(a)와 같이 시간에 따라 변함이 없는 직류전류 $i(t) = I$가 흐를 때와 그림 1-3(b)와 같이 시간에 따라 변하는 주기전류 $i(t)$가 흐를 때 각각의 전류에 의하여 1주기 T[sec] 동안에 발생하는 열량 Q[W·sec]가 같게 되는 조건은

$$Q = \int_0^T RI^2\,dt = \int_0^T Ri^2\,dt \tag{1-5}$$

이 되며, 따라서 $i(t)$가 일정한 전류 I와 동일한 효과를 갖기 위해서는

$$I = \sqrt{\frac{1}{T}\int_0^T i^2\,dt} \tag{1-6}$$

가 되어야 한다. 이 일정한 값 I를 주기전류 $i(t)$의 실효값이라고 한다. 결국 실효값은 그림 (1-3)(c)와 같이 순시전류 $i(t)$의 제곱에 대한 평균값의 제곱근을 의미하므로 실효값을 rms(root mean square value)라고도 한다.

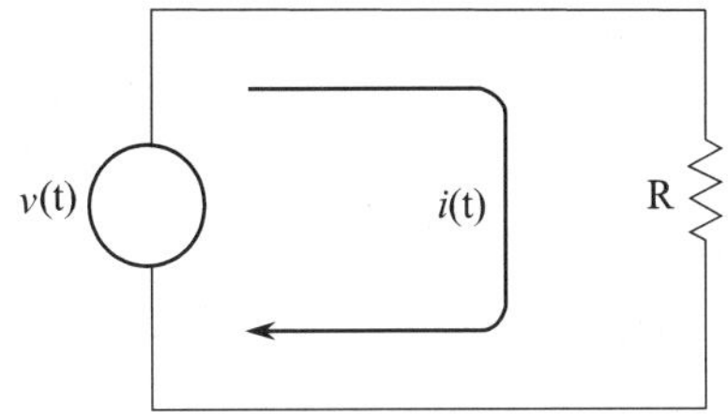

그림 1-2 저항회로

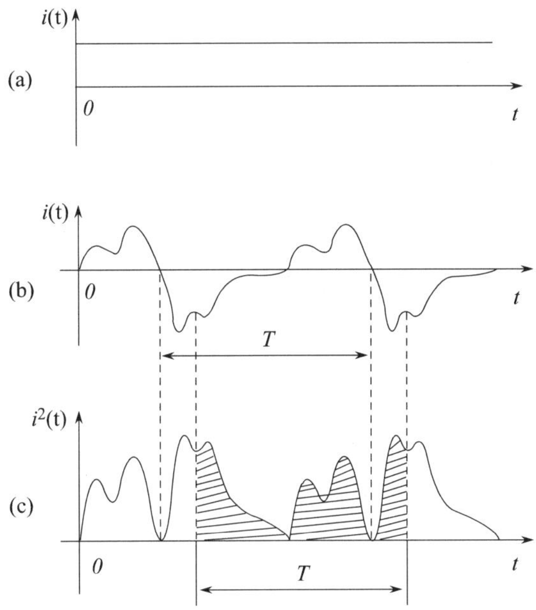

그림 1-3 실효값의 의미

전압의 실효값도 동일한 방법으로 정의 될 수 있다. 즉 저항 R에 주기전압 $v(t)$와 일정 직류전압 V가 각각 인가되는 경우 한주기 T[sec]동안 동일한 열량을 발생하는 조건은

$$Q = \int_0^T R\left(\frac{V}{R}\right)^2 dt = \int_0^T R\left(\frac{v}{R}\right)^2 dt \tag{1-7}$$

이 되며, 따라서 $v(t)$가 일정한 전압 V와 동일한 효과를 갖기 위해서는 다음 관계식이 성립해야 한다.

$$V = \sqrt{\frac{1}{T}\int_0^T v^2\,dt} \tag{1-8}$$

주기파형의 실효값은 그것과 동일한 열효과를 나타내는 직류값과 관련이 있으므로 V, I, E 등과 같이 직류에서의 기호와 같이 소문자 대신 대문자를 사용하거나 V_r, I_r, E_r 또는 V_{rms}, I_{rms} E_{rms}와 같이 아래첨자를 사용하여 표기하기도 한다.

다음에 주기전류 $i(t)$ 또는 주기전압 $v(t)$가 저항 R에 인가될 때 소비되는 평균전력 P는

$$P = \frac{1}{T}\int_0^T Ri^2\,dt = RI^2 \tag{1-9}$$

$$P = \frac{1}{T}\int_0^T R\left(\frac{v}{R}\right)^2 dt = \frac{V^2}{R} \tag{1-10}$$

가 되어, 평균 소비전력은 실효값의 제곱에 비례한다.

또한 교류전류 $i(t) = I_m \sin\omega t$의 실효값 I는

$$I = \sqrt{\frac{1}{T}\int_0^T (I_m \sin\omega t)^2\,dt} = \frac{I_m}{\sqrt{2}} \tag{1-11}$$

가 되어, 전류 최대치 I_m의 $\dfrac{1}{\sqrt{2}}$배가 된다. 정현파 전압 $v(t) = V_m \sin\omega t$의 실효값 V는

$$V = \sqrt{\frac{1}{T}\int_0^T (V_m \sin\omega t)^2\,dt} = \frac{V_m}{\sqrt{2}} \tag{1-12}$$

가 된다. 결론적으로 정현파 전류와 전압의 최대값과 실효값 사이에는 다음의 관계가 있다.

$$I_m = \sqrt{2}\,I\,[\mathrm{A}], \quad V_m = \sqrt{2}\,V\,[\mathrm{V}] \tag{1-13}$$

3 순시전력과 평균전력

그림 1-4의 회로는 임의의 단상회로 2개가 단자(terminal) a와 b로 서로 연결된 상태를 표시한다. 이 그림에 표시한 바와 같이 전류 i와 전압 v의 기준방향을 정했을 때 회로

-1로부터 회로-2로 전달되는 순시전력(instantaneous power)은 다음과 같다.

$$p(t) = v(t) \cdot i(t) \tag{1-14}$$

여기에서 전압 v와 전류 i가 일정한 주기 T를 갖는 주기파라 하면 회로-1로부터 회로-2로 전달되는 순시전력의 한 주기 평균값, 즉 평균전력(average power)은 다음과 같이 되며, 이 값은 순시전력의 직류평균값을 나타낸다.

$$P = \frac{1}{T}\int_0^T p(t)\,dt = \frac{1}{T}\int_0^T v(t) \cdot i(t)\,dt \tag{1-15}$$

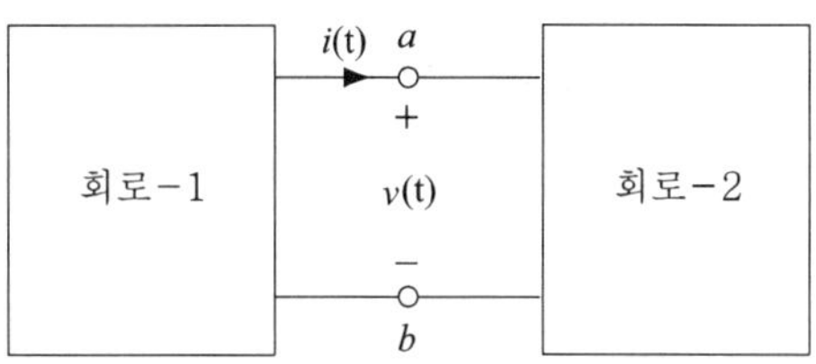

그림 1-4 단상의 전력전달

예를 들어, 전압과 전류가 다음과 같은 정현파인 경우를 고려하자.

$$v(t) = \sqrt{2}\,\mathrm{V}\sin wt \tag{1-16}$$

$$i(t) = \sqrt{2}\,\mathrm{I}\sin(wt - \phi) \tag{1-17}$$

여기에서 V와 I는 각각 $v(t)$, $i(t)$의 실효값이며, ϕ는 전압의 위상을 기준으로 했을 때 전류의 위상지연을 나타낸다. 또 ω는 주기파의 각주파수를 나타내며 $w = 2\pi f = 2\pi/T$이다. 이때 회로-1 로부터 회로-2로 전달되는 순시전력은

$$p(t) = v(t) \cdot i(t) = VI\cos\phi - VI\cos(2\omega t - \phi) \tag{1-18}$$

가 되고, 평균전력은 다음과 같다.

$$P = \frac{1}{T}\int_0^T v \cdot i\,dt = VI\cos\phi \tag{1-19}$$

다음은 3상에 대하여 고찰한다. 그림 1-5의 회로는 3단자를 갖는 임의의 두 회로가 서로 접속된 경우이다. 그림에서 i_a, i_b, i_c는 선전류이며, v_a, v_b, v_c는 3상의 각 상전압이며, v_{ab}, v_{bc}, v_{ca}는 선간전압이다.

이 회로에서 키르히호프의 전류 및 전압법칙을 적용하면

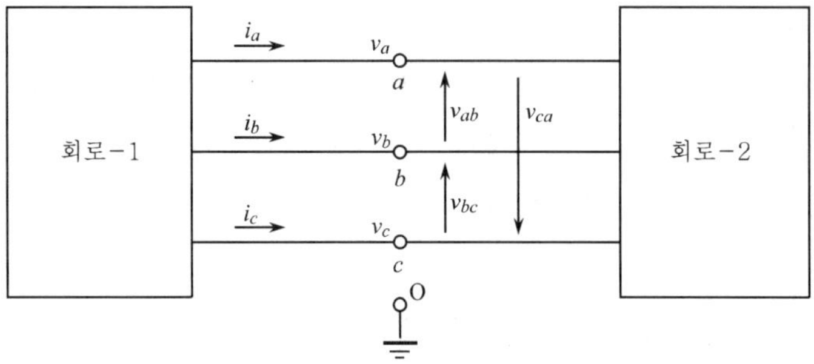

그림 1-5 3상의 전력전달

$$i_a + i_b + i_c = 0 \tag{1-20}$$

$$v_{ab} + v_{bc} + v_{ca} = 0 \tag{1-21}$$

회로-1에서 회로-2로 전달되는 순시전력 $p(t)$는 다음과 같다.

$$p(t) = i_a v_a + i_b v_b + i_c v_c \tag{1-22}$$

또한 선간전압을 사용한 순시전력 $p(t)$는 식 (1-22)에 식 (1-20)을 대입하여 정리하면 다음과 같이 표현된다.

$$\begin{aligned} p(t) &= i_a v_a + (-i_a - i_c) v_b + i_c v_c \\ &= i_a (v_a - v_b) - i_c (v_b - v_c) \\ &= i_a v_{ab} - i_c v_{bc} \end{aligned} \tag{1-23}$$

회로-1에서 회로-2로 전달되는 평균전력은

$$\begin{aligned} P &= \frac{1}{T}\int_0^T p(t)\,dt = \frac{1}{T}\int_0^T (i_a v_a + i_b v_b + i_c v_c)dt \\ &= \frac{1}{T}\int_0^T (i_a v_{ab} - i_c v_{bc})\,dt \end{aligned} \tag{1-24}$$

가 된다. 예를 들어 전압과 전류가 3상 대칭인 정현파인 경우,

$$\begin{bmatrix} v_a \\ v_b \\ v_c \end{bmatrix} = \sqrt{2}\,\mathrm{V} \begin{bmatrix} \sin\omega t \\ \sin\left(\omega t - \dfrac{2\pi}{3}\right) \\ \sin\left(\omega t - \dfrac{4\pi}{3}\right) \end{bmatrix} \tag{1-25}$$

$$\begin{bmatrix} i_a \\ i_b \\ i_c \end{bmatrix} = \sqrt{2}\,I \begin{bmatrix} \sin(\omega t - \phi) \\ \sin\left(\omega t - \phi - \dfrac{2\phi}{3}\right) \\ \sin\left(\omega t - \phi - \dfrac{4\pi}{3}\right) \end{bmatrix} \tag{1-26}$$

일 때 식 (1-25)와 식 (1-26)을 식 (1-24)에 대입하여 평균전력을 구하면 다음과 같다.

$$P = 3\,VI\cos\phi = \text{일정} \tag{1-27}$$

이 식으로부터 알 수 있는 것은, 3상 대칭 정현파의 전압과 전류가 인가될 경우 회로-1에서 회로-2로 전달되는 평균전력은 시간에 관계없이 일정한 값이 된다.

4 유효전력과 무효전력

전압과 전류가 식 (1-16)과 식 (1-17)과 같은 정현파인 경우, 전류 $i(t)$는

$$\begin{aligned} i(t) &= \sqrt{2}\,I\sin(\omega t - \phi) \\ &= \sqrt{2}\,I(\sin\omega t \cdot \cos\phi - \cos\omega t \cdot \sin\phi) \end{aligned} \tag{1-28}$$

와 같이 정리되므로, 이 전류파형은 전압 $v(t)$와 동상인 성분 i_d와, 90°의 위상차를 갖는 성분 i_q로 다음과 같이 나눌 수 있다.

$$i_d = \sqrt{2}\,I\cos\phi \cdot \sin\omega t \tag{1-29}$$

$$i_q = -\sqrt{2}\,I\sin\phi \cdot \cos\omega t = \sqrt{2}\,I\sin\phi \cdot \sin(\omega t - 90°) \tag{1-30}$$

그러므로 $i(t) = i_d(t) + i_q(t)$이며 이러한 전압, 전류의 파형과 페이저(phasor)도를 그림 1-6에 표시한다.

그러므로 순시전력 $p(t)$는 전압 $v(t)$의 동상분 i_d와 90°의 위상차를 갖는 성분 i_q로부터 다음과 같이 두 종류의 순시 전력의 성분으로 나눌 수 있다.

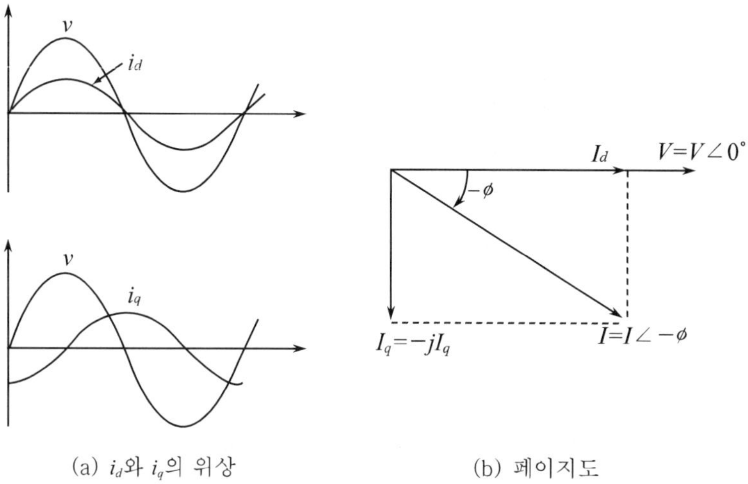

그림 1-6 i_d, i_q와 v의 관계

$$p(t) = p_d(t) + p_q(t) \tag{1-31}$$

여기에서

$$p_d(t) = vi_d = VI\cos\phi - VI\cos\phi \cdot \cos 2\omega t \tag{1-32}$$

$$p_q(t) = vi_q = -VI\sin\phi \cdot \sin 2\omega t \tag{1-33}$$

이다. p_d와 p_q는 모두 $2\omega t$의 주파수로 진동하는 파형으로, p_d는 $VI\cos\phi$의 평균값을 갖고, p_q는 평균값이 0(영)이다. 즉, 그림 1-4에서 p_d는 회로-1로부터 회로-2로의 전력전달에 기여하지만, p_q는 회로-1과 회로-2사이를 왕복하는 전력으로 실제의 에너지 전달에는 기여하지 못하는 전력으로 이것을 무효전력(reactive power)이라 한다.

p_d의 평균값 ($VI\cos\phi$)은 회로-1에서 회로-2로 전달된 전력의 평균값으로 이를 유효전력(active power)이라 한다. 그림 1-6(b)의 페이저도로부터 유효전력 P는 v의 실효값 V와 i_d의 실효값 I_d ($=I\cos\phi$)의 곱이 된다. 즉

$$P = VI_d = VI\cos\phi\,[\mathrm{W}] \tag{1-34}$$

이며, 이에 대하여 v의 실효값 V와 무효분 i_q의 실효값 I_q($=I\sin\phi$)의 곱으로 정의되는 무효전력 Q는 다음과 같다.

$$Q = VI_q = VI\sin\phi\,[\text{var}] \tag{1-35}$$

여기에서, $\phi > 0$이면 $i(t)$는 $v(t)$보다 ϕ만큼 위상이 뒤지며 $Q > 0$이고, $\phi < 0$이면 $i(t)$는 $v(t)$보다 ϕ만큼 위상이 앞서며 $Q < 0$이 된다. 또한 식 (1-34)와 식 (1-35)에서 VI를 피상전력(apparent power)이라 정의하며, 피상전력 S는

$$S = VI\,[\text{VA}] \tag{1-36}$$

이다. 즉, 피상전력 S란 전압과 전류의 실효값의 곱으로 단위는 볼트-암페어 [VA]이다. 일반적으로 전기장치나 설비의 전력용량은 피상전력의 크기로 나타낸다. 이것은 전기장치나 설비의 가격(cost)수준은 피상전력 용량과 밀접한 관련이 있기 때문이다. 전기 장치의 절연수준이나 마그네틱 코어의 크기는 전압의 실효값 V에 의해 결정되며, 도선의 굵기는 주로 전류의 실효값 I에 따라 결정되고 있다.

유효전력 P, 무효전력 Q 및 피상전력 S 사이에는

$$P^2 + Q^2 = (VI\cos\phi)^2 + (VI\sin\phi)^2 = (VI)^2 = S^2 \tag{1-37}$$

의 관계가 성립한다.

전력전달의 관점에서 실제적으로 유용한 성분은 유효전력뿐이다. 그러므로 발전기, 송전선, 변압기 등에서의 열손실은 유효전력과 무효전력에서 비롯되므로 보통 무효전력을 최소화함으로서 전력전달의 효율을 높이고 있다.

전력전달의 효율성을 역률(power factor) PF라 하여 다음과 같이 정의하고 있으며, 전압과 전류가 정현파일 경우

$$PF = \frac{\text{유효전력}}{\text{피상전력}} = \frac{P}{S} = \frac{VI\cos\phi}{VI} = \cos\phi \tag{1-38}$$

가 된다. 여기에서 ϕ의 부호에 따라 $\phi > 0$이면 지상역률(lagging power factor), $\phi < 0$이면 진상역률(leading power factor)이라고 정의한다.

그리고, 평형3상 회로에서의 유효전력과 무효전력은 임의의 한 상에 대하여 유효전력과 무효전력을 계산하고, 이 값을 3배하여 얻는다. 또 평형3상회로의 역률은 임의의 한 상에 대한 역률과 같다.

그림 1-7(a)는 식 (1-25), 식 (1-26)의 평형3상 정현파 상전압과 전류의 벡터(vector)도이고, (b)는 상전압과 선간전압과의 관계를 나타내는 벡터도이다. 예를 들면 a

상과 b상 간의 선간전압 $V_{ab} = V_a - V_b = V_a \angle 30°$이므로 V_{ab}는 V_a보다 위상이 30° 앞서고 실효값 V_L은 $V_L = \sqrt{3}\,V$의 크기를 갖는다.

그림 1-7에서, a상에 대한 유효전력 P_a와 무효전력 Q_a를 구하면

$$P_a = VI\cos\phi \tag{1-39}$$

$$Q_a = VI\sin\phi \tag{1-40}$$

가 되므로, 3상 회로의 유효전력 P_3와 무효전력 Q_3는

$$P_3 = 3P_a = 3VI\cos\phi = \sqrt{3}\,V_L I\cos\phi \tag{1-41}$$

$$Q_3 = 3Q_a = 3VI\sin\phi = \sqrt{3}\,V_L I\sin\phi \tag{1-42}$$

와 같다. 단, 이와 같이 3상회로의 전력전달을 계산할 수 있는 경우는 반드시 3상전류와 전압이 평형일 경우이다. 또 3상회로의 전류, 전압이 비정현파(nonsinusoidal waveform)일지라도 평형이라는 조건만 만족하면 무효전력과 유효전력은 임의의 한 상에 대한 계산으로부터 구할 수 있다.

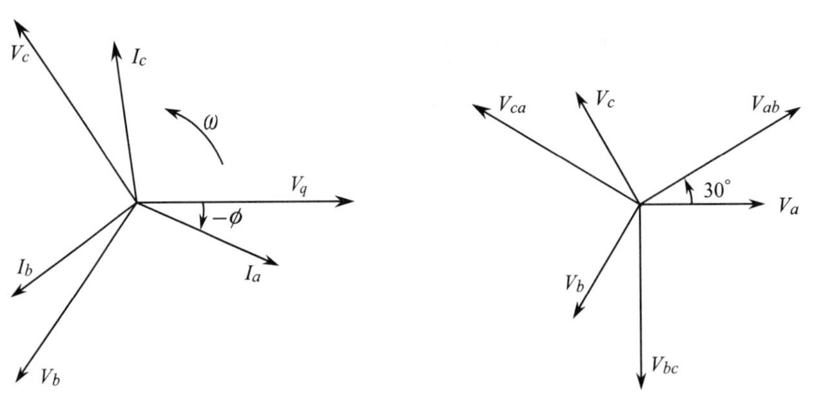

(a) 평형 3상 전압과 전류 (b) 평형 3상 상전압과 선간전압

그림 1-7 평형 3상 전원

5 비정현 주기파

반도체 소자를 이용한 전력변환기의 입력과 출력 파형은 반도체 스위치의 주기적인 스위칭에 의하여 얻어지므로 정현파가 아닌 복잡한 모양의 비정현 주기파(nonsinusoidal periodic waveform)가 된다.

그림 1-8에서 보듯이 비정현 주기파의 주기 T(또는 2π)에 대하여 $f=1/T=\omega/2\pi$를 기본주파수(fundamental frequency)라 한다. 일반적으로 비정현 주기파는 이러한 기본 주파수의 정현파와 기본 주파수의 정수배의 주파수를 갖는 정현파들의 합으로 표현될 수 있는데, 각각의 성분들은 수학적으로 푸리에 전개(Fourier expansion)에 의하여 구할 수 있다. 여기에서 기본 주파수의 정현파를 기본파(fundamental wave)라 하고, 기본 주파수의 정수배의 주파수를 갖는 정현파들을 고조파(harmonics)라 한다.

일반적으로, 주기 $T(=1/f=2\pi/\omega)$를 갖는 비정현 주기파 $f(t)$는 다음과 같이 표현될 수 있다.

$$f(t)=a_0+\sum_{n=1}^{\infty}(a_n\cos n\omega t+b_n\sin n\omega t) \tag{1-43}$$

여기서, a_0, a_n, b_n은 다음과 같다.

$$a_0=\frac{1}{T}\int_0^T f(t)dt=\frac{1}{2\pi}\int_0^{2\pi}f(\omega t)d(\omega t) \tag{1-44}$$

$$a_n=\frac{2}{T}\int_0^T f(t)\cos n\omega t\, dt=\frac{1}{\pi}\int_0^{2\pi}f(\omega t)\cos n\omega t\, d(\omega t) \tag{1-45}$$

$$b_n=\frac{2}{T}\int_0^T f(t)\sin n\omega t\, dt=\frac{1}{\pi}\int_0^{2\pi}f(\omega t)\sin n\omega t\, d(\omega t) \tag{1-46}$$

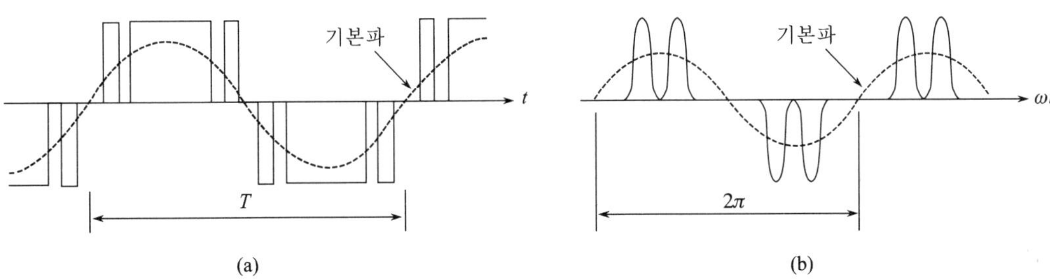

그림 1-8 비정현 주기파

이와 같이 $f(t)$를 여러 주파수 성분의 정현파와 여현파의 성분들로 분해하는 것을 푸리에 급수로 전개한다고 한다. 또, $f(t)$를 푸리에 급수로 전개하기 위하여 구해야 할 $a_n(n=0,\ 1,\ 2...)$과 $b_n(n=1,\ 2,\ ...)$을 푸리에 계수라고 한다.

식 (1-43)에서 동일 주파수의 cos항과 sin항을 결합하면, 다음 식과 같다.

$$f(t) = a_0 + \sum_{n=1}^{\infty} c_n \sin(n\omega t + \phi_n) = a_0 + \sum_{n=1}^{\infty} c_n \cos(n\omega t + \theta_n) \qquad (1-47)$$

단,

$$c_n = \sqrt{a_n^2 + b_n^2} \qquad (1-48)$$

$$\phi_n = \tan^{-1}\frac{a_n}{b_n} \qquad (1-49)$$

$$\theta_n = \tan^{-1}\left(-\frac{b_n}{a_n}\right) \qquad (1-50)$$

이다.

식 (1-47)에서 알 수 있는 것처럼, 비정현 주기파 $f(t)$는 다음과 같이 여러 성분으로 나누어진다.

$$\begin{aligned} f(t) &= F_{DC} + f_{ac}(t) \\ &= F_{DC} + f_f(t) + f_h(t) \end{aligned} \qquad (1-51)$$

여기서,

$$F_{DC} = a_0 = f(t)\text{의 직류성분(평균값)} \qquad (1-52)$$

$$f_{ac}(t) = \sum_{n=1}^{\infty} c_n \sin(n\omega t + \phi_n) \ \text{(교류성분)} \qquad (1-53)$$

$$f_f(t) = c_1 \sin(\omega t + \phi_1) \ \text{(기본파 성분)} \qquad (1-54)$$

$$f_h(t) = c_2 \sin(2\omega t + \phi_2) + c_3 \sin(3\omega t + \phi_3) + \cdots \ \text{(고조파 성분)} \qquad (1-55)$$

이다.

또, 고조파의 각 성분 $f_h(t)[= c_n \sin(n\omega t + \phi_n)]$을 n차의 고조파(nth harmonic)라고 한다. 그러므로 기본파란 1차의 고조파를 말하며, 그림 1-8에는 이러한 기본파 성분이 점선으로 나타나 있다.

한편, 푸리에 전개를 할 때, 주어진 주기함수 $f(t)$의 대칭성을 이용하면 푸리에 계수들의 계산에 있어서 계산량을 줄일 수 있다. 표 1에는 대칭성에 따라 푸리에 계수들을 구하는 방법이 정리되어 있다. 또한, 푸리에 전개에 대하여 다음과 같은 사실들을 정리할 수 있다.

(1) 좌표축을 상하로 이동하면, 평균값(a_0)이 달라질 뿐 a_n, b_n에는 변함이 없다.

(2) 좌표축을 좌우로 이동하면 평균값은 불변이나 a_n, b_n은 변한다. 그러나 c_n의 값은 변하지 않는다. 즉, c_n의 값은 좌표축의 설정과는 관계없이 파형의 형태에 따라 정해진다.

그러므로, 주어진 파형이 표 1에 보인 대칭성을 갖지 않더라도, 파형이나 좌표축을 상하, 좌우로 이동시켜 대칭성을 찾을 수 있으면, 이때의 푸리에 급수를 먼저 구한 후 다시 반대로 좌표축이나 파형을 이동하면 된다.

표 1 대칭성과 푸리에 계수의 결정

대 칭 성		a_n과 b_n (단, $\theta=\omega t$)
우 함 수	$f(t)=f(-t)$	$b_n=0 \quad a_n=\frac{2}{\pi}\int_0^{\pi} f(\theta)\cos(n\theta)d\theta$
기 함 수	$f(t)=-f(-t)$	$a_n=0 \quad b_n=\frac{2}{\pi}\int_0^{\pi} f(\theta)\sin(n\theta)d\theta$
반파대칭	$f(t)=-f\left(t\pm\frac{T}{2}\right)$	$a_n=b_n=0$ ($n=$은 짝수)
		$a_n=\frac{2}{\pi}\int_0^{\pi} f(\theta)\cos(n\theta)d\theta$ ($n=$홀수)
		$b_n=\frac{2}{\pi}\int_0^{\pi} f(\theta)\sin(n\theta)d\theta$ ($n=$홀수)
우함수이고 반파대칭인 경우		$b_n=0$
		$a_n=\begin{cases} 0 & (n=\text{짝수}) \\ \frac{4}{\pi}\int_0^{\pi/2} f(\theta)\cos(n\theta)d\theta & (n=\text{홀수}) \end{cases}$
기함수이고 반파대칭인 경우		$a_n=0$
		$b_n=\begin{cases} 0 & (n=\text{짝수}) \\ \frac{4}{\pi}\int_0^{\pi/2} f(\theta)\sin(n\theta)d\theta & (n=\text{홀수}) \end{cases}$

비정현 주기파가 푸리에 급수로 표현될 때 각 성분들의 실효값과 전체 실효값과의 관계를 살펴본다. 주기 T를 갖는 주기적인 전류 $i(t)$의 실효값 I_r은 다음과 같다.

$$I_r = \sqrt{\frac{1}{T}\int_0^T i^2 dt} \tag{1-56}$$

여기에서 비정현 주기전류 $i(t)$의 푸리에 전개식은

$$i(t) = I_0 + \sqrt{2}\{I_1 \sin(\omega t + \phi_1) + I_2 \sin(2\omega t + \phi_2) + I_3 \sin(3\omega t + \phi_3) + \cdots\} \tag{1-57}$$

이다. 여기에서 I_0는 직류성분(평균값)이고, $I_n (n = 1, 2, 3 \ldots)$은 n차 고조파의 실효값을 나타낸다. 그러므로 식 (1-57)를 식 (1-56)에 대입하여 정리하면

$$I_r = \sqrt{I_0^2 + I_1^2 + I_2^2 + I_3^2 + \cdots} \tag{1-58}$$

가 된다. 즉, 비정현 주기전류의 실효값은 직류성분 및 각 고조파의 실효값의 제곱의 합의 제곱근으로 구해진다.

다음은 비정현 주기파의 전력에 대하여 고찰한다. 주기 T를 갖는 비정현 주기파의 전압 $v(t)$와 전류 $i(t)$가 푸리에 전개에 의하여 다음과 같이 표현된다.

$$v(t) = V_0 + \sqrt{2}\{V_1 \sin(\omega t + \alpha_1) + V_2 \sin(2\omega t + \alpha_2) + \cdots\} \tag{1-59}$$

$$i(t) = I_0 + \sqrt{2}\{I_1 \sin(\omega t + \beta_1) + I_2 \sin(2\omega t + \beta_2) + \cdots\} \tag{1-60}$$

이 전압과 전류에 의하여 그림 1-4의 회로-1에서 회로-2로 전달되는 평균 전력 P는 식 (1-59)와 식 (1-60)을 식 (1-15)에 대입하여 구할 수 있다. $\phi_n = \alpha_n - \beta_n (n = 1, 2, 3, \ldots)$일 때 이 식들을 정리하면 다음과 같이 구해진다.

$$P = \frac{1}{T}\int_0^T vi\, dt = V_0 I_0 + V_1 I_1 \cos\phi_1 + V_2 I_2 \cos\phi_2 + \cdots \tag{1-61}$$

여기에서

$$P_0 = V_0 I_0 \tag{1-62}$$

$$P_n = V_n I_n \cos\phi_n (n = 1,2,3 \cdots) \tag{1-63}$$

라 놓으면

$$P = P_0 + P_1 + P_2 + P_3 + \cdots \tag{1-64}$$

로 표현된다. 즉 비정현 주기파에 의하여 전달되는 평균전력은 각 고조파가 단독적으로 공급하는 평균전력의 합과 같다.

또한, 비정현 주기파의 전압, 전류에 대한 피상전력 S는 정현파에서의 경우와 동일하게 전압, 전류의 실효값의 곱으로 정의된다. 즉,

$$S = VI = \sqrt{V_0^2 + V_1^2 + V_2^2 + \cdots} \times \sqrt{I_0^2 + I_1^2 + I_2^2 + \cdots} \tag{1-65}$$

가 되며, 역률 PF는 식 (1-38)에 의하여

$$PF = \frac{P}{S} = \frac{V_0 I_0 + \sum_{n=1}^{\infty} V_n I_n \cos\phi_n}{\sqrt{\sum_{n=0}^{\infty} {V_n}^2} \times \sqrt{\sum_{n=0}^{\infty} {I_n}^2}} \tag{1-66}$$

가 된다.

연습문제

1. 다음 그림과 같은 파형의 평균값 및 실효값은 얼마인가? 단 $i = I_m \sin\theta$[A]이다.

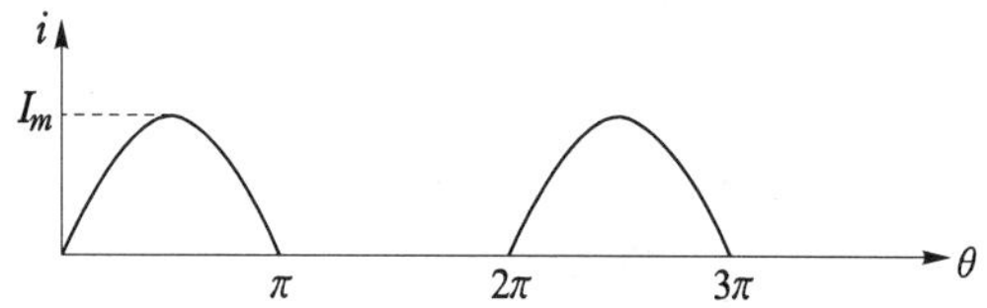

2. 다음 그림과 같이 $v = V_m \sin\theta$[V]로 표시되는 정현파의 전파정류 파형의 평균값 및 실효값은 얼마인가?

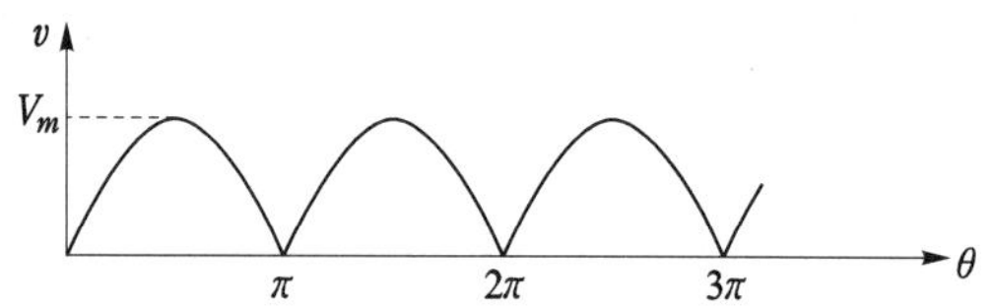

3. 다음 그림과 같은 삼각파 전압의 평균값 및 실효값은 얼마인가?

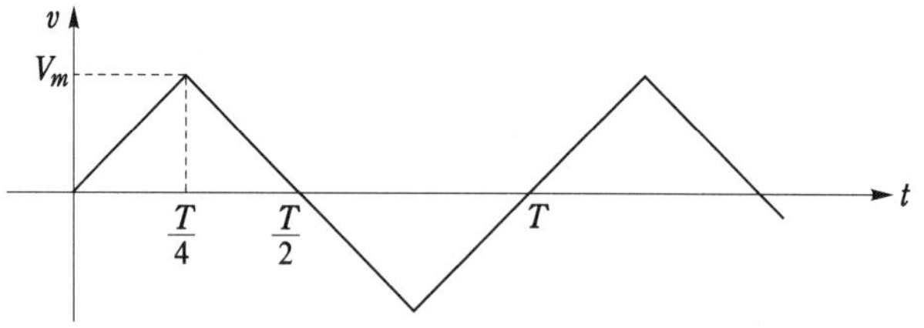

4. $i(t) = 10\sqrt{2}\sin(\omega t + 60°)$[A]인 정현파 전류의 평균값 및 실효값은 얼마인가?

5. $Z = 3 + j4$[Ω]인 부하에 220[V], 60[Hz]인 교류전압을 인가하였다. 이때 부하에서의 역률, 유효전력, 무효전력, 피상전력을 구하라.

6. 부하 한 상의 임피던스가 $Z = 3 + j4[\Omega]$인 평형 3상 Y부하에 $220\sqrt{3}$ [V]의 선간전압을 인가하였다. 이때 선전류와 3상 전체에 대한 유효전력, 무효전력, 피상전력 및 3상 역률은 얼마인가?

7. 다음 그림과 같은 정류 파형을 푸리에 급수로 전개하시오.

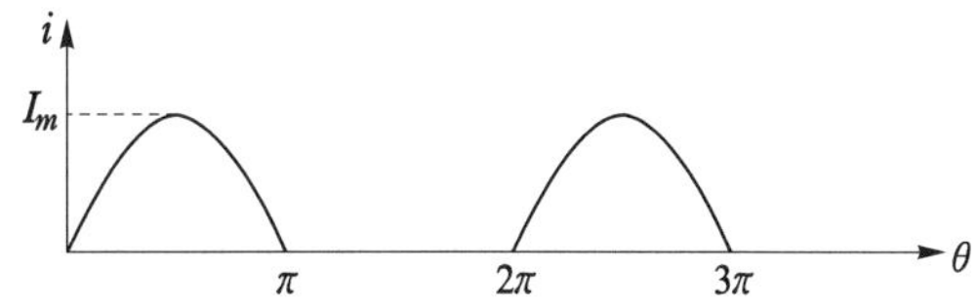

8. 다음 그림과 같은 삼각파 파형을 푸리에 급수로 전개하시오.

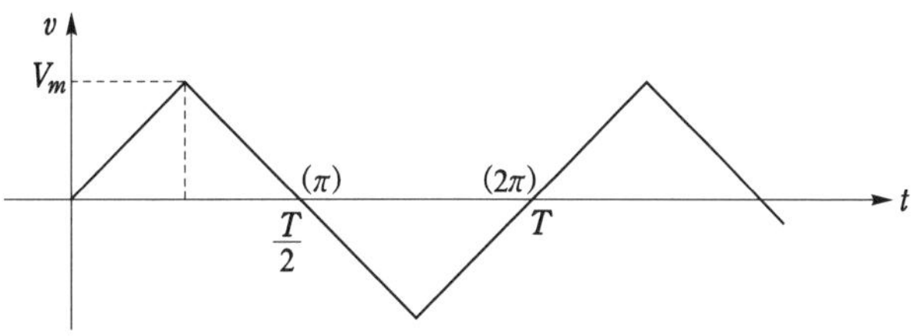

9. $10[\Omega]$의 저항에 $i(t) = 3 + 6\sqrt{2}\sin(\omega t + 60°) + 9\sqrt{2}\sin(\omega t + 30°)[A]$의 전류가 흐를 때 저항에서 소비되는 전력은 얼마인가?

10. 임의의 부하에 다음과 같은 전압 및 전류가 인가되었을 때의 피상전력을 구하라.

$$v(t) = 110\sqrt{2}\sin\omega t + 30\sin(2\omega t + 30°) + 40\sin(3\omega t + 60°)[V]$$

$$i(t) = 6\sqrt{2}\sin(\omega t - 45°) + 8\sqrt{2}\sin(3\omega t + 45°)[A]$$

02 반도체소자

2-1 전력용 반도체 소자

전력용 반도체 소자는 크게 다이오드, 접합 트랜지스터 및 사이리스터(Thyristor)로 구분할 수 있다. 전력용 반도체 소자의 제일 기본이 되는 것은 다이오드라 할 수 있는 데 개발 초기에는 게르마늄(Ge : Germanium)이 사용되었다. 반도체 재료인 실리콘(Si : Silicon)은 게르마늄에 비해 처리기술이 힘들어, 실용 단계에 이르는 것이 늦어졌다. 미국에서 최초의 대면적 게르마늄 P-N접합 소자가 만들어진 것은 1950년이고, 상품화 된 것은 1952년인 것에 대해 실리콘 소자는 3년 후인 1955년이다.

현재 전력용 반도체 소자는 거의 Si이 사용되고 있는 데, 그 이유는 다음과 같다. Ge소자는 순방향에서의 전류입상과 순방향 전압강하 특성이 Si보다 좋으나, 역방향 브레이크 전압이 낮은 단점이 있다. 또 진성 캐리어 농도가 상온 부근에서 Si보다 상당히 커서 역방향 누설전류가 훨씬 크다. 그리고 Si은 정류소자로서의 사용온도의 한계가 150[℃]인 것에 비해, Ge은 85[℃]이므로 전력용 소자로서의 이용이 불가능한 것이다. 그러므로 Ge정류 다이오드는 저전압 장치에 적합하고, Si정류 다이오드는 고전압, 대전류 밀도로 사용할 수 있어 대용량 전력장치에 적합하다. 그러므로 현재의 전력변환회로에는 전적으로 실리콘 반도체 소자가 이용되고 있다.

2-1 진성 반도체

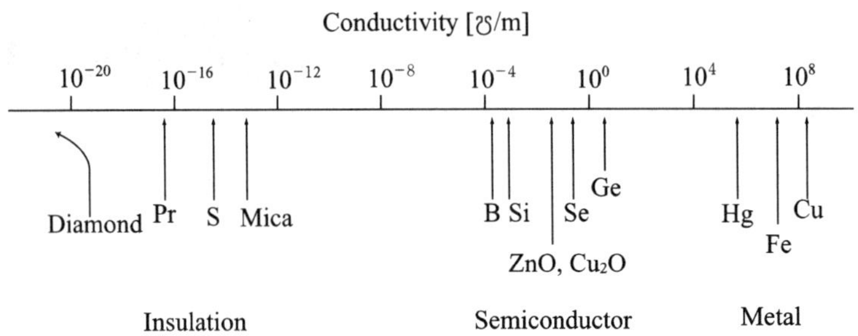

그림 2-1 물질의 도전률

여러 가지 물질을 그 도전률이 큰 순서로 배열하면 그림 2-1과 같고, 반도체는 그 도전률이 도체와 절연물의 중간에 있다. 금속의 도전률 $10^5 \sim 10^8$[℧/m]에 비해 실리콘 및 게르마늄은 실온에서 $10^{-12} \sim 10^1$[℧/m]로 금속과는 전연 별개의 것에 속하고, 이와 같은 물질을 반도체(Semiconductor)라고 부른다. 그림 2-1에 표시한 바와 같이 다이아몬드는 반도체에 비해 그 도전률은 40자리만큼 더 적고, 이것을 절연체(Insulator)라고 부르는 종류의 극단의 예가 된다.

반도체의 전기적 성질을 알려면 먼저 원자구조를 고찰하여야 한다. 지금 1가(價)의 물질(예를 들어 Na)의 1개의 원자는 그림 2-2(a)와 같이 표시된다. 원자질량의 대부분을 차지하는 Zq(Z는 원자번호, q는 전하량)의 전하를 가지고 있는 핵은 그 주위의 여러 가지의 크기와 형태로 된 궤도상을 회전하고 있는 전자와 전기적으로 균형이 되어 원자 전체로서는 중성의 상태이다.

그림 2-2(a)에 표시한 바와 같이 이 궤도전자 중 1개를 제외한 모든 전자는 원자 전체의 치수에 비하면 작은 치수의 궤도에 있으며, 비교적 단단히 핵과 결합되어 있다. 이러한 모든 전자, 즉 전자운을 각(殼, Core)이라고 부른다. 다만, 가장 외측의 궤도상에 있는 1개의 전자는 약간의 외부 에너지를 가하면 중앙의 핵의 인력권에서 이탈한다. 이것이 자유전자가 될 수 있으므로, 전기전도의 역할을 할 수 있다. 이 전자를 가전자(Valence electron)라고 하며, 이 가전자는 원자가 모여서 결정을 만들든가 또는 화학반응을 할 때 결합의 손(Bond) 역할을 한다. 화학에서의 원자가는 이 가전자의 수로 정한다.

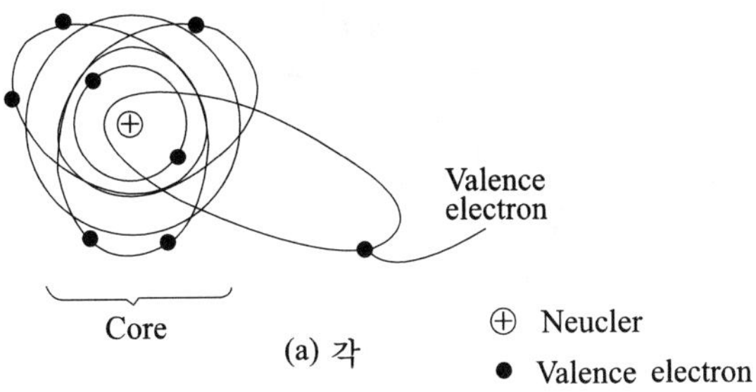

(a) 각

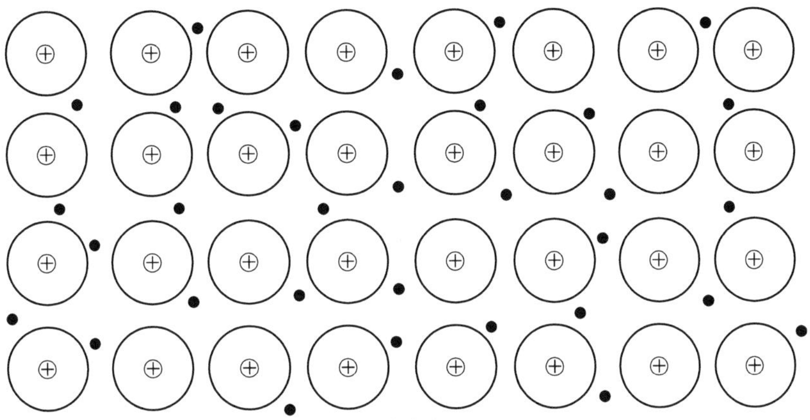
(b) 가전자 분포

그림 2-2 각 및 가전자 분포

만일, 이와 같은 원자가 많이 모여 응고되고, 결정성 물질의 고체 시료가 되었다고 하면, 원자각은 규칙적이고 주기적인 배열의 구성이 이루어진다. 이와 같은 배열이 그림 2-2(b)에 표시되었다. 이 배열의 서로 인접된 원자에 속하는 가전자의 궤도는 서로서로 섞여 있으므로, 어느 가전자가 어느 각에 속한다고 말할 수 없다. 가전자는 그 모체인 원자에서 떨어져 나와, 그 결과 이 결정 내를 돌아다니고, 예를 들면 자유로운 가스(Gas) 분자와 같이 결정 중에 마음대로 움직인다. (+)전하를 가진 원자각의 결정격자 배열은 이 중에 충만하고 있는 가전자가 주어진 정전력에 의해 유지되고 있다. 금속결합(Metalic bonding)이라는 말은 이 종류의 결정응집에 대한 것이다.

가전자의 자유로운 움직임에 대한 물질의 방해는 대단히 적다. 그 이유는, 전자와 원자핵의 지름은 각각 약 10^{-15}[m]이고 N_a 원자각의 전자궤도의 지름이 약 10^{-10}[m]인 것을 계산하면, 이 금속재료의 내부는 99.999999% 이상 공간으로 되어 있는 셈이 된다.

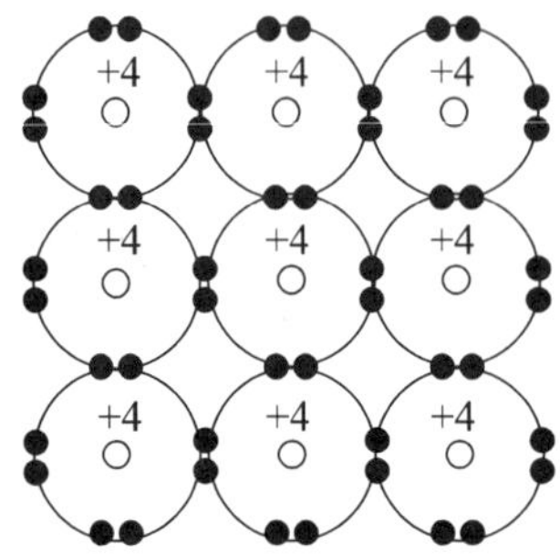

그림 2-3 공유결합의 전자배열

반도체의 대표적인 것은 실리콘(Silicon), 게르마늄(Germanium)이고, 원자가는 4가이다. Si, Ge의 최외측의 궤도에는 그림 2-3에서 표시한 바와 같이, 8개의 공유전자 좌석수가 있고, 서로 인접되어 있는 원자에서 4개의 비율로 가전자를 내어 이러한 좌석을 메운다. 이것은 공유결합(Covalent bonding)이라고 하고, 이와 같은 결정을 공유결정(Covalent crystal)이라고 한다. 이 결정 중에 다른 원자, 즉 불순물(Impurity)을 포함하지 않은 반도체를 진성 반도체(Intrinsicsemiconductor)라고 한다.

이 반도체에 있어서 가전자는 원자핵에 흡인되기 때문에 전기전도는 쉽게 일어나지 않는다. 그러나 가열, 광 또는 X-ray의 조사, 전계, 자계 등 외부에서 에너지를 주면, 가전자 중의 몇 개의 전자는 원자핵의 속박에서 빠져나와 자유전자(Free electron)가 된다. 이 때의 반도체는 전기적 특성을 가지게 된다. 그러므로 자유전자는 가전자 보다 높은 에너지에 있고, 이 반도체에 전기 전도성을 부여하는 전자가 되며, 이것이 존재하는 에너지대를 전도대(Conduction band)라 한다. 이것에 대해 가전자를 가지고 있는 에너지대를 가전자대(Valence band)라고 한다. 진성 반도체의 경우는 전자가 가전자대까지 충만되어 있으므로 동시에 충만대(Filled band)라고도 한다.

그림 2-4는 에너지 준위를 벤드의 위치로 표시한 깃이다. 진성 반도체에서는 아무런 에너지 작용이 없으면 전자는 모두 충만대에 있게 된다. 에너지 작용 때문에 일부 전자는 튀어나와 전도대에 있게 되고, 전도대의 전자의 수와 충만대의 전자의 공석수는 같다. 이 공석을 정공(Hole)이라 한다. 전자가 떠난 위치의 정공에는 결합의 전자가 들어오게 되고 정공에 들어오기 전의 전자의 그 자리는 또 정공이 생기므로, 정공에서 보면 정공도 한 장소에서 다른 장소로 이동한 셈이 된다.

그러므로, 그림 2-4의 아래 밴드에서 위의 밴드에 전자를 여기 시킴으로써 도전성을 준 결정 중의 전류는, 일부는 전도대 전자의 이동이고, 일부는 반대방향의 정공의 이동이 된다. 이 정공은 전자와 같은 크기의 전하 및 질량을 가지고 있고, 전하는 (+)부호이고, 전자와 비슷한 실존의 입자이다.

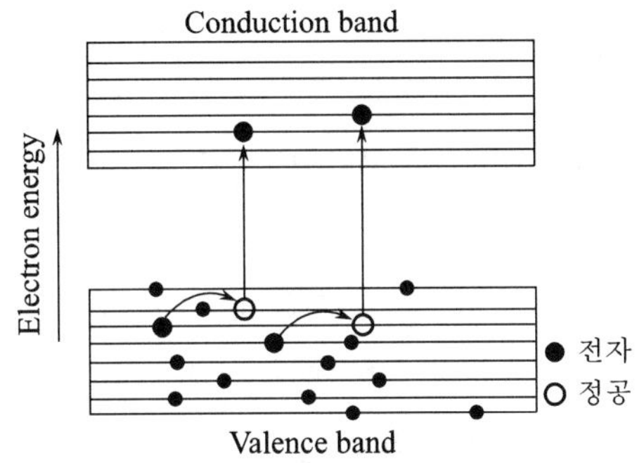

그림 2-4 에너지 준위와 전자, 정공의 이동

또한, 반도체 단면 A에 전자 때문에 흐르는 전류 I_n은 다음과 같다.

$$I_n = -Aqn_iv_n = Aqn_i\mu_n\epsilon \text{ [A]} \tag{2-1}$$

여기서 n_i는 자유전자 농도이고, v_n은 전자의 이동속도, μ_n은 이동도, 그리고 ϵ은 전장이 된다. 또, 정공전류는

$$I_P = +Aqp_iv_p = Aqp_i\mu_p\epsilon \text{ [A]} \tag{2-2}$$

이고, p_i, v_p 그리고 μ_p는 각각 정공의 농도, 정공의 이동속도 그리고 이동도가 된다. 전장 ϵ에 의해서 생기는 전 전류는

$$I = I_n + I_p = A(qn_i\mu_n + qp_i\mu_p)\epsilon \text{ [A]} \tag{2-3}$$

이며, 전류밀도는 다음과 같다.

$$J = \frac{I}{A} = (qn_i\mu_n + qp_i\mu_p)\epsilon \text{ [A/m}^2\text{]} \tag{2-4}$$

여기서 도전률(Conductivity)을 σ_i로 하고, 정의에 의해서 $J = \sigma_i\epsilon$로 표시하면(ϵ의 단위는 [V/m]이며, 단위 길이 당의 전위차로 표시한다) 식 (2-4)에 의해 도전률은

$$\sigma_i = qn_i\mu_n + qp_i\mu_p \text{ [℧/m]} \tag{2-5}$$

이고, 저항률(Resistivity) ρ_i는

$$\rho_i = \frac{1}{\sigma_i} = \frac{1}{q(\mu_n n_i + \mu_p p_i)} \ [\Omega/\mathrm{m}] \qquad (2-6)$$

이다. 이 때 q는 전자, 정공의 전하(1.6×10^{-10} Coulomb), μ_n, μ_p는 전자와 정공의 이동도(Mobility)이고, 이것은 전계에 의해 입자가 결정 중에 끌리기 쉬운 정도를 표시하는 도수이다.

전자는 전도대에 존재하는 한 전류의 운반자(Carrier)가 되고, 그림 2-4에 전자가 여기되어 이탈되면 가전자대에 정공이 남으며, 이것이 또 전류의 캐리어가 된다. 어떠한 주어진 재료 중에, 움직이는 전자와 정공의 이동도 μ는 일반적으로 다르다.

예를 들면, 300[°K]에 있는 진성 Si의 전자의 이동도 μ_n은 1350×10^{-4} [m^2/V · sec]이고, 정공의 이동도 μ_p는 480×10^{-4} [m^2/V · sec]이다. 또, 300[°K]에서의 Si의 n_i는 1.52×10^{16}[m^{-3}]이다. 그리고 진성 반도체 재료에서는 전도대의 전자수에 대해 가전대에 같은 수의 정공이 만들어지므로 p_i와 n_i는 같다.

2 불순물 반도체

앞에서는 Ge 또는 Si 원자의 배열이 완전한 진성 반도체에 대해 기술하였다. 진성 반도체에 불순물의 첨가 즉 Doping을 하면, 그 재료의 전기적 특성이 몹시 변화한다. 이것을 불순물 반도체(Impurity semiconductor)라고 한다. 이 때문에 반도체 소자에 유효한 특성을 가지게 할 수 있다. 주기율표의 제 3족 및 제 5족에 속하는 원소의 원자는 Ge, 또는 Si의 원자의 그 결정 내에서 격자구조를 변화시키지 않으면서 치환할 수 있다.

진성 반도체에 P(Phosphorus), Sb(Antimony), Au(Aurum) (5가의 원자) 등의 원자를 불순물로서 약간 첨가하면, 그림 2-5와 같이 이것과 서로 인접된 원자와 각각 4개의 전자까지는 결합이 되나 1개의 전자는 남게 된다. 이렇게 남게 된 전자는 다른 결합궤도 전자보다 불순물 원자에 훨씬 가볍게 구속되어 있기 때문에, 낮은 전계가 가해져도 전자는 쉽게 전계와 역방향으로 결정 내부에서 움직인다. 즉, (-)의 전하가 이동하게 된다. 이와 같은 반도체를 N형 반도체(N-type semiconductor)라 하고, 투입된 불순물을 도너(Donor)라고 한다.

N형 반도체 내에서 자유전자가 정공과 재결합하는 확률은 진성 반도체의 경우와 같다. 그러나 전자농도는 N형 반도체편이 크고, 정공의 발생속도는 진성 반도체와 같으므로 전자의 정공과의 재결합 속도는 N형 반도체가 크게 된다. 그 결과 N형 중의 정공농도는 진

성 반도체의 그것보다 적어진다. 그러므로 일반적으로 p와 n의 곱은 불순물 반도체와 진성 반도체는 거의 같고, 다음과 같이 표시된다.

$$np = n_i p_i = n_i^2 \tag{2-7}$$

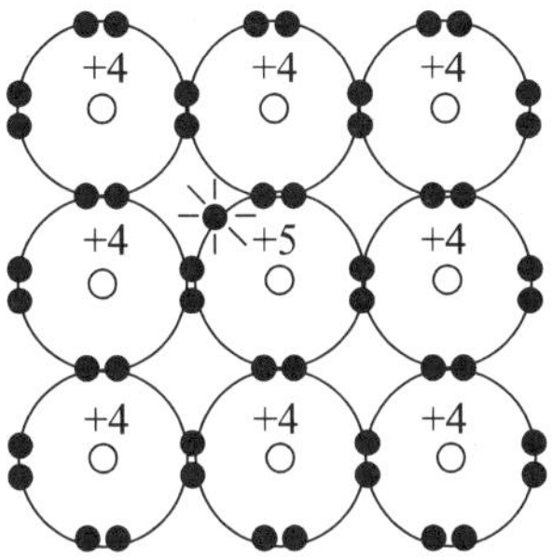

그림 2-5 N형 반도체의 전자배열

B(Boron), Ga(Gallium), Al(Aluminium), In(Indium) 등의 3가의 원자를 진성 반도체에 도핑하면, N형과는 달리 그림 2-6에서 최외각 궤도 전자의 좌석에 공석이 1개 생긴다. 이 공석을 정공(Hole)이라 한다. 결정 중에 공석이 생기면 옆에 있는 전자가 공석에 들어오고, 전자가 떠난 장소에 또 공석이 생긴다. 이 결정에 전계가 약간 가해지면 전계의 방향으로 이 공석이 이동하고, (+)의 전하가 운반되는 셈이 된다. 이와 같은 반도체를 P형 반도체(P-type semiconductor)라 하고, 투입 불순물을 억셉터(Acceptor)라고 한다.

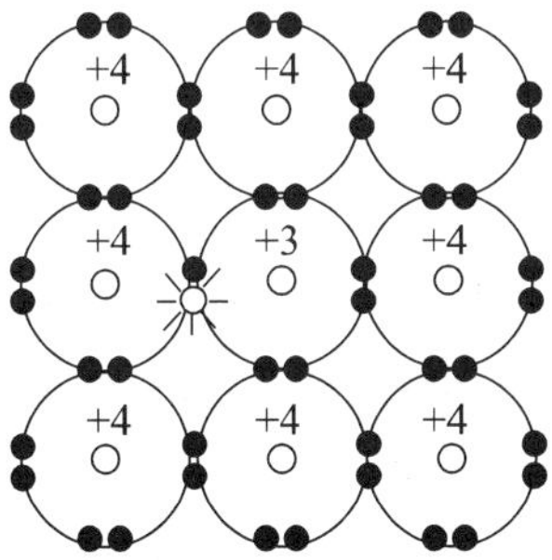

그림 2-6 P형 반도체의 전자배열

P형, N형 반도체를 진성 반도체에 비해 불순물 반도체(Extrinsic semiconductor)라고 하고, 반도체의 도전률은 불순물의 첨가량에 대해 대단히 민감하다.

2-2 다이오드 소자의 정류작용

다이오드는 온·오프 제어가 불가능한 소자로, 단방향 전압저지와 단방향 전류특성을 갖는다. 즉 순방향 전압이 걸리면 애노드(anode)에서 캐소드(cathode)로 전류가 흐르며, 역방향 전압이 걸리면 캐소드에서 애노드 쪽으로 흐르는 전류를 저지한다.

그림 2-7에 다이오드의 기호, 전압-전류 특성곡선 및 이상적인 전압-전류 특성을 표시한다.

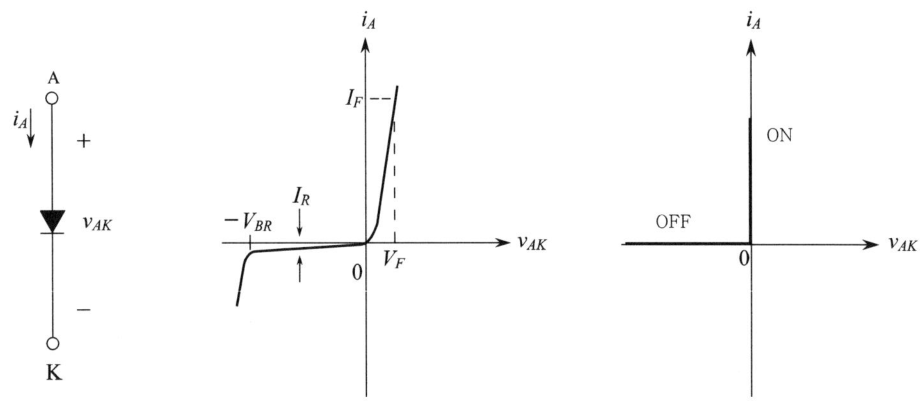

(a) 회로기호 (b) 전압-전류특성 (c) 이상적인 특성

그림 2-7 다이오드

다이오드에 순전압이 걸리면 도통되고, 역전압이 걸리면 저지하는 현상을 물리적으로 표시하면 그림 2-8과 같다.

P형 반도체는 정공(Hole)이 전류를 흘려주는 운반자가 되고, N형 반도체는 전자(electron)가 전류를 흘려주는 운반자가 되므로 P-N접합 다이오드는 그림 2-8의 (a)와 같이 된다. 여기에 그림(b)와 같이 순전압이 인가되면 P형 반도체의 정공은 N형 반도체로 이동하고, N형 반도체의 전자는 P형 반도체로 유입된다. 즉 정공, 전자의 흐름이 전류가 된다. 다음에 그림(c)와 같이 역전압이 인가되면 정공은 애노드 측으로, 전자는 캐소드 측으로 몰리게 되어 접합점 J에 공핍층이 형성되어 전류가 흐르지 못하게 된다. 그러므로 한쪽 방향으로는 전류가 흐르고, 반대방향으로는 전류가 흐르지 못하는 정류작용을 하게 되는 것이다.

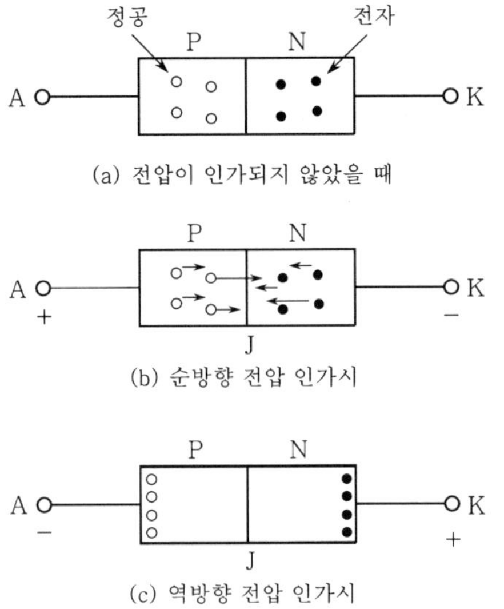

그림 2-8 P-N 접합 다이오드의 정공, 전자의 동작

2-3 전력용 트랜지스터

전력용 트랜지스터는 턴-온, 턴-오프 특성으로 스위칭 제어가 가능하다. 즉 스위칭 작용으로 사용되는 트랜지스터는 포화영역에서 동작된다. 트랜지스터는 스위칭 속도가 사이리스터(Thyristor) 보다 훨씬 빠르고, 자기소호가 되기 때문에 DC-DC, DC-AC 변환에 사용되고 있으나, 전압과 전류 용량이 적어서 중간 용량(약 500kW이하)에 이용되고 있다.

1 접합 트랜지스터

실리콘(Si) 결정은 대단히 얇은 P영역(2×10^{-4}m=0.2mm)에 의해 2개의 N영역으로 분리한 그림 2-9(a)와, 또 그림 2-9(b)와 같이 얇은 N에 의하여 P를 분리한 것이 있다. 전자를 NPN접합 트랜지스터라 하고, 후자를 PNP접합 트랜지스터라고 한다. 그리고 각 단자의 명칭은 에미터(Emitter), 베이스(Base) 및 컬렉터(Collector)라 부른다. 또한 이들 두가지 트랜지스터는 그 동작이 정공과 전자의 두 극성의 캐리어로 이루어지기 때문에 바이폴라(bipolar)를 붙여 BJT(Bipolar Junction Transistor)라 부른다.

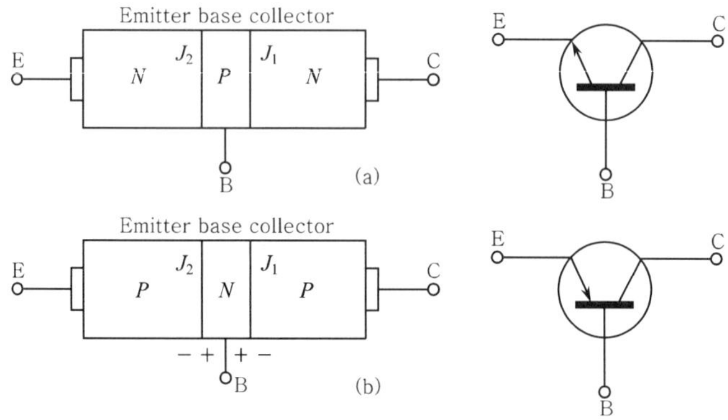

그림 2-9 접합 트랜지스터

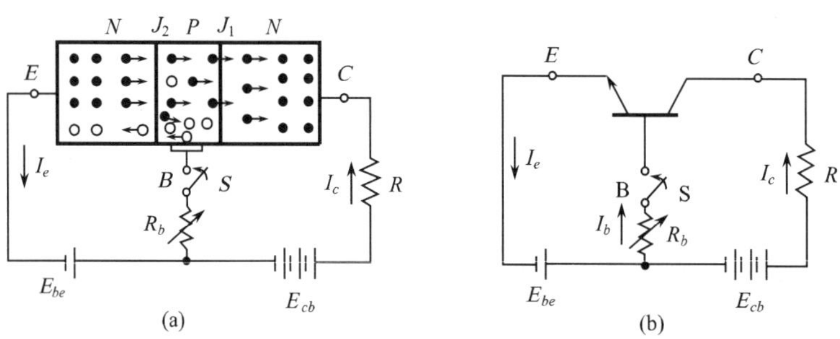

그림 2-10 NPN 접합 트랜지스터의 정상동작 모델회로와 실제회로

그림 2-10의 NPN트랜지스터의 동작을 고찰한다. 우선 스위치 S의 개방상태에서는 외부전압 $E_{cb}+E_{be}$가 컬렉터와 에미터 사이에 걸린다. 이때 접합 J_2는 순방향, J_1은 역방향이므로 외부전압의 대부분은 J_1에 걸리고, 여기서 큰 공핍층을 만든다. 이 때 저항 R에는 거의 전류가 흐르지 않는다.

스위치 S를 닫으면 E_{be}가 베이스-에미터 사이에 걸리고, J_2영역에서는 공핍층이 줄어든다. N형 에미터에서는 다수 캐리어인 전자가 베이스로, 또 베이스의 정공이 에미터에 주입하게 된다. 그러나 순바이어스 전압에 의해 베이스 영역에서의 정공(다수 캐리어)에 대한 전위장벽이 적어졌으므로, 정공의 이동이 많아져야 하는데도 불구하고 베이스에서 에미터에 주입되는 정공수는 그리 많지 않다. 그 이유는 베이스 영역의 저항을 에미터 저항의 그것보다 크게 만들었기 때문이다. 이 때 에미터에서 주입된 많은 전자는 베이스에 전계가 존재하지 않으므로 베이스에 확산된다. 그런데 컬렉터-베이스 접합의 전위는 높아졌기 때문에 에미터로부터 이동한 전자를 더욱더 가속하도록 바이어스 되어 있다.

그래서 에미터에서 주입된 전자는 컬렉터 접합 J_1에 확산되고, 컬렉터에 모여들어 그 결과 외부회로에 전류 I_c가 흐르게 된다. 위에서도 설명한 바와 같이, 이 때에 I_c는 전자의 흐름이고 이것을 흐르게 한 것은 정공이다. 그래서 이 트랜지스터를 바이폴라(bipolar) 트랜지스터라고 한다.

실제 트랜지스터에서는 에미터로부터 들어온 전자의 일부는 베이스영역의 정공과 재결합(Recombination)하여 I_b가 된다. 베이스 내에서 이 재결합량을 줄이기 위해 베이스 영역은 대단히 얇게 만들어져 있다. 그래서 에미터에서 주입된 전자는 대부분 컬렉터에 모이므로, 이 때문에 전류 I_b는 대단히 작은 값이 된다.

그리고 NPN 트랜지스터에서 그림 2-10과 같이 에미터-베이스 접합이 순바이어스, 베이스-컬렉터 접합이 역바이어스로 된 상태를 정상운전(normal operation)상태라고 한다. 그림 2-10(b)에서 $E_{cb}+E_{be}$를 일정히 하고, $R=0$일 경우, R_b를 가변시켜 에미터 전류의 변화분 ΔI_e에 대한 컬렉터 전류의 변화분 ΔI_c의 비율을 전류 전달률(current transfer factor)이라 하며,

$$\alpha = \frac{\Delta I_c}{\Delta I_e} \tag{2-8}$$

로 정의한다. 이 α의 값은 트랜지스터의 용량에 따라 다르지만 소용량의 경우 0.95~0.99 정도로 1에 근사하다. 또 컬렉터-베이스 사이의 외부전압 E_{cb}를 일정하게 하고, $R=0$일 때 ΔI_c에 대한 ΔI_b의 비율을 전류증폭률(current amplification factor)이라 하고 다음과 같이 정의한다.

$$\beta = \frac{\Delta I_c}{\Delta I_b} \tag{2-9}$$

그림 2-11에 NPN 트랜지스터의 전류 흐름을 식 (2-8)과 $I_e = I_b + I_c$의 관계식을 이용하여 표시한다.

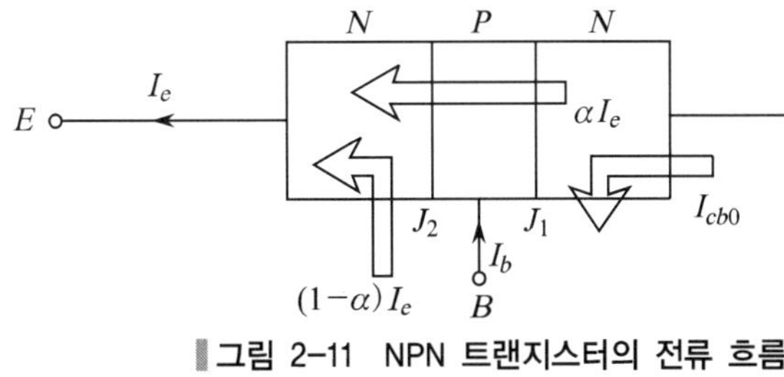

그림 2-11 NPN 트랜지스터의 전류 흐름도

여기에서 I_{cb0}는 베이스-컬렉터간 역바이어스 전압 및 소자의 열로 인하여 접합 J_1을 통과하는 누설전류로 역포화 전류라 부른다. 이 역포화 전류 I_{cb0}를 고려하면 그림 2-11로부터 컬렉터 전류 I_c는

$$I_c = \alpha I_e + I_{cb0} \tag{2-10}$$

가 되고, 베이스 전류 I_b는

$$I_b = (1-\alpha)I_e - I_{cb0} \tag{2-11}$$

가 된다. 소용량의 접합 트랜지스터는 이 I_b를 I_c에 비해 대단히 작은 값이 되도록 제작된다. 누설전류인 역포화전류 I_{cb0}는 대단히 작으므로 무시하여, 보통 I_b와 I_c는 다음과 같이 표시한다.

$$I_b = (1-\alpha)I_e \tag{2-12}$$

$$I_c = \alpha I_e \tag{2-13}$$

그림 2-12에 PNP 접합트랜지스터의 외부 결선방법 3가지를 나타내고 있다. 그림 2-12(a)는 공통-컬렉터(common collector), (b)는 공통-에미터, (c)는 공통-베이스 결선이다.

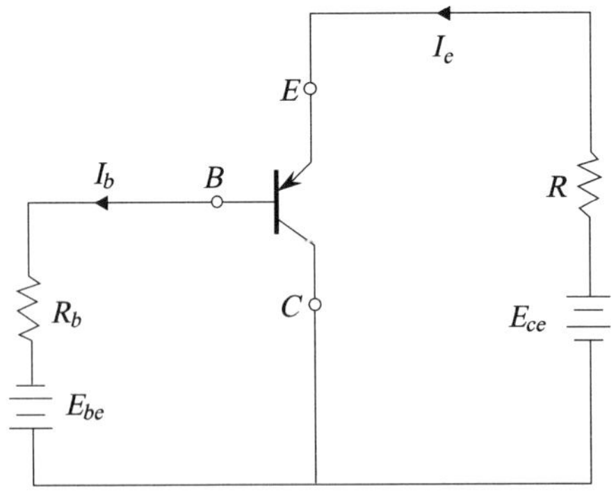

(a) 공통-컬렉터

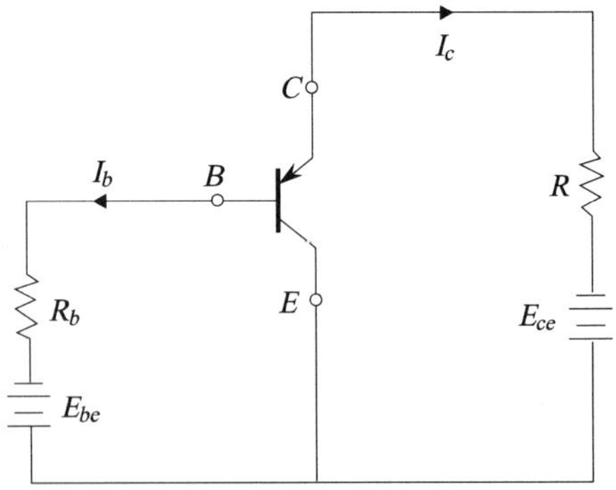

(b) 공통-에미터

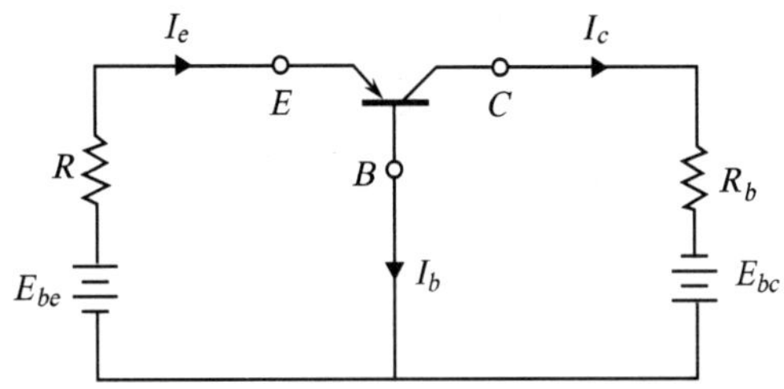

(c) 공통-베이스

그림 2-12 pnp 접합 트랜지스터의 결선방법

트랜지스터 소자는 본래 선형 증폭기 기능을 가진 소자이나, 스위치로 사용할 때에는 차단영역과 포화영역에서 동작시키며, 대부분 에미터 공통회로가 사용된다. 그림 2-13에 표시한 NPN 트랜지스터를 사용한 에미터 공통회로의 스위칭 특성에 대하여 고찰한다.

그림 2-13의 베이스 회로에서 다음과 같은 식이 성립된다.

$$I_b = \frac{E_{be} - V_{be}}{R_b}$$

$$I_c = \beta I_b \tag{2-14}$$

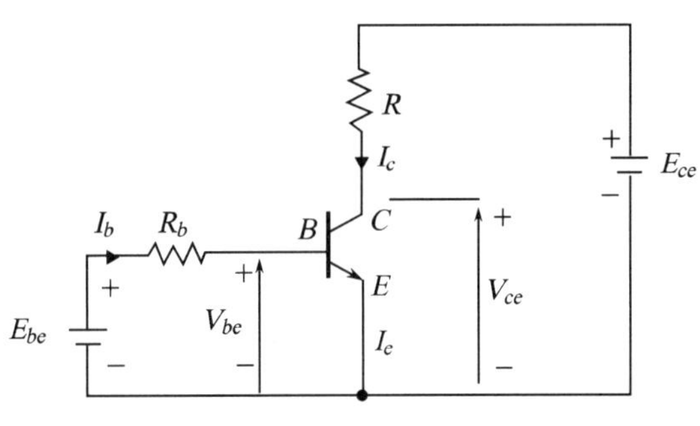

그림 2-13 에미터 공통회로의 스위칭 회로

식 (2-14)와 컬렉터 회로에 의해 식 (2-15)가 얻어진다.

$$V_{ce} = E_{ce} - I_c R = E_{ce} - \frac{\beta R}{R_b}(E_{be} - V_{be}) \tag{2-15}$$

그리고

$$V_{ce} = V_{cb} + V_{be},\ V_{cb} = V_{ce} - V_{be} \tag{2-16}$$

가 되고, 여기서 $V_{ce} \geq V_{be}$가 되는 범위에서는 식 (2-16)에서 아는 바와 같이 트랜지스터의 C-B는 역바이어스이고 선형영역에서 동작된다. 이 영역에서 최대 컬렉터 전류는 $V_{cb} = 0$이고, $V_{be} = V_{ce}$일 때이다. 즉, 컬렉터 최대전류 I_{cm}은 다음과 같다.

$$I_{cm} = \frac{E_{ce} - V_{ce}}{R} = \frac{E_{ce} - V_{be}}{R} \tag{2-17}$$

이 때의 베이스 전류는 다음과 같이 표시된다.

$$I_{bm} = I_{cm} / \beta \tag{2-18}$$

만일, 베이스 전류를 I_{bm}보다 크게 증가시켜 가면 V_{be}는 증가되고, 동시에 컬렉터 전류도 증가할 것이다. 그리고 V_{ce}는 V_{be} 이하로 떨어진다. 이것은 C-B 사이의 접합 CBJ가 약 0.4~0.5[V]의 정방향 바이어스 V_{bc}로 될 때까지 계속된다. 그래서 트랜지스터는 포화영역에 들어간다. 즉, 트랜지스터 포화라는 것은, 베이스 전류의 증가에도 불구하고 이에 따라 컬렉터 전류가 현저하게 증가되지 않는 것을 말한다. 이를테면 포화영역에서는 컬렉터 전류는 거의 일정하다.

이 때의 컬렉터-에미터 포화전압을 $V_{ce(s)}$라고 하면 컬렉터 전류는 다음과 같다.

$$I_{c(s)} = \frac{E_{ce} - V_{ce(s)}}{R} \tag{2-19}$$

따라서, 베이스 전류는 다음과 같다.

$$I_{b(s)} = \frac{I_{c(s)}}{\beta} \tag{2-20}$$

일반적으로 회로의 설계에서는 I_b는 $I_{b(s)}$보다 더 크게 한다. I_b와 $I_{b(s)}$의 비를 Over-Drive Factor(ODF)라 하고

$$ODF = I_b / I_{b(s)} \tag{2-21}$$

로 표시된다. 또, $I_{c(s)}$와 I_b와의 비를 Forced $\beta(=\beta_f)$라고 하고, β_f는 다음과 같이 표시한다.

$$\beta_f = \frac{I_{c(s)}}{I_b} \tag{2-22}$$

두 접합에서의 전력 손실은 다음과 같이 된다.

$$P_{Tr} = V_{be}I_b + V_{ce}I_c \tag{2-23}$$

ODF에서 높은 값을 택해도 컬렉터-에미터 전압은 현저하게 감소시키지는 않는다. 그러나 V_{be}는 높고 베이스 전류의 증가에 따라 증가한다. 결과적으로 B-E 사이에 있어 전력 손실이 증가하는 결과가 된다.

2 MOSFET 소자의 구조와 동작

MOSFET는 Metal Oxide Semiconductor Field Effect Transistor의 약자이다. MOSFET가 개발됨에 따라 이 소자가 1980년경부터 자기 턴·오프형 전력소자로서 급속히 각광을 받게 되었다. 그 이유는 쵸퍼나 인버터 등에 동작 주파수의 고주파화(10~20kHz), 제어회로의 저손실 등을 가져오게 되었고, 그 결과 고속 스위칭 특성을 갖게 되기 때문이다.

MOSFET에는 상시 오프(off)소자인 증식형(enhancement) MOSFET와 상시 온(on)소자인 공핍형(depletion) MOSFET의 두 종류가 있다. 여기에서는 전력용에 사용되는 증식형에 대하여 서술한다. 증식형 MOSFET의 가장 기본적 구조는 그림 2-14에 표시한 바와 같이 N형 채널(N type channel planar)과 P형 채널의 두 가지가 있다. 일반적으로 N형 MOSFET가 많이 사용된다.

그림 2-14(a)의 N형에서는 NPN의 N에 많은 도핑(Dopping)을 하여 N^+으로 표시하였다. 게이트 G는 실리콘 표면상에 1000[nm]정도의 얇은 산화막(Dioxide film)으로 분리되어 형성하고 있다. 즉, MOSFET는 게이트 G, 드레인 D(Drain) 및 소스 S(Source)의 3단자로 구성되어 있다.

바이폴라 트랜지스터는 베이스(Base)가 전류제어인데 비해 MOSFET는 게이트가 전압제어 소자이다. 즉, 약간의 전계 구성의 변위전류가 게이트에 흐를 뿐이다. 게이트-소스 전압 E_{gs}의 (+)쪽을(N형의 경우) 게이트에 인가하면, 게이트 용량에 의해 (+)의 전하가 축적된다. 그 결과 전계의 유도전압에 의해 NPN의 P반도체가 N^+반도체에서 전자를 흡인하여 게이트 산화막에 대응하는 상대쪽에서 같은 양의 (-)전하를 대전하게 된다. 이 분포의 영역은 전자(-의 전하)가 적은 P층에도 포함되어 있으므로, 이 P층에도 (-)의 전하가 발생한 것으로 되어있다.

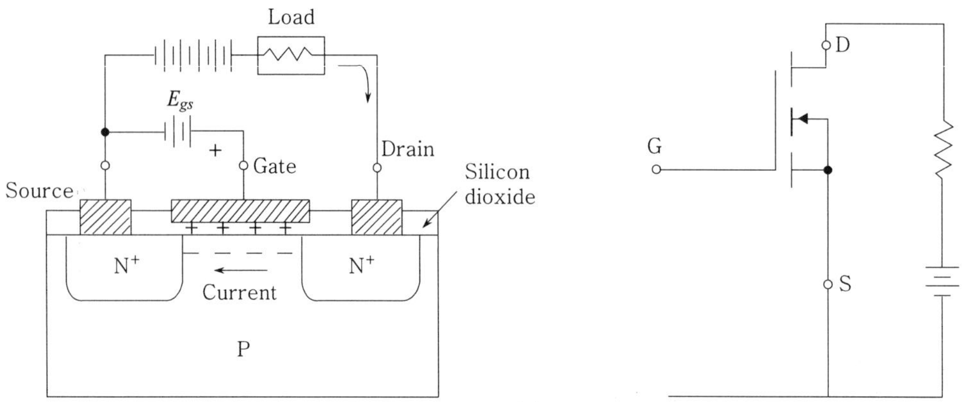

(a)

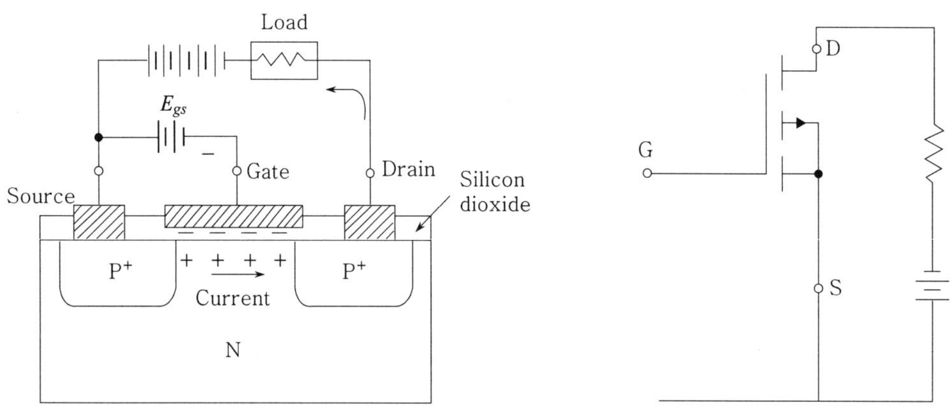

(a)

그림 2-14 MOSFET 의 구조와 회로 (a) N형, (b) P형 채널

반도체에서 많은 (−)전하를 가지고 있는 것을 N형이라 한다. 따라서 게이트부가 (+)로 대전되었을 경우, 게이트에 대면하는 P층의 (−)전하가 있는 영역은 P층이라도 N형 반도체로 변화되었다고 본다. 이 변화영역을 전류통로 채널이라고 한다. 이 채널은 단순한 N형 반도체 저항체로 된다.

지금 드레인 D에 그림 2-14(a)와 같이 전압을 인가하면 부하에 화살표 방향으로 전류가 흐른다. 이와 같이 MOSFET는 게이트 전극의 바로 밑에서 유도되는 채널의 전도도 변조를 이용하는 $N^+ \rightarrow P(=N) \rightarrow N^+$ 의 다수 캐리어(Majority carrier) 소자라고 말할 수 있다. 게이트가 오픈되면 부하전류도 차단된다.

예를 들어, 그림 2-15(a)에 표시한 전달특성에서 E_{gs}가 Threshold 전압(게이트 전압이 어느 이상이 되면 갑자기 드레인 전류가 증가할 때의 전압) V_T보다 크든가 또는 같으면, N형 채널에 전자가 충분히 집합되고, 전류 I_D가 드레인에서 소스로 흐른다. P형 MOSFET의 경우는 E_{ds}, I_{ds} 그리고 E_{gs}는 N형 때와 극성이 반대가 된다.

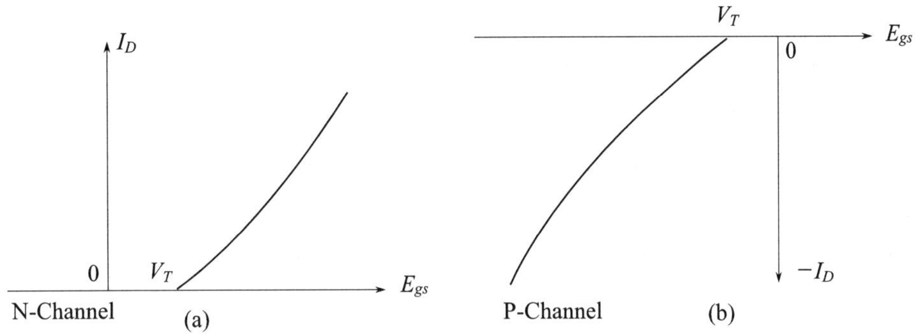

그림 2-15 MOSFET의 전달 특성. (a) N형, (b) P형 채널

위에서 설명한 채널은 단순한 저항체로서 작용한다. 이 때문에 I_D의 전류용량은 채널 폭에 비례하고 길이에 반비례한다. 그러므로 전류를 크게 하려면 채널 폭이 넓고, 길이가 짧은 구조로 하는 것이 필요하다. 한편, 높은 전압으로 사용하려면 N형에서는 N층의 불순물 농도를 낮출 필요가 있다. 이것은 ON저항을 증대시키게 되고, 전류의 흐름에 장해가 된다. 따라서, 고전압 소자를 얻으려면 면적이 큰 칩(Chip)을 필요로 한다.

앞에서 설명한 것은 Planer형이고, 전류용량을 키우기 위해 종형(從型, Vertical 2중 확산)을 그림 2-16과 같이 개발하였다.

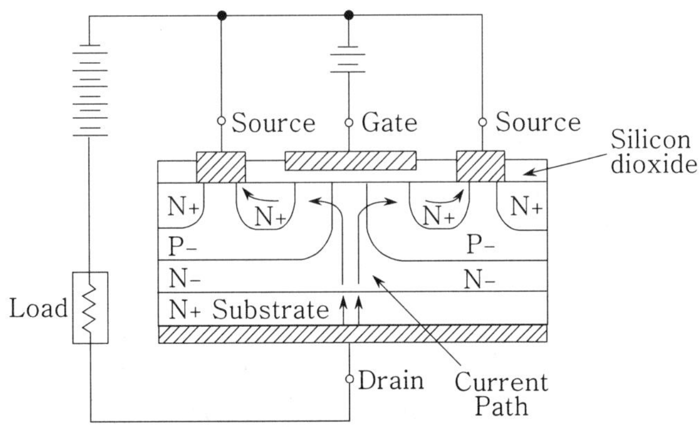

그림 2-16 종형 채널 MOSFET의 간략구조 채널

3 IGBT 소자

그림 2-17의 (a)와 (b)는 N채널 IGBT(Insulated Gate Bipolar Transistor)의 회로기호와 등가회로를 각각 나타낸다. 그림 2-17(a)에서 G, C, E는 각각 게이트(gate), 컬렉터(collector), 에미터(emitter) 단자를 나타내며, 게이트와 에미터 사이의 전압 v_{GE}의 크기로 컬렉터 전류 i_c의 흐름을 단속한다.

그림 2-17(b)의 등가회로에서 보듯이 IGBT는 앞서 다룬 MOSFET, BJT, GTO 사이리스터의 장점을 결합한 일종의 하이브리드(hybrid) 소자이다. 즉 IGBT는,

(1) MOSFET처럼 전압 제어소자이며 게이트와 에미터간 입력 임피던스가 매우 높아 BJT보다 구동하기가 쉽고,

(2) BJT처럼 온드롭(on-drop)이 전류에 관계없이 낮고 거의 일정하여 MOSFET보다 훨씬 큰 전류를 흘릴 수 있고,

(3) GTO 사이리스터처럼 역방향 전압저지 특성을 갖는다.

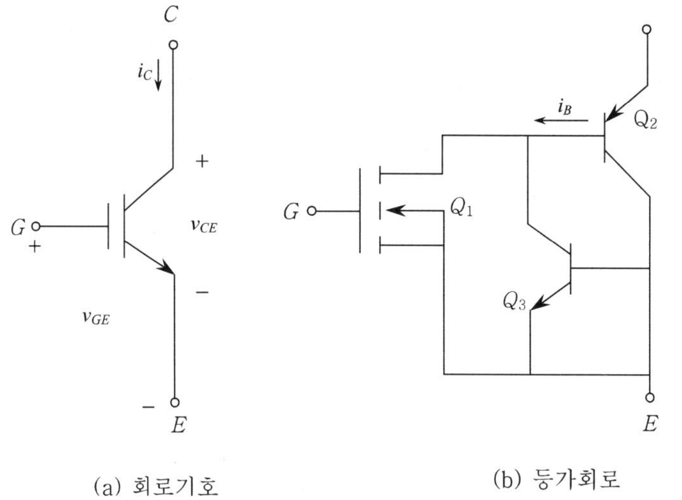

그림 2-17 IGBT (N 채널형)

그림 2-18의 (a)는 IGBT의 전압-전류특성을, (b)는 이상적인 특성을 나타낸다. 그림 2-18에서 보듯이 IGBT는 양방향 전압저지 특성과 단방향 전류특성을 갖고, 온오프 제어 방법은 MOSFET와 같다.

IGBT는 최대 3300[V]-1200[A]의 전압-전류용량을 갖는 것까지 상용화되었으며, 1996년 현재 4500[V]-1200[A]의 제품이 개발완료, 상용화 단계에 있다.

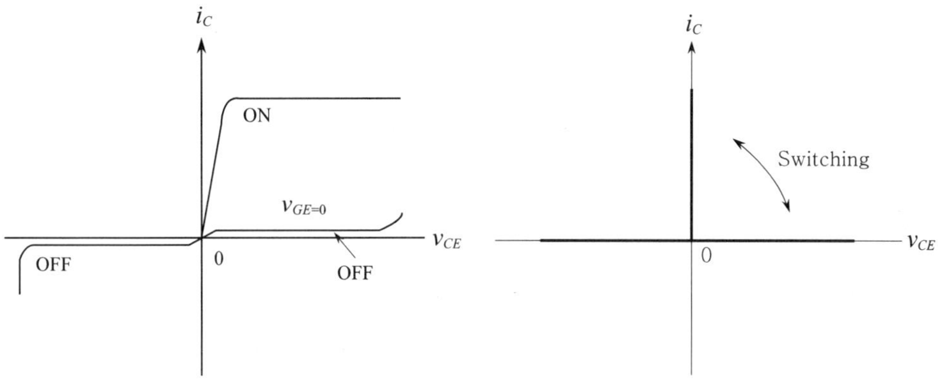

(a) 전압-전류특성 (b) 이상적인 특성

그림 2-18 IGBT (N 채널형)

4 SIT 소자

SIT는 Static Induction Transistor 의 약자로 정전유도 트랜지스터라 한다. 그림 2-19는 SIT의 심벌이며, 드래인(Drain), 소스(Source)및 게이트(Gate)의 3단자를 갖는다. 특징으로는 짧은 채널, 낮은 게이트 직렬저항, 낮은 게이트-소스간 캐패시턴스, 작은 열저항을 갖으며, 낮은 잡음, 낮은 왜곡, 높은 오디오 주파수 및 대전력처리 능력을 갖고 있다. 턴온과 턴 오프 시간은 매우 짧아서 대략 0.25[㎲]정도이다.

한편 온 상태의 전압강하가 높아서 180[A] 소자일 때 대략 90[V]정도이고, 18[A] 소자일 때 18[V]정도이다. SIT는 상시 온 소자이고, 부(-)의 게이트 전압에 의해 오프상태를 유지 시킨다. 상시 온 상태 특성과 온 상태시의 전압강하가 커서 전력변환 응용에 제한을 받는다.

SIT의 전류 정격은 300[A], 1200[V]까지이고, 스위칭 속도는 100[㎑]정도이다. 따라서 대전력 고주파응용(예로 오디오, VHF/UHF, 마이크로웨이브 앰프)에 적합하다.

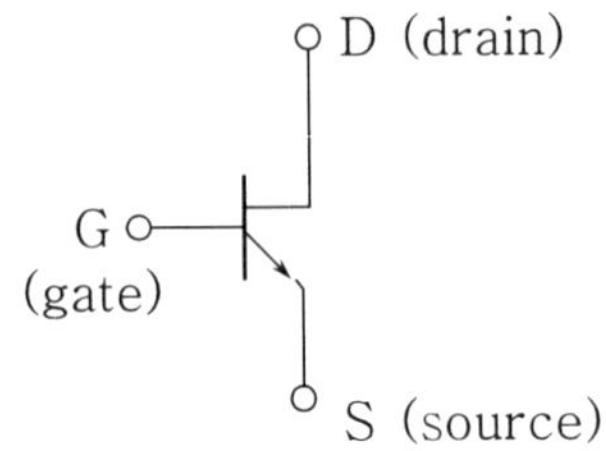

그림 2-19 SIT의 심벌

5 구동회로

전력용 트랜지스터 및 MOSFET의 구동회로에 대하여 고찰한다. 그림 2-20은 BJT 소자의 구동회로이고, (a)는 2전원을 사용한 가장 기본적 회로이며, (b)는 1전원으로 간략화된 회로이다.

그림 2-20(a)에 있어 트랜지스터 T_{r1}, T_{r2}로 구성된 콤프리멘탈 버퍼 회로에 온신호가 주어지면, T_{r1}이 온이 되고, 온 전원 E_1에서 저항 R_1을 통하여 트랜지스터 BJT에 베이스 순전류 I_{b1}이 주어진다. Buffer 회로의 신호가 0이 되면 T_{r2}가 온이 되고, 오프전압 E_2에서 저항 R_2를 통하여 BJT에 베이스 역전류 I_{b2}가 주어진다. BJT가 오프상태에서는 베이스-에미터 사이에 수 V의 역방향 전압이 인가된다.

그림 2-20(b)는 베이스 순방향 전류의 전하를 콘덴서 C에 충전하여 두고, 베이스 역전류는 이것을 방전하여 이용하는 것이며 전원은 1개이면 된다.

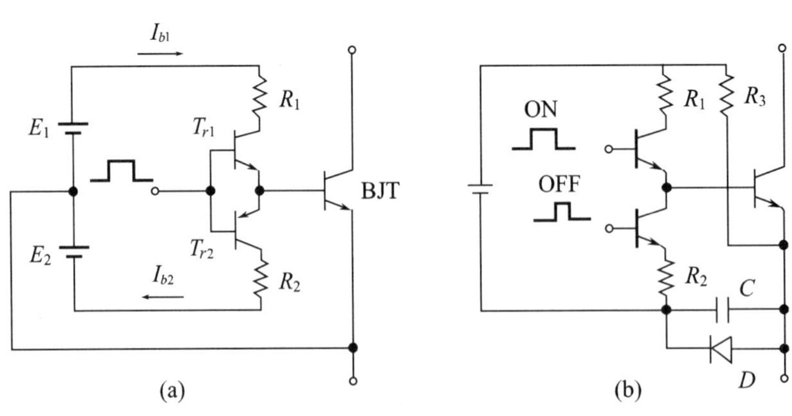

그림 2-20 전력용 트랜지스터의 베이스 구동회로

BJT를 고주파로 운전하는 경우, 스위칭 손실을 절감시키는 여러 가지의 베이스 구동회로가 실용화되고 있다.

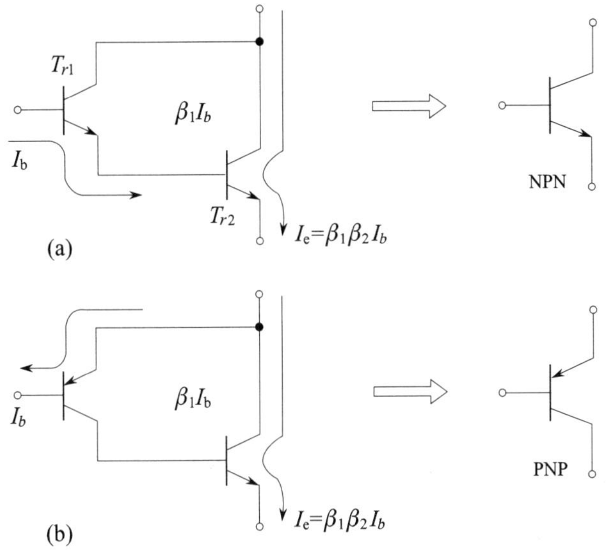

(a) 증폭률이 큰 NPN(작은 NPN과 큰 NPN 접속),
(b) 증폭률이 큰 PNP(작은 PNP와 큰 NPN의 접속)

그림 2-21 달린턴 결선

고내압, 대전류 BJT를 충분히 포화시켜서 사용하는 경우는 $h_{fe}=\beta$가 5~10이 되고 베이스 구동회로의 부담이 크게 된다. h_{fe}를 크게 하는 방법으로는 그림 2-21에 표시한 달린턴(Dalinton) 결선이 사용된다.

저압에서 절연시켜서 제어신호를 주는 방법으로는 펄스 변압기를 사용하는 방법과 광신호를 사용하는 방법이 있다. 그림 2-22는 광커플러(Photo-coupler) PC를 사용한 전력 MOSFET의 게이트 구동회로를 표시하였다. PC는 발광 다이오드 D와 수광 트랜지스터 T_{r2}로 구성된다. 저압 쪽에 만든 위상제어 회로의 트랜지스터 T_{r2}의 온·오프 신호를 게이트 구동회로에 전달한다. 게이트 구동회로에서는 이 방법에 따라 트랜지스터 T_{r4}, T_{r6}가 온・오프 하여 MOSFET에 게이트 순방향 전압 또는 역방향 전압이 주어진다.

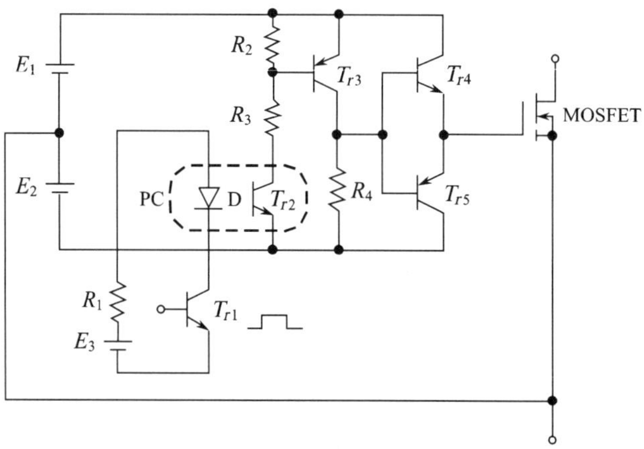

그림 2-22 파워 MOSFET의 게이트 구동회로

2-4 사이리스터(thyristor) 소자

사이리스터라 함은 PNPN구조를 이용한 각종 스위칭 소자의 총칭이다. PNPN구조의 소자는 W.shockly가 1950년 발표한 접합트랜지스터로 더듬어 올라가게 된다. 그 후 계속하여 T.Ebers는 PNPN소자의 스위칭 원리를 PNP트랜지스터와 NPN트랜지스터와의 집적소자로 생각하였다. 그리하여 PNP와 NPN의 2개의 트랜지스터를 사용한 등가회로에 의한 근사 해석법을 제시하였다. 그 후 벨 전화연구소의 J.Moll은 PNPN스위치의 재료에는 실리콘을 사용해야 할 것을 발견하였다. 이러한 과정을 거쳐 최초로 실리콘 PNPN스위치가 이 연구소에서 제작되었으며, 이것이 현재의 사이리스터로 불리는 소자의 원형이다.

이 연구결과는 "PNPN Transistor switch"라는 제목으로 1956년 9월 IRE지에 발표되었다. 그 후 미국 GE사의 A.York는 벨 연구소의 연구결과를 상세히 검토한 결과 PNPN트랜지스터 스위치는 소용량의 신호 스위칭 소자로 사용될 뿐만 아니라 대전력용의 소자로서도 사용될 수 있다는 것을 알아냈으며, 그 연구 그룹은 대전류용 PNPN트랜지스터 스위치의 제작을 계획하였다. 그 결과 1957년 SCR(Silicon Controlled Rectifier)의 상품명으로 GE사로부터 생산되었다. 제작초기에 SCR의 정격전압은 200~400[V]이고, 정격전류는 10~16[A]였으나, 현재는 10[kV], 5[kA] 정격의 소자가 상품화 되어 있다.

SCR의 국제적인 명칭에 대해서는 1961~1962년에 걸쳐 IEC(International Electric Committee : 국제전기표준회의)에서 심의되었다. 그 결과 사이리스터라는 명칭이 정식으로 채용되었고, PNPN구성을 갖는 스위칭 소자의 총칭으로 결정되었다. 그리하여 사이리스터는 「PN접합을 3개 이상 내장하고 있고, 주전압, 전류특성이 적어도 제 1상한에서 온(on), 오프(off)의 2개의 안전상태를 가지고, 오프상태에서 온 상태로 되고, 또 그 역의 절환이 될 수 있는 반도체 소자」로 정의하였다. 사이리스터는 2단자, 3단자, 4단자 등의 종류가 있고 제 3상한의 특성에 대해서도 역저지, 역도통 스위칭 동작이 가능한 것이 있다.

사이리스터 중에서 SCR가 현재까지 가장 용량이 크지만, 점차 자기소호형 GTO(Gate Turn-Off Thyristor)소자의 용량도 증가하여 6[kV], 6[kA]의 소자가 실용화되고 있다. 그리고 교류전력 제어소자로서 TRIAC이 각광 받고 있으며, LASCR소자도 중요한 역할을 하고 있다.

특히 1980년을 전후하여 대용량의 GTO, 정전유도 사이리스터 SITh(Static Induction Thrystor), MCT(MOS Controlled Thyristor)등의 전력용 자기소호소자의 개발이 활발하다.

1 사이리스터의 구조 및 동작원리

사이리스터 소자의 동작에 대하여 고찰한다. 그림 2-23(a)의 소자에 있어 역방향 전압을 인가한 경우는, 3개의 접합 J_1, J_2, J_3는 그림 2-23(b)에 표시한 것과 같이 3개의 다이오드로 취급된다. 이 경우에 J_1, J_3는 역방향 바이어스이고, J_2는 순방향 바이어스이다. 따라서, 역방향 전류를 충분히 저지할 수 있다.

다음에 그림 2-23(c)와 같이 게이트를 개방한 상태에서 양극(Anode), 음극(Cathode)간에 순방향 전압을 인가한다. 이 경우에는 양쪽의 접합은 순방향으로 바이어스되어, P_1, P_2영역에서 정공이, N_1, N_2영역에서는 전자가 주입된다. 중앙에는 누설전류가 흐르는 데 불과하다. 따라서, 인가된 순방향 전압은 거의 J_2접합에 가해진다.

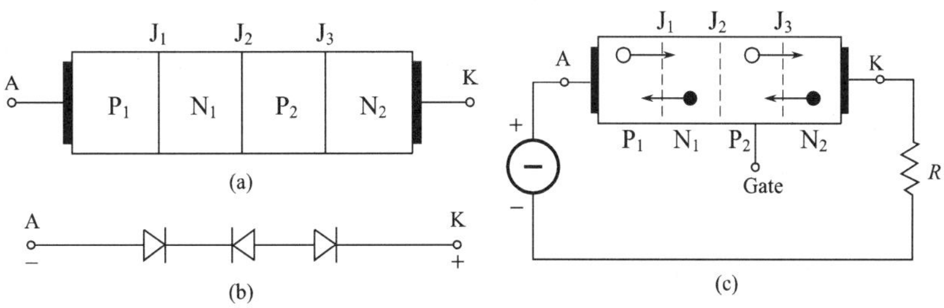

그림 2-23 사이리스터의 접합모델

그림 2-24와 같이, 사이리스터 소자에 순방향 전압을 가한 상태에서 게이트에 트리거

펄스(Triger pulse)를 가하면 오른쪽의 접합 J_3를 통하여 게이트에서 음극에 전류가 흐른다. 즉, P_2영역에서는 정공이, N_2영역에서는 전자가 접합부를 통하여 주입된다. 그리고 P_2영역에 들어간 대부분의 전자는 접합 J_1에 집중되어 있는 강전계에 흡입되어, 게이트에서 벗어나 접합 J_2를 통하여 양극에 흘러 들어간다. 이것은 중앙의 접합 J_2의 누설전류가 증가하는 것을 의미한다.

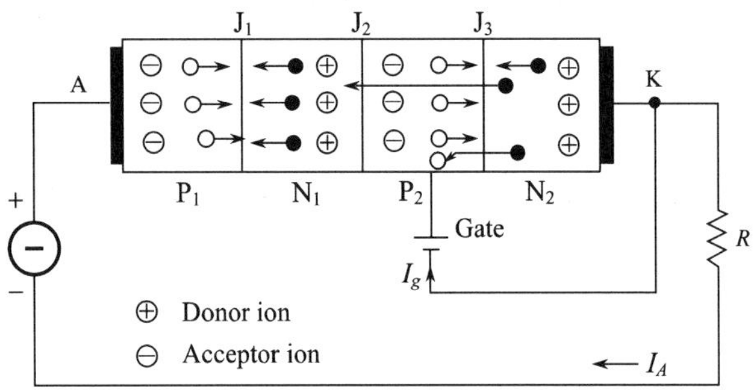

▌그림 2-24 SCR 동작회로에서의 전자 정공 흐름

이것이 어느 한계 값을 넘으면 J_2의 절연성이 소실되고 Avalanche 현상이 일어나며, 양극에서 음극을 향해 큰 전류(전자, 정공)가 흐른다. 이 접합 J_2는 일단 절연성을 잃으면 게이트의 펄스를 제거하여도 주전류는 그냥 도통을 계속한다. 그리고 양극과 음극간의 전압강하는 극히 낮은 값(1[V] 이하)으로 유지된다. 단, 외부에서 주전류가 차단되면 즉시 접합 J_2는 절연성을 회복한다.

PNPN구조는 트랜지스터의 선형영역이 없는 2안전 스위치 소자 2개로 구성되어 있다. 이 스위칭 작용은 그림 2-25에 표시한 것과 같이 $P_1N_1P_2$트랜지스터와 $N_1P_2N_2$트랜지스터와의 복합에 의한 회로로서 쉽게 해석된다. 양극전류($P_1N_1P_2$의 에미터 전류)를 I_A, 게이트 전류를 I_g라고 한다. 또, 컬렉터 전류를 I_c, 베이스 접지의 컬렉터 차단전류(Cut off 電流)를 I_{cb0}라 하고, $P_1N_1P_2$트랜지스터에 대해서는 첨자 1, $N_1P_2N_2$트랜지스터는 첨자 2를 사용하여 표시한다.

이 경우 $P_1N_1P_2$트랜지스터의 베이스 전류 I_{b1}은 식 (2-11)로부터 식 (2-24)로 주어진다.

$$I_{b1} = (1-\alpha_1)I_A - I_{cb01} \qquad (2\text{-}24)$$

이것이 $N_1P_2N_2$트랜지스터의 컬렉터에 주입되는 데, $N_1P_2N_2$트랜지스터의 컬렉터 전류 I_{c2}는 식 (2-25)와 같다.

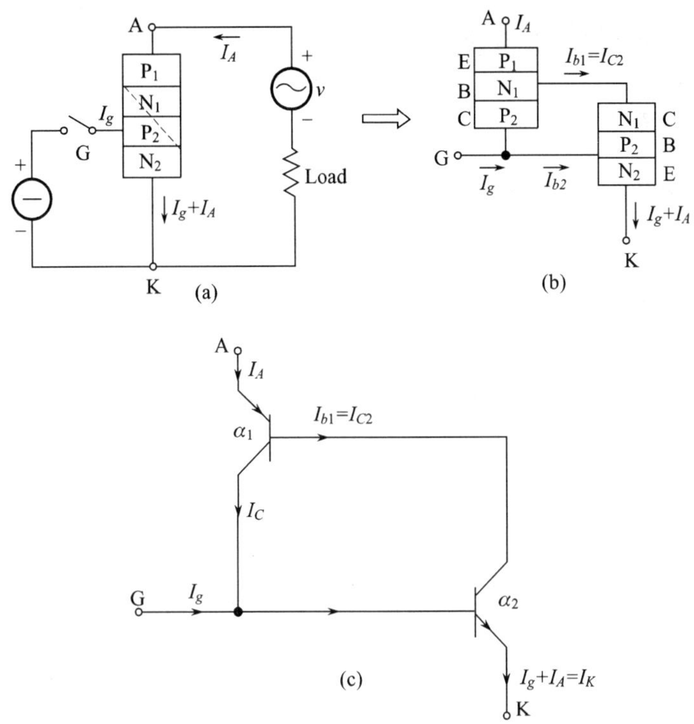

그림 2-25 (a) pnpn구조 및 (b), (c)등가회로

$$I_{c2} = \alpha_2(I_g + I_A) + I_{cb02} \tag{2-25}$$

식 (2-24)와 식 (2-25)에서 $I_{b1} = I_{c2}$로 되고, I_A를 구하면 식 (2-26)과 같이 된다.

$$I_A = \frac{\alpha_2 I_g + I_{cb01} + I_{cb02}}{1 - \alpha_1 - \alpha_2} \tag{2-26}$$

여기서 I_{cb0}는 에미터가 개로의 경우 컬렉터-베이스의 역방향 포화전류이다.

일반적으로 Si 트랜지스터의 전류 전도율은 어느 한도 내에서는 전류가 증가함에 따라 커진다. 즉, 전류 전도율 α_1, α_2는 각각 양극전류 I_A 및 음극전류$(I_g + I_A)$의 증가에 따라 증대한다. PNPN소자에서 게이트 단자가 붙어 있는 층을 베이스로 하는 트랜지스터의 전류 전도율은, 다른 상반되는 트랜지스터의 전류 전도율 보다 크다. 그리고 턴 · 오프 상태에서 α_1, α_2는 $\alpha_1 + \alpha_2 \ll 1$이고, 전류의 증가에 따라 커지고 그 값이 1이 되도록 사이리스터에서 설계되어 있다. 전류가 증가하여 $\alpha_1 + \alpha_2$가 1이 되면, I_A는 외부저항으로 제한되는 전류까지 증가한다. 즉, $\alpha_1 + \alpha_2 = 1$일 때 식 (2-26)에서 온 상태가 되는 것을 알 수 있다.

2 SCR의 V-I특성과 동특성

1 SCR의 V-I 특성

(1) 브레이크 오버(break-over) 전압

그림 2-26(a)에서 게이트를 개방하고, 순방향 저지상태로 양극전압 E를 0에서 서서히 올려가면서 V와 순방향의 누설전류 I_A와의 관계를 기록하면 그림 2-26(b)의 ①의 곡선이 된다. 즉, V의 상승에 따라 전류가 약간 증가하나, 전압 V_{BO}에서 양극전류는 갑자기 증가하기 시작한다. 이것은 그림 2-24의 접합 J_2가 절연성을 소실하기 때문이다. 이 현상을 브레이크 오버(Break-over)라 하고, V_{BO}를 브레이크 오버 전압(Break-over voltage)이라고 한다. 이 전압은 사이리스터의 PIV(Peak Inverse Voltage)와 거의 같은 전압이고, 이후 이 전압은 갑자기 떨어지고 곡선 ①′에 옮겨진다.

또, 여러 가지 게이트 전류 I_g를 조절하여 흘리는 상태에서 위와 같은 조작을 하면 곡선 ②, ③과 같이 되고, 전류가 증가되는 시점의 전압이 저하된다. 브레이크 오버를 하여도 사이리스터는 영구파괴 되는 것은 아니다. 그러나 보통 V_{BO} 이하의 전압에서 사용된다.

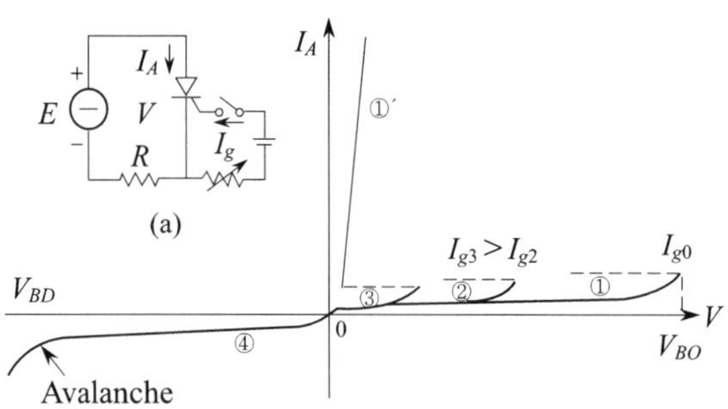

그림 2-26 SCR의 게이트 트리거 전압

(2) 브레이크다운(break-down) 전압

게이트를 개방한 상태로 직류전압 E를 그림 2-26(a)와 반대방향, 즉, 사이리스터를 역방향으로 전압을 인가할 때 역방향으로 턴·온하는 최소의 역방향 전압을 브레이크다운 전압(Break-down voltage)이라 한다. 이 값은 브레이크 오버 전압과 거의 같은 값이다. 그림 2-23(b)에서 아는 바와 같이 역방향 특성은 PN다이오드를 2개 직렬로 접속한 경우와 동일하다. 그러나 소자의 제작상 N_1(베이스층)의 고유저항이 특히 높고, 그 폭도 넓게 취하여 있으므로, 브레이크다운 전압은 주로 접합 J_1에 의해 결정된다.

소자가 역방향으로 브레이크다운을 일으키고, 역방향 전류가 과대하게 되면 소자는 파괴된다. 이것을 방지하기 위하여 같은 정격전류의 정류 다이오드를 직렬로 접속하여 전체적으로 역브레이크다운 전압을 높이면 된다.

(3) 유지전류

게이트의 개방상태에서 소자가 통전하고 있을 때, 그 도통상태를 유지하기 위한 최소의 순방향 전류를 유지전류(Holding current)라 한다. 순방향 전류가 이 값보다 적어지면 순방향저지의 상태가 된다. 이 유지전류의 값은 접합부의 온도의 상승에 따라 약간 감소한다.

그러나 제어소자를 턴・온하려고 할 때는 유지전류 이상의 순방향 전류가 필요하다. 여기서 턴・온시키기 위해서 필요한 최소의 순방향 전류를 래칭전류(Latching current)라고 한다.

2 SCR의 특성

다음은 SCR의 동특성에 대하여 고찰한다. 사이리스터는 온상태와 오프상태의 과정에 있어 과도상태가 있고, 그 특성을 스위칭 특성(Switching characteristics) 또는 동특성이라 하고, 소자를 회로에 사용하는 경우 유의하여야 할 중요한 특성의 하나이다.

(1) 점호 – 턴・온 시간 t_{on}

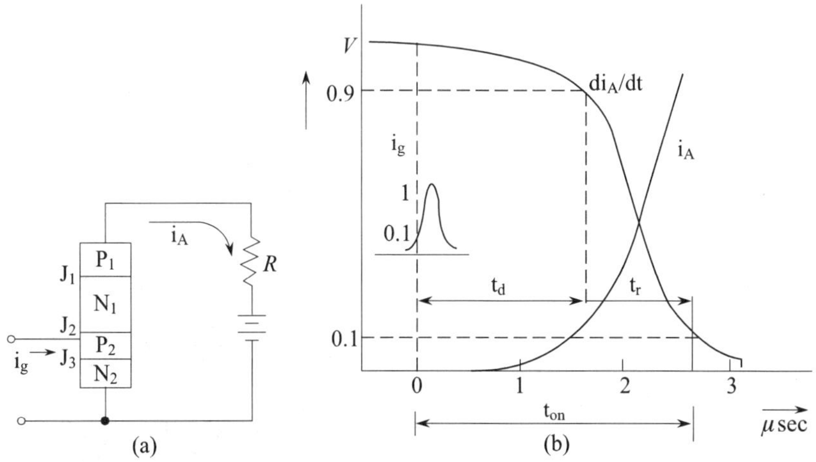

그림 2-27 트리거 펄스와 턴・온 시간

사이리스터가 순방향 저지상태에서 게이트에 트리거 펄스를 주어 도전하는 경우, 사이리스터에 걸린 전압은 순방향 전압강하가 1.5[V]정도까지 저하하는데, 이 경우 즉시로 강하하지 않고, 그림 2-27과 같은 시간적 경과를 가지고 있다.

턴・온 시간이란 그림 2-27(a)와 같이 트리거 펄스를 주어서 펄스의 피크 값이 10%가 되는 때부터, 그림 2-27(b)의 양극전압 V가 이 전압의 10%까지 강하하는 시간을 말하고 보통 2~3[μ_s]이다. 이 시간 t_{on}은 그림 2-27(b)에 표시한 바와 같이

$$t_{on} = t_d + t_r \tag{2-27}$$

로 표시되고, 여기에서 t_d는 지연시간(Delay time)이고 양극전압이 90%까지 강하하는 시간이다. t_r는 상승시간(Rise time)이라 하고 전압이 90%에서 10%까지 저하하는 시간을 말한다. 전압이 떨어지면, 순저항 부하일 때 전류는 반대로 상승한다. 위에서의 지연과 상승의 시간은 전류의 증가상태에서 명칭이 붙은 것이다.

(2) 소호

도전상태에 있는 사이리스터, 즉 그림 2-28(b)를 턴·오프하기 위해서 그림 2-28(a)에 표시하는 역방향 전압 $-E_r$를 가한다. 이 전압은 그림 2-28(c)의 J_2에 대해서는 순방향이나 J_1, J_3에 대해서는 역방향 바이어스가 된다. 여기서 P_1내의 전자, N_2내의 정공이 없어지기 위해 순시 역방향 전류가 외부에 흐르고 J_1, J_3에는 공핍층이 생긴다. 이때 N_1, P_2내의 정공과 전자의 분포는 그림 2-28(c)와 같이 된다. 그림 2-28(a)에서와 같이 전류 i_A는 감소하고 0이 되었다가 역방향 전류가 잠시 흐른 후에는 다시 0으로 된다. 역방향 전압을 가해서 역방향 전류가 흐르는 시간 t_{rr}를 역전압 회복시간(Reverse recovery time)이라 하고, 보통 수 μsec이다.

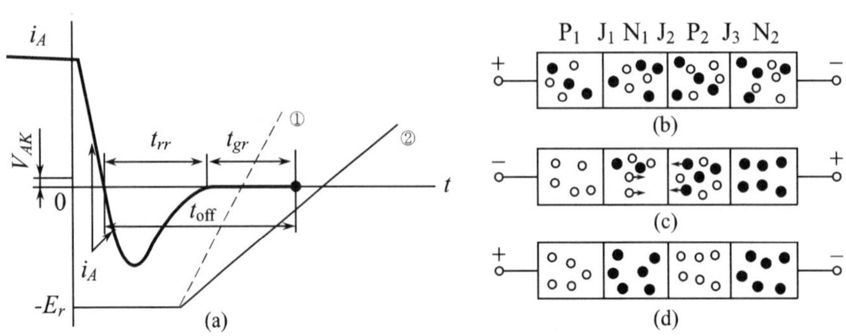

그림 2-28 (a) 턴・오프 과정, (b) 도통상태, (c) 순시역방향전류, (d) 턴・오프 상태

만일, 그림 2-28(c)의 상태에 있을 때 순방향 전압이 다시 가해지면(그림 2-28(a)의 ①의 경우) 사이리스터는 또다시 도전이 계속된다. 왜냐하면, 순방향 전압에 대해서는 J_1, J_3는 순방향이고, J_2는 역방향이 되어야 하나, 아직 정공과 전자가 혼합된 상태이므로 순방향 전압을 저지(Block)할 수 없기 때문이다.

따라서, 순방향 전압이 걸려도 게이트 신호를 가하지 않는 한 온이 안되는 상태가 되기 위해서는(그림 2-28(a)의 ②의 경우), 그림 2-28(c)에 표시된 것과 같이 J_2의 양측에 있는 정공, 전자가 재결합하여 N_1의 정공, P_2의 전자가 소실되는 시간이 필요하다. 즉, 그림 2-28(d)와 같이 되면 사이리스터는 저지 능력을 회복한다. 이 시간을 게이트 회복시간(Gate recovery time) t_{gr}이라 한다. 턴・오프 시간은 순방향 도전 상태에 있어서 사이리스터의 순방향 전류가 0으로 될 때부터 사이리스터가 또다시 순방향 전압을 저지할 능력을 회복하는 시간($t_{rr}+t_{gr}$)을 t_{off}라고 말한다.

3 TRIAC 소자

TRIAC(Triode AC Switch)은 역병렬의 2개의 보통 SCR와 유사하므로 쌍방향성 3단자 사이리스터(Bidirectional or bilateral triode thyristor)이고, AC 전력의 제어에 사용된다. 그림 2-29는 TRIAC의 기본구조와 기호를 표시한 것이다. 단자의 기호는 게이트 단자 G에 가까운 쪽이 주단자 T_1, 다른편의 단자를 T_2라고 부른다.

$G-T_1$단자간에 게이트 신호를 사용하고, 게이트 입력신호는 정(+), 부(-)의 어느 경우에도 T_1-T_2 단자 사이에서 양방향의 제어가 된다. 따라서, TRIAC이 오프상태에서 온상태로 옮기는 동작기구는 $G-T_1$ 단자 사이와 T_1-T_2 단자 사이에 가해지는 전압의 극성의 조합에서 그 모드(Mode)가 결정된다.

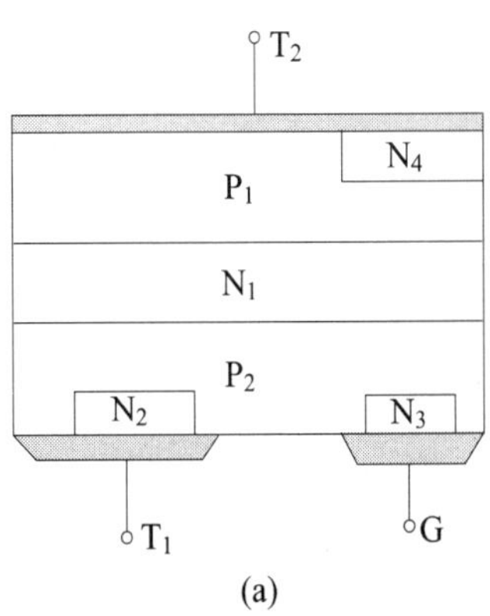

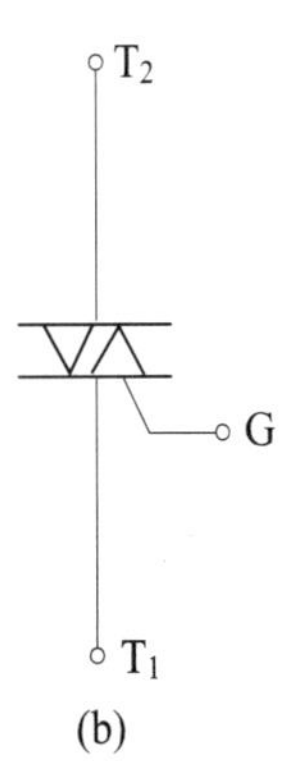

그림 2-29 TRIAC의 구조와 기호

TRIAC의 점호의 모드는 그림 2-30과 같다. 그림 2-30(a)는 단자 T_2가 정, 게이트 전류가 정, 그림 2-30(d)는 T_2가 부, 게이트 전류가 부인 경우이고, 그림 2-30(b), (c) 모두 합쳐서 네가지의 경우가 있다. 사이리스터의 네 가지 기본적 동작개념은 쌍방향성 사이리스터의 동작원리에 대한 기초가 된다.

(1) 단자 T_2가 정(+), 게이트 전류가 정(+)인 이 모드에 있어 TRIAC은 보통 SCR와 엄밀하게 같은 동작을 한다. 그림 2-31은 이 경우의 소자동작이고, 동작부분은 $P_1N_1P_2N_2$이다. 이것은 기본적 역저지 3단자 사이리스터(SCR)이며, 턴·온 기구는 G의 P_2에 의해 이루어진다.(그림 2-30의 모드 1)

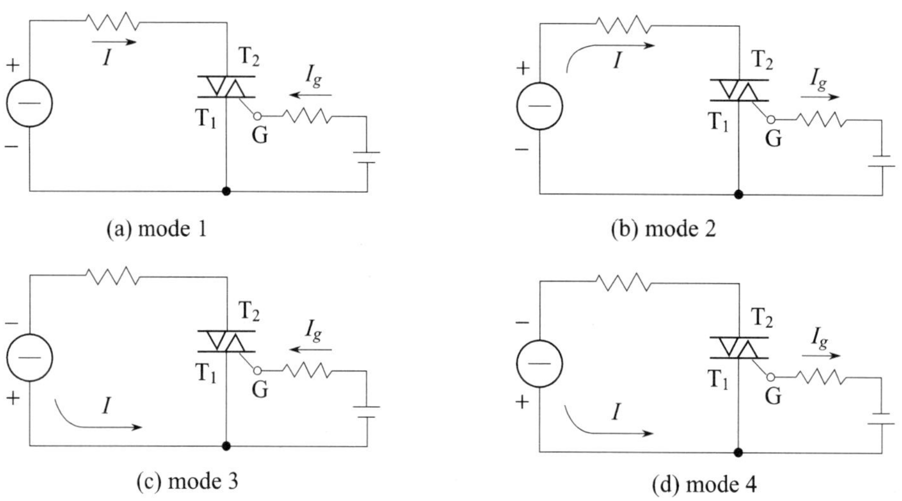

그림 2-30 TRIAC 게이트 트리거 모드

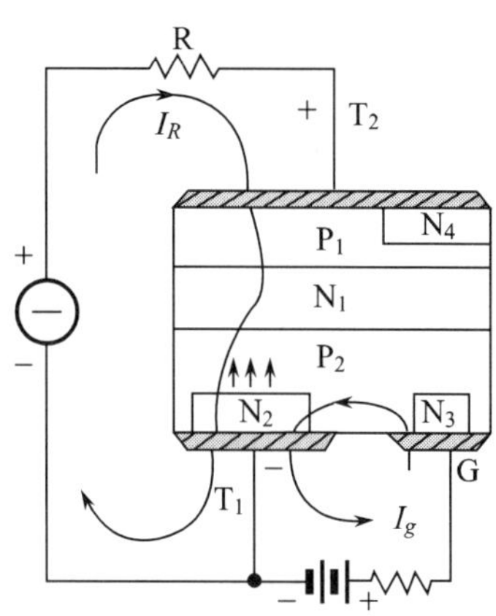

그림 2-31 TRIAC의 SCR 동작

(2) 단자 T_2가 정(+), 게이트 전류가 부(−)는, 이 때 $P_1N_1P_2N_2$가 접합 게이트 영역으로서 동작하는 N_3를 가지는 주요기구로 되어 있고, 이것은 그림 2-32의 접합 게이트 사이리스터로 동작한다. 먼저, 보조 $P_1N_1P_2N_3$ 구조의 P_2N_3 접합 게이트를 게이트 전류 I_g에 의해 순방향으로 바이어스한다. 이 구조가 보통의 SCR와 같이 $P_1N_1P_2N_3$가 턴·온 함에 따라 이것에 걸리는 전압은 저하되고, P_2 영역의 오른쪽 부분이 애노드의 전위에 이행한다. 그러나 P_2의 왼쪽 부분은 캐소드의 전위에 머물러 있으므로, 횡방향의 전위경도가 P_2 내에 생기고, 전류는 P_2를 걸쳐서 흐른다. P_2N_2의 오른쪽이 순바이어스이므로 N_2의 전자는 이 점에서 P_2에 주입되고 주요부분 $P_1N_1P_2N_2$가 턴 · 온한다(그림 2-30의 모드 2).

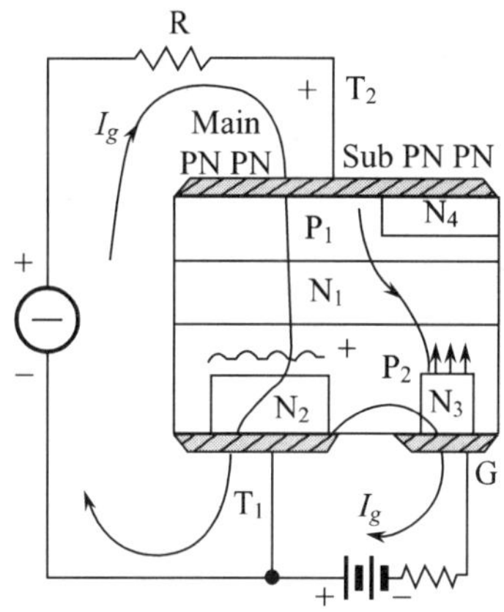

그림 2-32 TRIAC의 접합게이트, SCR 동작

(3) 단자 T_2가 부(−), 게이트 전류가 부(−)인 모드에서 그림 2-33과 같이 $P_2N_1P_1N_4$는 P_2N_3에 의해 모여든 전자를 주입하는 P_2N_2 접합을 가지는 주요 구조이다. 이것은 리모트 게이트 사이리스터(Remote gate thyristor)에 유사하다. 그림 2-33은 전형적인 리모트 게이트 구조를 표시한다.

외부 게이트 전류 I_g에 의해 P_2N_3가 순방향 바이어스가 되므로, N_3에서 P_2에 주입된 전자는 그림과 같다. 이러한 전자는 P_2 영역에 확산하고, P_2N_1 접합에 모여든다. 따라서, P_2N_1 접합은 순방향 바이어스로 되나, 컬렉터로서 동작하는 데 주의하여야 한다. 왜냐하면, P_2N_1 접합의 전계는 보통의 "컬렉터"와 같이 역바이어스라고 가정할 때와 같은 방향이기 때문이다. P_2N_1에 의해 모여든 N_3에서의 전자는 P_2N_1을 흐르는 전류의 증가를 일으키고, 턴・온한다(그림 2-30의 모드 4).

(4) 그림 2-33에서 단자 T_2가 부(−), 게이트 전류가 정(+)으로 바뀐 경우의 이 모드에서 P_2N_2가 순바이어스로 되고, P_2N_1 접합에 모여드는 전자를 주입하면, P_1N_1은 더욱 바이어스된다. 그래서 $P_2N_1P_1N_4$ 부분을 통하는 전류가 증가하고 이 부분이 스위칭된다. 이 모드는 그림 2-33의 리모트 게이트 동작에 유사하다(그림 2-30의 모드 3).

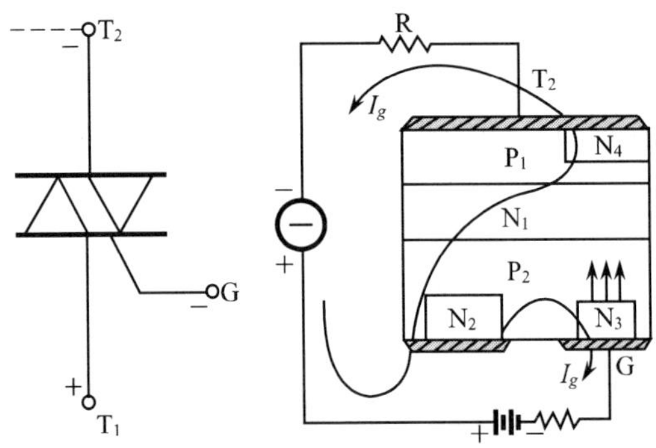

그림 2-33 TRIAC의 리모트게이트, SCR 동작

4 GTO 소자

GTO는 Gate Turn Off Thyristor의 약자이고, GTO SCR 또는 GCS(Gate Controlled Switch)라고도 불리울 때가 있다.

GTO는 역저지 3단자 사이리스터에 속한다. 보통의 역저지 3단자 사이리스터는 게이트에서 턴・온 동작만이 이루어지고, 턴・오프는 게이트로 제어되지 않고 외부회로, 즉, 전류회로에 의해 소호하는 데 비해 GTO는 부(−)의 게이트 신호에 의해 온상태에서 오프상태로 턴・오프시키는 자기소호 기능을 가지고 있다. 따라서, 그 응용으로서는 직류단속 릴레이 회로, DC-DC 컨버터, DC 쵸퍼, 고압 인버터 회로 등에 사용된다.

GTO의 실리콘 내부구조는 그림 2-34와 같이 $P_1N_1P_2N_2$ 4층이고, 게이트에 정의 전류를 흘리면 턴・온한다. 온상태에서 게이트에 부의 전류를 흘려서 접합 N_1P_2의 정공류를 게이트에 인출한다. 이것 때문에 $N_1P_2N_2$ 트랜지스터의 베이스 전류를 적게 하는 것으로 되어 전류 전달률 α_2를 감소시킨다. 그 결과 $P_1N_1P_2$와 $N_1P_2N_2$의 전류 전달률의 합 $(\alpha_1+\alpha_2)$이 1보다 적어지고, 온상태의 조건이 만족되어지지 않으므로 턴・오프한다.(식(2-26)을 참조)

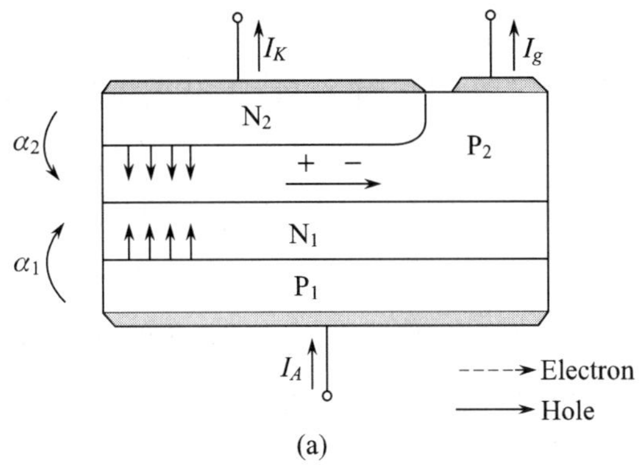

그림 2-34 GTO의 구조와 기호

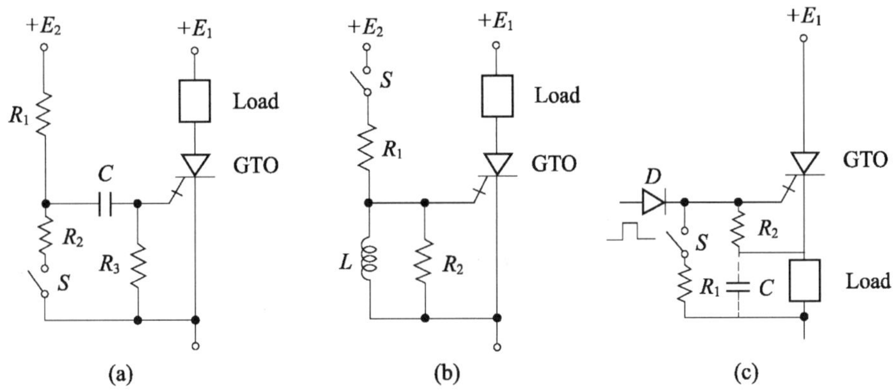

그림 2-35 GTO의 게이트 온 · 오프 기본회로

위에서 기술한 바와 같이 GTO의 동작에는 정, 부의 게이트 신호가 필요하고, 이 기본회로를 표시하면 그림 2-35에 표시한 세 가지 방법이 있다. 그림 2-35(a)의 회로는 게이트와 직렬로 연결된 콘덴서의 충방전에 의한 것이다. 스위치 S를 개방하면 충전전류는 정의 게이트 신호가 되고, 닫으면 R_2를 통하여 흐르는 방전전류가 부의 게이트 신호가 된다.

그림 2-35(b)의 회로에서는 게이트는 병렬 인덕턴스 L에 축적된 에너지가 스위치의 오프시에 부의 게이트 전류가 된다. 그림 2-35(c)의 회로는 캐소드 부하를 이용한 경우이고, 다이오드를 통하여 정의 게이트 전류에 의해 턴 · 온된다. 스위치 S를 닫으면 부하의 단자전압이 게이트 역전압이 되어 턴 · 오프된다. 부하와 병렬의 콘덴서는 부의 게이트 전류를 흘리는 시간을 길게 하여 안정한 동작을 하기 위해 접속되었다.

2000년 현재 6000[V]-6000[A]의 제품이 개발완료 상품화 단계에 있다.

5 LASCR 소자

LASCR(Light Activated SCR)은 광에 의해 턴·온 할 수 있다. LASCR은 그림 2-36에 표시한 바와 같이 일반 사이리스터의 구조와 같고, 4층 $P_1N_1P_2N_2$ 구조이고, J_2 접합 부근에 광을 집중할 수 있는 렌즈가 붙은 것으로 되어 있다. 광이 반도체층에 조사되면, 전자-정공쌍이 발생한다. 양극-음극 사이에 인가전압을 가하고 J_2 접합을 역바이어스하여 두면, 이 발생한 전자-정공은 $N_2P_2N_1$ 및 $P_1N_1P_2$의 양쪽 에미터 영역에서 마치 게이트 신호를 주입한 것과 같이 정공 및 전자의 주입을 촉진하고 턴 · 온이 된다.

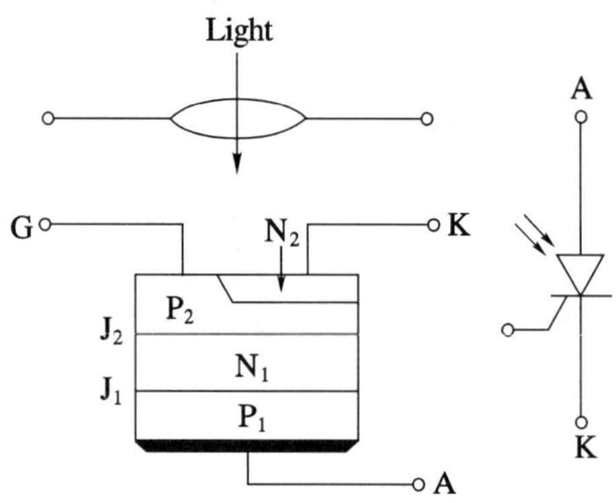

그림 2-36 LASCR의 구조

이것은 주로 광스위치, 릴레이, 카운터 회로 등에 많이 사용된다. 응용 예를 들면 화재 경보기, 자동 핸드 드라이어, 가로등 스위치, 공장에 있어서의 제품 카운터, 형상식별 이외에 여러 가지로 생각할 수 있다. 즉, 램프와 LASCR 조합에서 반도체를 전자 릴레이와 비유하여 생각한다. 이 조합은 입력과 출력을 완전히 분리하고 또 큰 전류 용량을 가지고 있다. 그림 2-37은 LASCR를 사용한 몇 가지 기본적 릴레이를 표시한다. 그림 2-37(a)는 직류전원에 LASCR를 사용한 예이다.

만일, LASCR가 오프상태이고, 전구가 켜지지 않으면 부하회로는 오프회로 상태가 된다. 입력측의 전구가 점등하면 LASCR는 도통상태로 스위칭되고, LASCR 소자는 약 1[V]의 전압강하가 생긴다. 전등이 점멸되어도 계속 LASCR는 점호되고 있다.

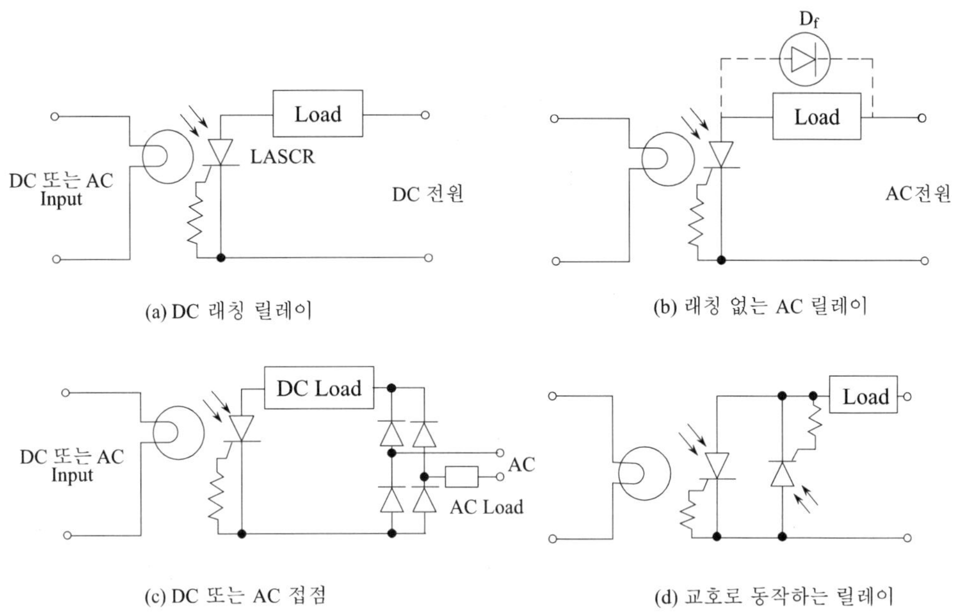

▌그림 2-37 LASCR를 사용한 스위치

그림 2-37(b)는 같은 회로를 AC의 경우에 대해 표시하였다. LASCR는 음극에 대해 양극이 부로 되었을 때는 도통하지 않으므로 부하전류는 반파정류된다. 부하전류는 전등이 점멸할 때만 흐른다. 이 회로의 환류(Free Wheeling) 다이오드 D_f는 유도부하일 때 사용된다.

래칭하지 않은 경우의 직류부하 구동회로를 그림 2-37(c)에 표시하였다. 이 회로에서는 전파정류된 직류가 LASCR와 부하에 걸린다. LASCR는 부하에 걸린 전압이 0일 때 Reset된다. 이 때문에 회로는 래칭하지 않는다. 교류부하를 동작하는 방법은 그림 2-37(d)에 표시한다. 광에 의한 결합은 전기적으로 분리되어 있으므로, 2개의 LASCR를 역병렬로 동시 사용할 수 있다.

6 MCT 소자

MCT(MOS-Controlled Thyristor)는 가장 최근에 상용화된 전력용반도체 소자로서 GTO 사이리스터의 전류 제어방식의 드라이브 특성을 개선한 전압제어 스위치이며, GTO 사이리스터와 비교가 안될 정도로 매우 높은 턴·오프 전류이득을 갖는다.

그림 2-38의 (a)와 (b)는 P형 MCT의 회로기호와 등가회로를 각각 나타낸다. 그림 2-38(a)에서 G, A, K는 각각 게이트, 애노드, 케소드 단자를 나타내며, GTO 사이리스터가 게이트에 전류펄스를 인가하여 트리거 온·오프하는 것과는 달리, 게이트와 애노드 사이에 작은 전압펄스를 인가해 줌으로써 트리거 온, 트리거 오프 할 수 있다.

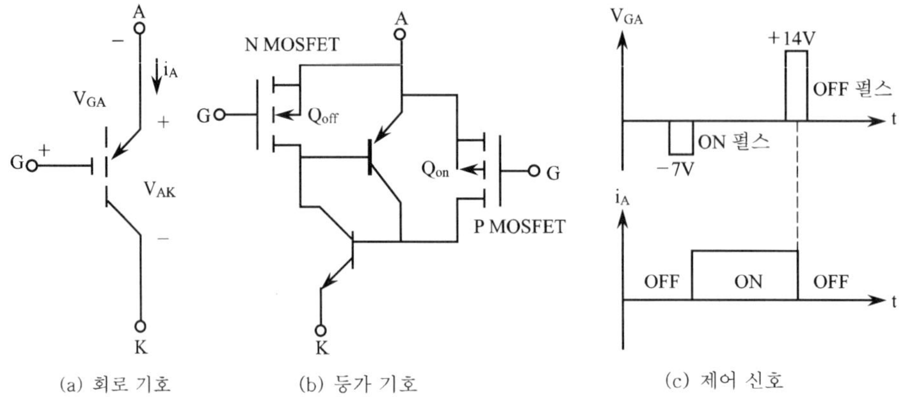

(a) 회로 기호 (b) 등가 기호 (c) 제어 신호

그림 2-38 MCT(P형)

그림 2-38(c)에서 보듯이, MCT는 게이트와 애노드간에 음(nagative)의 펄스를 인가하면 턴온되고, 양(positive)의 전압펄스를 인가하면 턴·오프된다. 그리고 일단 턴·온, 턴·오프되면 게이트와 애노드 사이의 전압이 제거되어도 온·오프의 상태를 유지한다.

그림 2-39의 (a)는 MCT의 전압-전류특성을, (b)는 이상적인 특성을 나타낸다.

MCT는 등가회로에서 보듯이 IGBT, MOSFET 등과 같은 전압제어 소자이며, 따라서 구동이 쉽고 구동전력이 적게 소모된다. 또 GTO 사이리스터와 같은 온드롭을 갖지만 GTO 사이리스터처럼 턴오프시 매우 큰 전류펄스는 필요없다. 스위칭 속도는 수 μsec정도 되어 GTO 사이리스터보다는 훨씬 빠르고 IGBT와 비슷하다.

MCT는 현재 600[V]/1200[V], 30[A]/60[A] 군의 제품이 상용화되어 있다. 또 MCT는 현재 기술개발의 초기단계이지만 구조적으로 대용량의 전력처리능력을 갖고 구동이 쉽다는 등의 장점 때문에 차세대 전력용반도체 스위치로 주목받고 있는 소자이다.

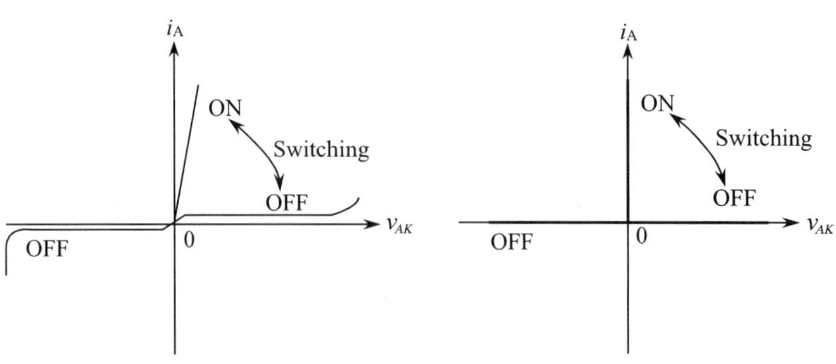

(a) 전압-전류특성 (b) 이상적인 특성

그림 2-39 MCT(P형)의 전압-전류 특성

대표적인 반도체 소자의 심벌과 특성을 표 2에 표시한다.

표 2 전력용 소자의 특성과 기호

Devices	Symbols	Characteristics
Diode	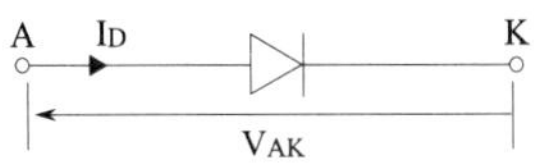	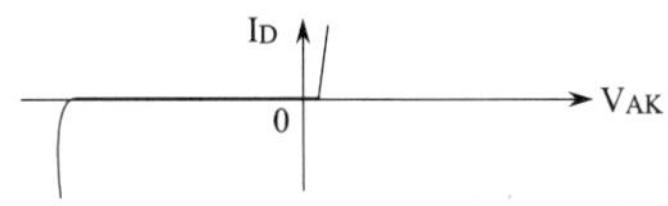
Thyristor	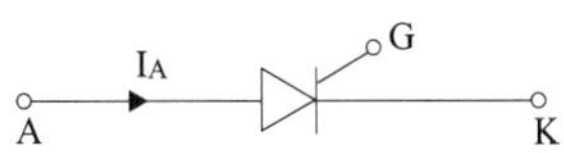	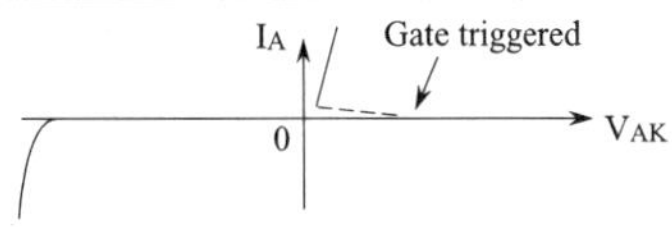
SITH	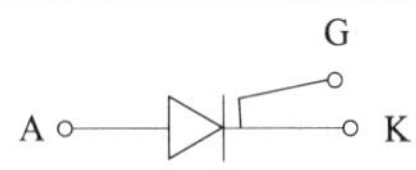	
GTO	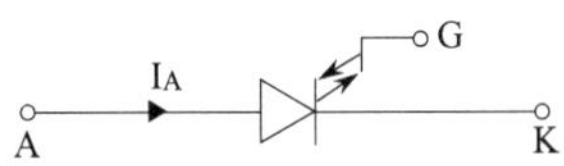	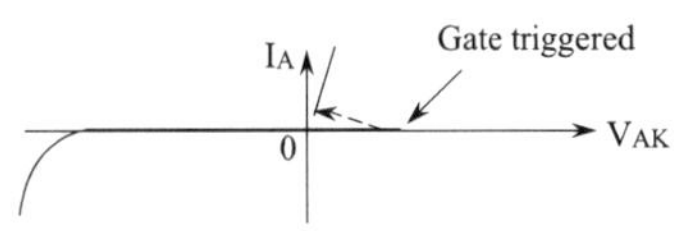
MCT	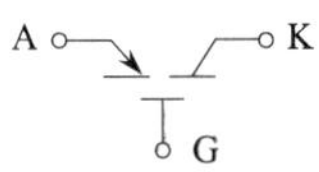	
TRIAC	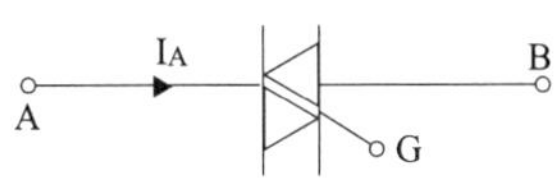	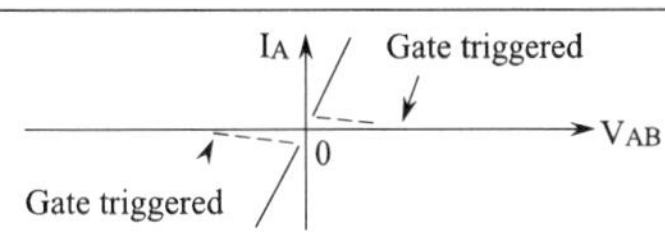
LASCR	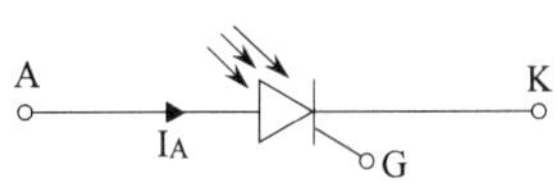	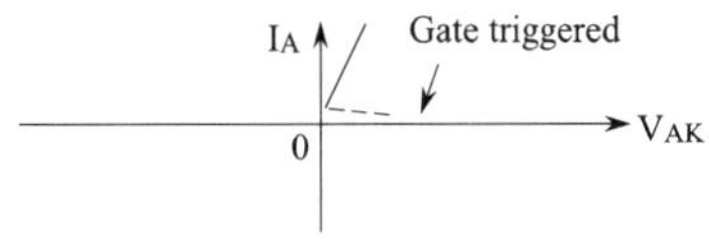
NPN BJT	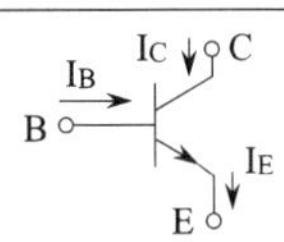	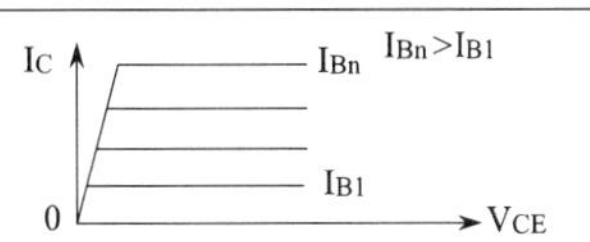
IGBT	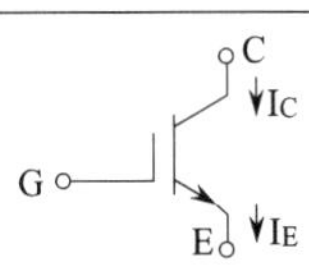	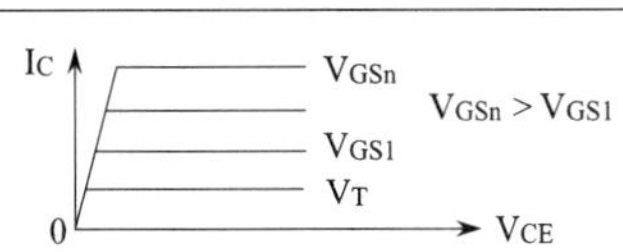
N-Channel MOSFET	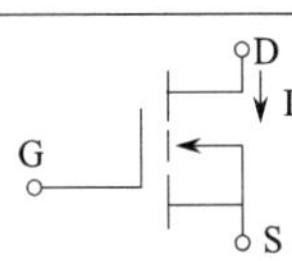	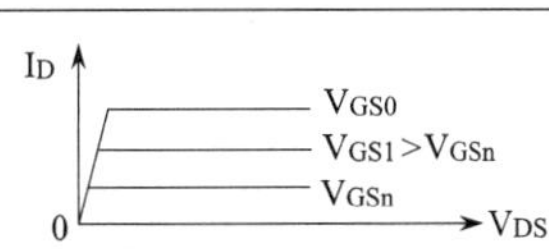
SIT	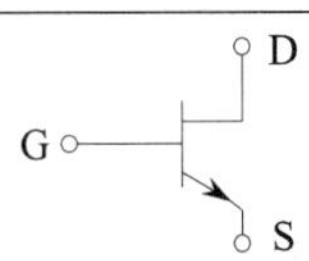	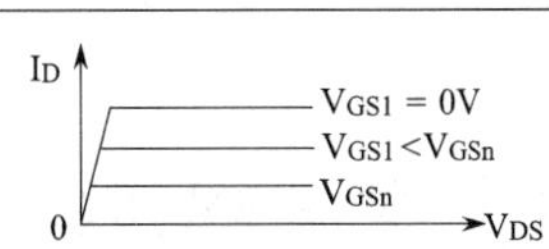

연습문제

1. 진성반도체 및 불순물반도체란 무엇인가?

2. 자유전자에 대해서 설명하라.

3. 전도대란 무엇인가?

4. 정공, 도너, 억셉터란 무엇인가?

5. 그림의 P-N접합 다이오드에서 순방향 바이어스와 역방향 바이어스 시의 물리적 현상을 설명하라.

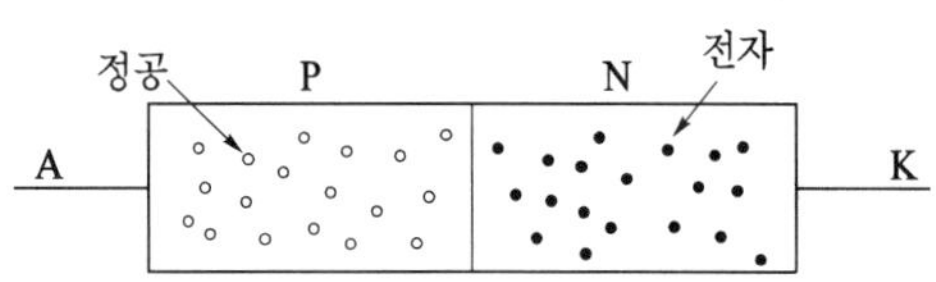

6. 사이리스터의 브레이크 오버 전압 및 브레이크 다운 전압을 설명하라.

7. 사이리스터의 유지전류에 대해서 설명하라.

8. 사이리스터의 턴온 및 소호 방법에 대해서 설명하라.

9. 순수 반도체에서 자유전자 및 정공이 존재하는 에너지 밴드는 무엇인가?

10. 순수 반도체에서 정공은 어떻게 생기는가?

11. 전류는 왜 부도체에서보다 도체에서 더 쉽게 만들어지는가?

12. 다수 캐리어 전류를 만드는 바이어스 상태는 무엇인가?

13. 애벌런치 항복 현상이란 무엇인가?

14. n형 및 p형 반도체는 어떻게 형성되는가?

15. 실리콘의 전위장벽 값은 얼마인가?

16. 다이오드가 동작하는 두 가지 상태는 무엇인가?

17. 순방향 바이어스란 무엇인가?

18. 전위장벽이란 무엇인가?

19. 공핍영역이란 무엇인가?

20. 그림에서 I_B, I_C, I_E, V_B, V_C를 구하라. 단, $\beta = 50$이다.

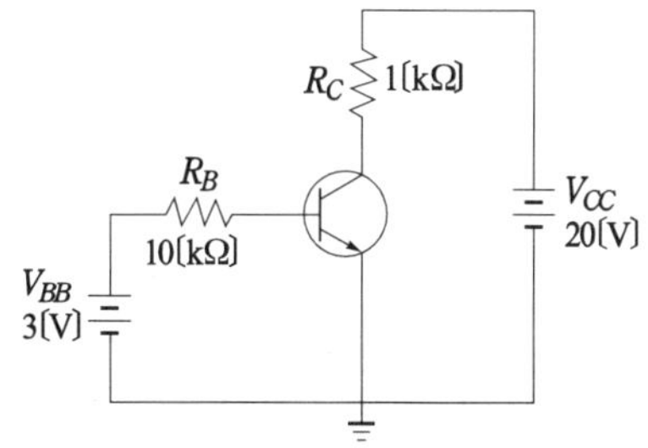

21. 트랜지스터의 세 가지 전류를 무엇이라고 부르는가?

22. 트랜지스터에서 β의 정의는 무엇인가?

23. 트랜지스터 기호의 화살표는 무엇을 의미하는가?

24. 트랜지스터의 동작중에는 베이스-이미터간 전압은 평균적으로 몇 [V]로 근사할 수 있나?

25. 현재 전력용 반도체 소자는 거의 Si이 사용되는 이유는 무엇인가?

26. Ge 및 Si 정류 다이오드의 사용 영역은 어떻게 되는가?

27. 반도체란 무엇인가?

03 AC-DC 변환 회로

AC-DC 변환회로는 교류전력을 직류전력으로 변환하는 회로로서 일반적으로 정류회로라 부르며, 일명 순변환 회로라고도 불리운다. 이 회로는 입력교류전압이 일정한 경우, 출력직류전압의 크기가 정해지는 다이오드 정류회로와 출력직류전압의 크기가 가변되는 제어정류회로로 구분된다. 또한 정류회로는 입력이 교류이므로 단상 정류회로와 3상 정류회로가 있다.

3-1 단상 반파 정류회로

1 반파다이오드정류회로

(1) 저항부하인 경우

반도체소자로서 온 · 오프(on · off) 제어능력이 없는 다이오드를 사용하고, 저항부하를 갖는 단상 반파정류회로는 그림 3-1(a)와 같고, 이 경우 각 부의 전압, 전류파형은 그림 3-1(b)와 같다.

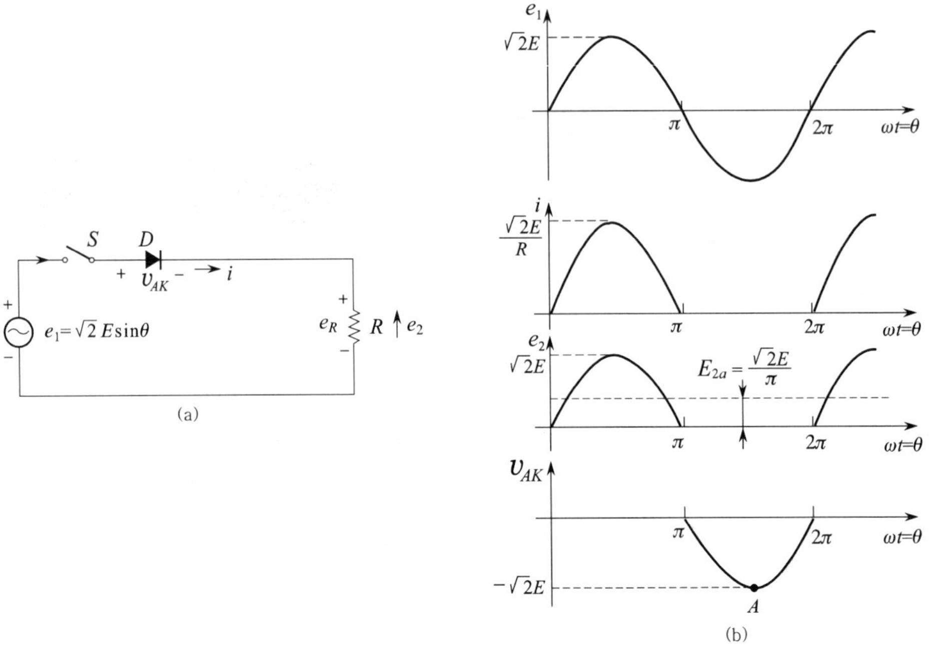

▌그림 3-1 단상반파정류회로와 각부 파형

해석 편의상 여기에서 사용되는 반도체 정류소자는 순방향 저항이 0(Zero)이고, 역방향 저항이 무한대인 이상적 다이오드라 가정한다. 그림 3-1(a)의 회로에서 입력교류전압으로 $e_1 = \sqrt{2}\,E\sin\theta$[V]의 정현파전압을 인가하면, $0 \le \theta \le \pi$의 정의 반주기에서 다이오드 D는 도통되어 저항 R에 전력을 공급하고, $\pi \le \theta \le 2\pi$의 부의 반주기에서 D는 오프(off)되어 전력을 공급하지 않게 된다. 이와 같이 직류출력전압 e_2의 파형은 교류입력전압 e_1의 정의 반주기에만 출력되고, 음의 반주기에서는 0(Zero)이 되는데, 이와 같은 정류를 반파정류라 한다. 반파 정류회로의 동작원리 및 특성을 알아보기로 한다.

정의 반주기 $0 \le \theta \le \pi$(그림의 극성)의 구간에서 다이오드 D는 순방향 바이어스로 온(on)상태가 되어 전원측에서 부하측으로 전력이 공급된다. 이때 출력전압 e_2는

$$e_2 = e_1 = \sqrt{2}\,E\sin\theta[\text{V}] \qquad 0 \le \theta \le \pi \tag{3-1}$$

이 된다. 그리고 저항 R를 통해 흐르는 출력(입력)전류 i는

$$i = \frac{e_2}{R} = \frac{e_1}{R} = \frac{\sqrt{2}\,E\sin\theta}{R} = I_m\sin\theta[\text{A}] \tag{3-2}$$

이다. 여기에서 E는 전압의 실효치로서, 최대치는 $E_m = \sqrt{2}E$가 되며, 전류의 최대치는 $I_m = \frac{E_m}{R} = \frac{\sqrt{2}E}{R}$이다. 그리고 다이오드에 인가되는 전압 v_{AK}는, 도통시의 다이오드 저항이 $R_D = 0$이므로

$$v_{AK} = R_D \cdot I_m \sin\theta = 0 \tag{3-3}$$

가 된다.

다음에 부의 반주기 $\pi \le \theta \le 2\pi$의 구간에서 다이오드 D는 역방향 바이어스로 오프(off)되어 출력전압 e_2 및 전류 i는

$$e_2 = 0 \tag{3-4}$$

$$i = 0 \tag{3-5}$$

가 된다. 이때 다이오드 전압 v_{AK}는 전원전압 e_1의 부의 전압이 역방향으로 인가된다.

$$v_{AK} = e_1 = \sqrt{2}E\sin\theta[\mathrm{V}] \quad \pi \le \theta \le 2\pi \tag{3-6}$$

여기에서 다이오드에 역방향으로 인가되는 전압의 최대치 $E_m = \sqrt{2}E$를 최대역전압 PIV(Peak Inverse Voltage)라 한다. PIV는 정류회로 설계시 다이오드의 전압 정격치를 결정하는 중요 요소가 된다.

다음에 출력 전압, 전류는 직류이므로 이들의 평균치를 구해본다. 출력전압의 평균치 E_{2a}는 식 (3-1)과 식 (3-4) 또는 그림 3-1(b)의 e_2의 파형으로부터 다음과 같이 된다.

$$E_{2a} = \frac{1}{2\pi}\int_0^{2\pi} e_2 d\theta = \frac{1}{2\pi}\int_o^{\pi} \sqrt{2}E\sin\theta d\theta = \frac{\sqrt{2}E}{\pi}[\mathrm{V}] \tag{3-7}$$

저항에 흐르는 전류의 평균치 I_a는 두 가지 방식으로 구해진다. 식 (3-7)의 평균전압이 얻어진 경우는, I_a는 $\frac{\sqrt{2}E}{\pi R}$로 구해지며, 평균전압이 미지인 경우 I_a는 식 (3-2)와 식 (3-5) 또는 그림 3-1(b)의 i의 파형으로부터 다음과 같이 구해진다.

$$I_a = \frac{1}{2\pi}\int_0^{2\pi} i\,d\theta = \frac{1}{2\pi}\int_0^{\pi} \frac{\sqrt{2}E\sin\theta}{R} d\theta = \frac{\sqrt{2}E}{\pi R} = \frac{I_m}{\pi}[\mathrm{A}] \tag{3-8}$$

다음에는 입력측은 교류이므로, 입력전류(=출력전류) i의 실효치 I_r를 구한다.

$$I_r = \sqrt{\frac{1}{2\pi}\int_0^{2\pi} i^2 d\theta} = \sqrt{\frac{1}{2\pi}\int_0^{\pi}\left(\frac{\sqrt{2}\,E\sin\theta}{R}\right)^2 d\theta} = \frac{\sqrt{2}\,E}{2R}$$
$$= \frac{I_m}{2}[\mathrm{A}] \qquad (3-9)$$

이상 구한 출력전류의 평균치, 입력전류의 실효치는 출력측으로 전달되는 전력계산에 이용된다. 직류 출력측의 전력 P_{dc}는 식 (3-8)로부터 다음과 같다.

$$P_{dc} = I_a{}^2 R = \left(\frac{I_m}{\pi}\right)^2 \cdot R\,[\mathrm{W}] \qquad (3-10)$$

교류입력측의 공급전력 P_{ac}는 식 (3-9)로부터

$$P_{ac} = I_r{}^2 R = \left(\frac{I_m}{2}\right)^2 \cdot R\,[\mathrm{W}] \qquad (3-11)$$

정류회로에서의 효률 η는 다음 식으로 정의하고 있다.

$$\eta = \frac{P_{dc}}{P_{ac}} \times 100[\%] \qquad (3-12)$$

반파정류회로에서의 효율 η는 식 (3-10), (3-11) 및 (3-12)로부터

$$\eta = \frac{\frac{I_m{}^2}{\pi^2}\cdot R}{\frac{I_m{}^2}{4}\cdot R} \times 100 = \frac{4}{\pi^2} \times 100 = 40.6[\%] \qquad (3-13)$$

가 된다.

다음은 출력전압 e_2의 파형에 대하여 고찰한다. 그림 3-1(b)에서

$$e_2(\theta) = \begin{cases} \sqrt{2}\,E\sin\theta : (0 \le \theta \le \pi) \\ 0(Zero) : (\pi \le \theta \le 2\pi) \end{cases}$$
$$e_2(\theta) = e_2(\theta + 2n\pi) \qquad (3-14)$$

인 주기 함수로 표시된다. 이것은 정현파, 여현파, 및 직류성분의 합으로 표현하는 방식, 즉 푸리에(Fourier)급수로 전개할 수 있다.

일반적으로 주기파형을 푸리에 급수로 표시하면 다음과 같다.

$$\begin{aligned} e_2 &= a_0 + a_1\cos\theta + a_2\cos 2\theta + \ldots + a_n\cos n\theta + \ldots \\ &\quad + b_1\sin\theta + b_2\sin 2\theta + \ldots + b_n\sin n\theta + \ldots \\ &= \sum_{n=0}^{\infty}\{a_n\cos n\theta + b_n\sin n\theta\} \\ &= a_0 + \sum_{n=1}^{\infty}\{a_n\cos n\theta + b_n\sin n\theta\} \end{aligned} \tag{3-15}$$

여기에서 각 계수 a_0, a_n 및 b_n을 구해보자. 식 (3-15)의 양변을 한주기에 대하여 적분을 취하면 a_0가 구해진다.

$$\begin{aligned} \int_0^{2\pi} e_2 d\theta &= \int_0^{2\pi} a_0 d\theta + \int_0^{2\pi}\left[\sum_{n=1}^{\infty}\{a_n\cos n\theta + b_n\sin n\theta\}\right]d\theta \\ &= a_0 \cdot 2\pi \\ \therefore a_0 &= \frac{1}{2\pi}\int_0^{2\pi} e_2 d\theta \end{aligned} \tag{3-16}$$

a_n을 구하기 위하여 식 (3-15)의 양변에 $\cos n\theta$를 곱한 후 한주기에 대하여 적분을 취하면,

$$a_n = \frac{1}{\pi}\int_0^{2\pi} e_2\cos n\theta\, d\theta \tag{3-17}$$

이 되고, b_n을 구하기 위하여 식 (3-15)의 양변에 $\sin n\theta$를 곱한 후 한주기에 대하여 적분을 취하면, 다음과 같다.

$$b_n = \frac{1}{\pi}\int_0^{2\pi} e_2\sin n\theta\, d\theta \tag{3-18}$$

(2) 유도성부하인 경우

순저항부하만을 갖는 다이오드정류회로의 출력전압과 전류파형은 같은 모양으로 평균값 및 실효값을 간단히 구할 수 있지만, 부하가 인덕턴스를 포함하면 계산이 복잡하여

진다.

그림 3-2(a)는 $R-L$유도성부하를 갖는 다이오드 반파정류회로도이고, 그림 3-2(b)는 각부의 전압과 전류파형을 나타낸다.

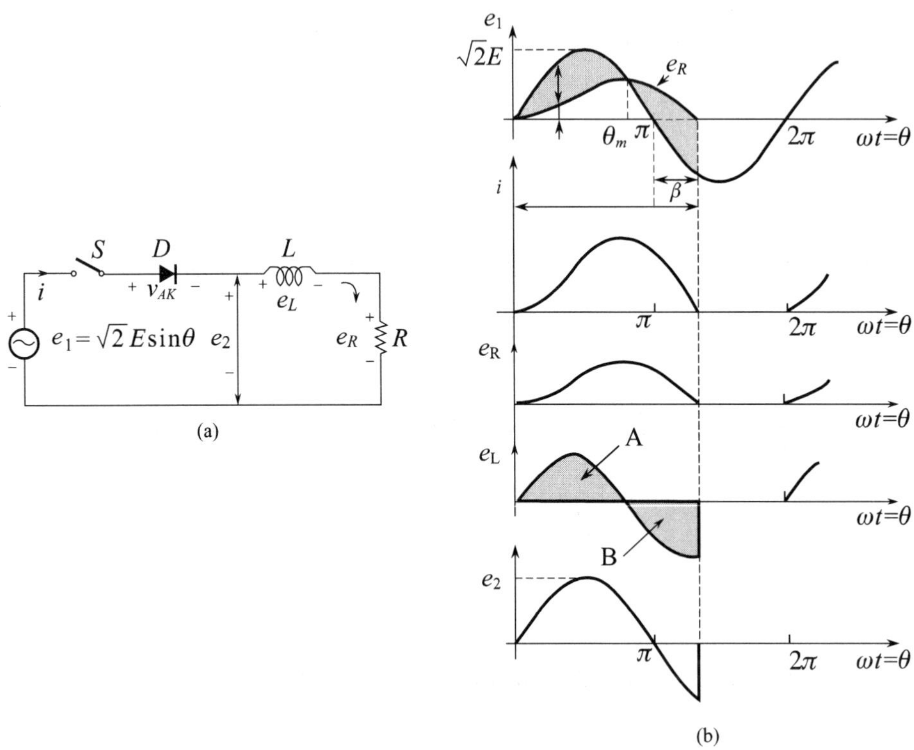

그림 3-2 유도성 부하를 갖는 단상 반파 정류회로와 각부 파형

그림 3-2(b)에서 출력전류 i의 파형은 그림 3-1(b)에 표시된 저항부하시의 출력파형과 상당한 차이가 있다. 즉 i는 π에서 0(Zero)이 되지 않고 $\pi+\beta$에서 0(Zero)이 된다. 그러므로 출력전압 e_2는 $\pi \le \theta \le \pi+\beta$의 구간에서 전원전압의 부(-)의 값이 나타난다. 이러한 현상은 에너지를 소비하지 않고 축적하는 성질을 갖고 있는 인덕터에 의한 것으로 그 동작 및 출력특성을 자세히 고찰하기로 한다.

그림 3-2(a)에서 입력교류전압을 $e_1=\sqrt{2}E\sin\theta$라고 하고, $\theta=0$일 때 스위치 S를 온(on)시키면 다이오드 D는 도통되고, L과 R의 전압강하를 e_L, e_R이라 하고, 전류(입·출력)를 i라 하면

$$
\begin{aligned}
&e_L + e_R = e_2 = e_1 = \sqrt{2}\,E\sin\theta \\
&\omega L\frac{di}{d\theta} + Ri = \sqrt{2}\,E\sin\theta
\end{aligned}
\tag{3-19}
$$

가 성립된다. 여기에서 $\theta = \omega t$로서 위상각이며, 단위는 도 또는 라디안(Radian)으로 나타낸다. 전류 i를 구하면 다음과 같다.

$$
i = \frac{\sqrt{2}\,E}{Z}\sin(\theta - \phi) + ke^{-\frac{R}{X}\theta} \tag{3-20}
$$

여기에서 $X = \omega L$, $Z = \sqrt{R^2 + X^2}$, $\phi = \tan^{-1}\frac{X}{R}$이며, 적분상수 k는 식 (3-20)에 초기조건 $\theta = 0$에서 $i = 0$를 대입하여 구한다.

$$
\begin{aligned}
&0 = \frac{\sqrt{2}\,E}{Z}\sin(0 - \phi) + ke^{-\frac{R}{X}0} \\
&\therefore\ k = \frac{\sqrt{2}\,E}{Z}\sin\phi
\end{aligned}
\tag{3-21}
$$

이 적분상수 k를 식 (3-20)에 대입하면 다음과 같다.

$$
i = \frac{\sqrt{2}\,E}{Z}\left\{\sin(\theta - \phi) + \sin\phi\, e^{-\frac{R}{X}\theta}\right\} \tag{3-22}
$$

이 전류 i의 파형은 그림 3-2(b)와 같으며, 저항 R에 걸리는 전압 $e_R = Ri$는 전류 i의 파형과 같다.

인덕터 L의 성질을 고찰하기 위하여 e_L, e_R 및 e_1의 기하학적 관계를 고찰하기로 한다. e_1과 e_R값을 알고 있으므로 식 (3-19)의 앞식으로부터 e_L의 값을 구하면 그림 3-2(b)의 사선친 부분이 된다. e_1과 e_R이 겹친 파형에서(그림 3-2(b)의 첫 번째 그림) e_R파형은 점차 증가하다가 $\theta = \theta_m$에서 e_1의 파형과 교차된다. 즉 $e_R = e_1$의 조건이 되므로 $e_L = 0$가 되는 순간이다. $\theta = \theta_m$에서 $e_L = \omega L\frac{di}{d\theta} = 0$이므로 전류 i는 최대값이 되고, 이후 i는 감소한다. i가 감소하면 $e_L = \omega L\frac{di}{d\theta} < 0$이 되므로 e_L전압의 극성이 반전되어 부(−)로 되고, $\theta > \theta_m$에서 e_1과 $-e_L$(그림 3-2(a)의 극성과 반대)의 전압이 직렬로 연결되어 저항 R에 인가된다. $\theta = \pi$가 되어 $e_1 = 0$가 되어도 L의 전압은 $-e_L$이므로 다이오드는 계속 순방향 바이어스가 되어 도통하게 되고, $\theta = \pi + \beta$에서($-e_1 = -e_L$일 때) 비로서 오프(off)된다. 이와 같이 순저항 부하인 경우와 달리 인덕턴스 L에 에너지를 축적한 후 에너지의 방출이 끝날 때까지 ($\theta = \pi + \beta$)다이오드는 도통된다.

e_L의 전압이 정(+)인 θ_m까지의 구간에서 전류 i는 증가하는 상태로 L에 에너지 $\left(\frac{1}{2}Li^2\right)$가 증가(축적)되고, e_L의 전압이 부(−)인 θ_m에서 $\pi + \beta$의 구간에서 i는 감소하는 상태로 L에 축적된 에너지가 감소(방출)되고 있는 것이다. 그림 3-2에서 e_L의 정(+)의 전압에 의해 만들어지는 사선친 부분 A의 면적은 $\theta = 0 \sim \theta_m$까지의 e_L의 시간적 적분이고, L의 자속레벨의 증가분으로 L에 축적된 에너지에 비례하는 면적이 되고, 부(−)의 전압에 의해 만들어지는 사선 친 부분 B의 면적은 $\theta = \theta_m \sim (\pi + \beta)$까지의 $-e_L$의 시간적 적분이고, L의 자속레벨의 감소분으로 L에서 방출된 에너지에 비례하는 면적이 된다. 그러므로 L의 저항분을 0 (Zero)라 하면, 즉 L에서의 손실이 없다면, 면적 A와 B는 에너지 불변의 법칙에 의하여 다음과 같이 된다.

$$A - B = \int_0^{\theta_m} e_L d\theta - \int_{\theta_m}^{\pi+\beta} e_L d\theta = \int_0^{\pi+\beta} e_L d\theta = 0 \qquad (3-23)$$

즉 축적된 에저지와 방출된 에너지는 동일하다. 이것으로부터 e_L의 1주기의 평균전압 E_L은 정상상태에서 항상 0(Zero)이 된다. 즉,

$$E_L = \frac{1}{2\pi}\int_0^{2\pi} e_L d\theta = \frac{1}{2\pi}\int_0^{\pi+\beta} e_L d\theta = 0 \qquad (3-24)$$

가 된다. 그러므로 $R-L$ 부하를 갖는 정류회로의 출력전압 e_2의 평균값 E_{2a}는 저항 R의 전압 e_R의 평균값과 항상 같다. 즉

$$E_{2a} = \frac{1}{2\pi}\int_0^{2\pi} e_2 d\theta = \frac{1}{2\pi}\int_0^{\pi+\beta} e_1 d\theta = \frac{1}{2\pi}\int_0^{\pi+\beta} e_R d\theta \qquad (3-25)$$

가 된다. 식 (3-25)에서 β가 클수록 e_2의 부(−)의 적분영역이 증가하므로 E_{2a}는 그림 3-3과 같이 저하하고, $L = \infty$에 있어서 $E_{2a} = 0$이 되어 $\beta = \pi$가 되고, 다이오드는 2π 기간 동안 도통한다고 생각된다. $L = \infty$에서 출력전압의 파형은 전원전압파형과 같게

되어 평균전압은 0(Zero)이 되므로 전류 i도 $i=\dfrac{E_{2a}}{R}=0$이 되어 전기적인 작용을 못하게 되어 정류회로로서 실용될 수 없다.

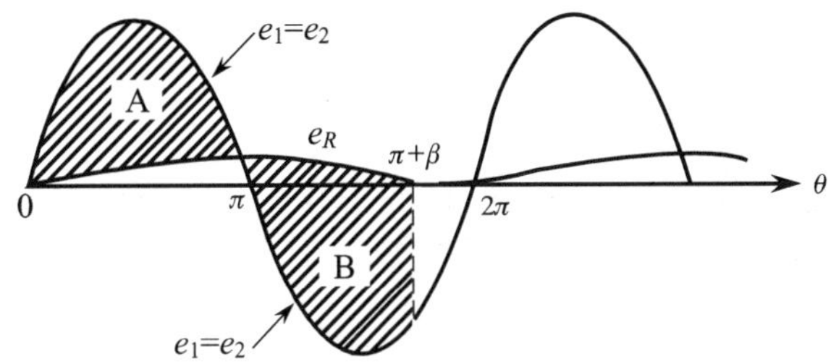

그림 3-3 $R-L$부하에서 L이 큰 경우

이 경우 출력전압 e_2의 평균치 E_{2a}를 구하면 다음과 같다.

$$E_{2a}=\frac{1}{2\pi}\int_0^{2\pi} e_2 d\theta=\frac{1}{2\pi}\int_0^{\pi+\beta}\sqrt{2}\,E\sin\theta d\theta$$

$$=\frac{\sqrt{2}\,E}{2\pi}(1+\cos\beta) \qquad (3\text{-}26)$$

이 값은 순저항 부하시의 평균값 식 (3-7)과 비교하여 $\dfrac{1+\cos\beta}{2}$배이다.

2 반파 환류다이오드 정류회로

그림 3-2(a)에서 저항 R에 흐르는 전류 i는 그림 3-2(b) 및 그림 3-3과 같이 $\theta=\pi+\beta$에서 0(Zero)이 된다. 그리고 L을 크게 하면 β는 커지고 그 결과 직류 평균치 E_{2a}는 감소하고, $L=\infty$에서 E_{2a}, I_a는 모두 0(Zero)이 된다.

여기에서 에너지의 수수관계를 고찰하기 위하여 e_1, e_R 및 e_L의 파형을 그림 3-4와 같이 다시 표시하기로 한다.

그림 3-4에서 $B_1+B_2=B=A$로 B를 B_1과 B_2로 구분하였다. 즉 L에 축적된 에너지 A와 방출된 에너지 B는 동일하며, 방출된 에너지 B는 저항 R에서 소모된 에너지 B_1과 전원 e_1에 공급된 에너지 B_2의 합이 된다. 전원 e_1에 공급한 에너지 B_2는 L이 전원으로부터 공급받은 에너지를 되돌려 주는 에너지로서 소모되지 않는 에너지이다. 그런데 L를 크

게 하면 $A=B$의 관계는 변하지 않지만 β는 커지게 되므로 B_1이 감소되고, $L=\infty$에서 $B_1=0$가 되어 $A=B=B_2$의 관계가 된다.

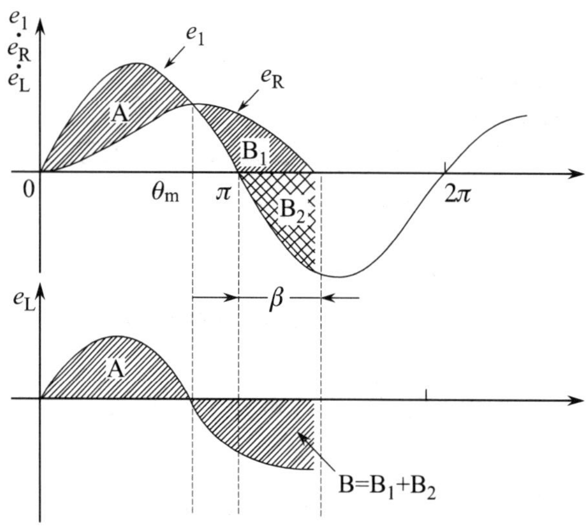

그림 3-4 e_1, e_R 및 e_L의 파형

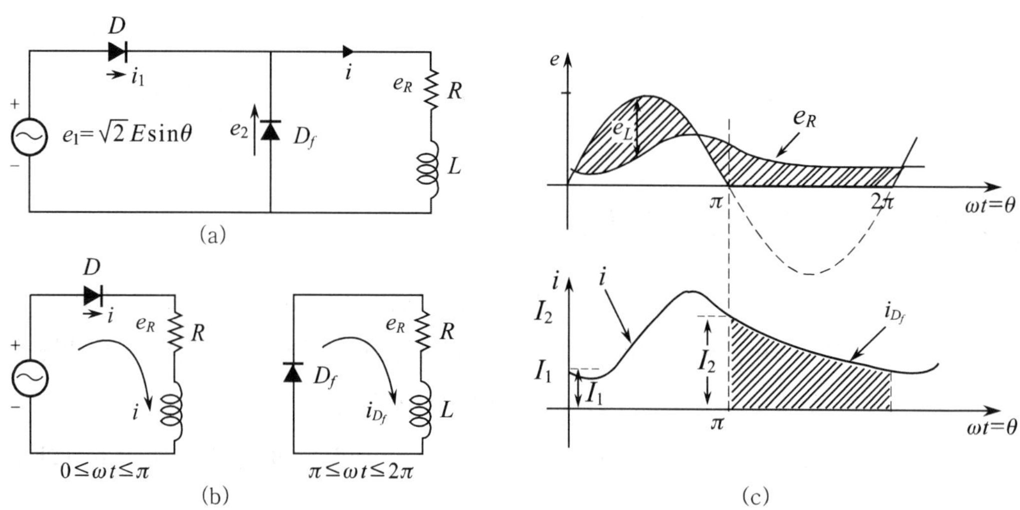

그림 3-5 (a, b)환류다이오드 회로 및 (c)출력파형

그런데 출력측 양단에 다이오드 D_f를 그림 3-5(a)와 같이 삽입하면 그림 3-5(b)와 같은 등가회로로 동작된다.

e_1의 정(+)의 반주기에서는 D가 온(on), D_f가 오프(off)되어 출력측에 e_1의 반주기 ($0 \le \theta \le \pi$)전압이 출력되고, e_1의 부(-)의 반주기($\pi \le \theta \le 2\pi$)에서는 D가 오프(off)되고, D_f가 온이 되어(D_f는 반드시 반주기 전부에서 온 되지는 않는다) 출력전압 e_2는 0(Zero)가 되어 순저항 부하시의 반파출력전압과 동일하다. 또한 전류 i는 D_f를 통하여 출력측에서 환류(環流)하므로 전원에 에너지를 공급하지 않고 저항 R에서 소모하므로 전원에 되돌아 가는 에너지 B_2는 0(Zero)가 되고 저항에서의 소모에너지 B_1은 B_2만큼 더 커지게 되므로 β는 더 커지게 되어 $\beta \ge \pi$(L이 어느 정도 크면)인 조건이 되면 전류 i는 그림 3-5(c)와 같이 연속하게 된다. 여기에서 부하와 병렬로 접속되어 이러한 역할을 하는 다이오드 D_f를 환류(環流)다이오드(Free Wheeling Diode)라 한다.

부하전류 i가 연속인 경우, $0 \le \theta \le \pi$에 구간에서 전원에 의하여 흐르는 전류 i_1은 다음 식으로부터 구한다.

$$\omega L \frac{di_1}{d\theta} + Ri_1 = \sqrt{2}\,E\sin\theta \qquad (3-27)$$

i_1의 초기치 즉 $\theta = 0$일 때 $i_1 = I_1$이라 하고 윗 식을 풀면 다음과 같다.

$$i_1 = \frac{\sqrt{2}\,E}{Z}\left[\sin(\theta - \phi) + \sin\phi \cdot e^{-\frac{R}{X}\theta}\right] + I_1 e^{-\frac{R}{X}\theta} \qquad (3-28)$$

여기에서 $X = \omega L$, $Z = \sqrt{R^2 + X^2}$, $\phi = \tan^{-1}\frac{X}{R}$이다.

다음에 $\pi \le \theta \le 2\pi$의 구간에서 전원전압은 극성이 반전되어 D가 오프되고 D_f가 온되어 L에 축적된 에너지에 의하여 $L - D_f - R$의 통로로 환류전류 i_{D_f}가 흐르게 된다. 이때의 회로 방정식은 다음과 같다.

$$\omega L \frac{di_{D_f}}{d\theta} + Ri_{D_f} = 0 \qquad (3-29)$$

i_2의 초기치 즉 $\theta = \pi$일 때 $i_{D_f} = I_2$라 하고 윗 식을 풀면 다음과 같다.

$$i_{D_f} = I_2 e^{-\frac{R}{X}(\theta - \pi)} \qquad (3-30)$$

식 (3-28)과 식 (3-30)의 두 식에서 초기치 I_1과 I_2를 구하기 위하여 최종치 정리를 적용한다. 식 (3-28)에서 $\theta=\pi$일 때 $i_1=I_2$이고, 식 (3-30)에서 $\theta=2\pi$일 때 $i_{Df}=I_1$인 관계를 대입하면 다음 식이 된다.

$$I_2=\frac{\sqrt{2}\,E}{Z}\left\{\sin(\pi-\phi)+\sin\phi e^{-\frac{R}{X}\pi}\right\}+I_1 e^{-\frac{R}{X}\pi} \tag{3-31}$$

$$I_1=I_2 e^{-\frac{R}{X}(2\pi-\pi)}=I_2 e^{-\frac{R}{X}\pi} \tag{3-32}$$

두 식으로부터

$$I_1=\frac{\sqrt{2}\,E}{Z}\sin\phi\frac{e^{-\frac{R}{X}\pi}}{1-e^{-\frac{R}{X}\pi}} \tag{3-33}$$

$$I_2=\frac{\sqrt{2}\,E}{Z}\sin\phi\frac{1+e^{-\frac{R}{X}\pi}}{1-e^{-\frac{R}{X}2\pi}}=\frac{\sqrt{2}\,E}{Z}\sin\phi\frac{1}{1-e^{-\frac{R}{X}\pi}} \tag{3-34}$$

식 (3-33)을 식 (3-28)에, 식 (3-34)을 식 (3-30)에 대입함으로써 i_1과 i_2의 값을 구할 수 있다. 이 경우 부하전류는 연속이지만 전원전류는 불연속이므로 고조파가 발생한다. 환류다이오드는 정류회로의 부하가 유도성인 경우에 사용되며, 이 경우 부하 전류는 평활화(平滑化)되는 효과가 있다.

3 반파제어 정류회로

(1) 저항부하인 경우

그림 3-1(a)의 회로에서 다이오드 D대신 사이리스터 T로 대치한 반파제어정류회로와 각부 파형을 그림 3-6(a), (b)에 표시한다. 사이리스터 T는 전원전압 e_1의 정(+)(그림의 극성)의 반주기에서 순방향 전압이 인가되지만, 게이트 전류 i_g가 흐르는 순간 도통되며, 턴·온 시점을 임의로 제어할 수 있다.

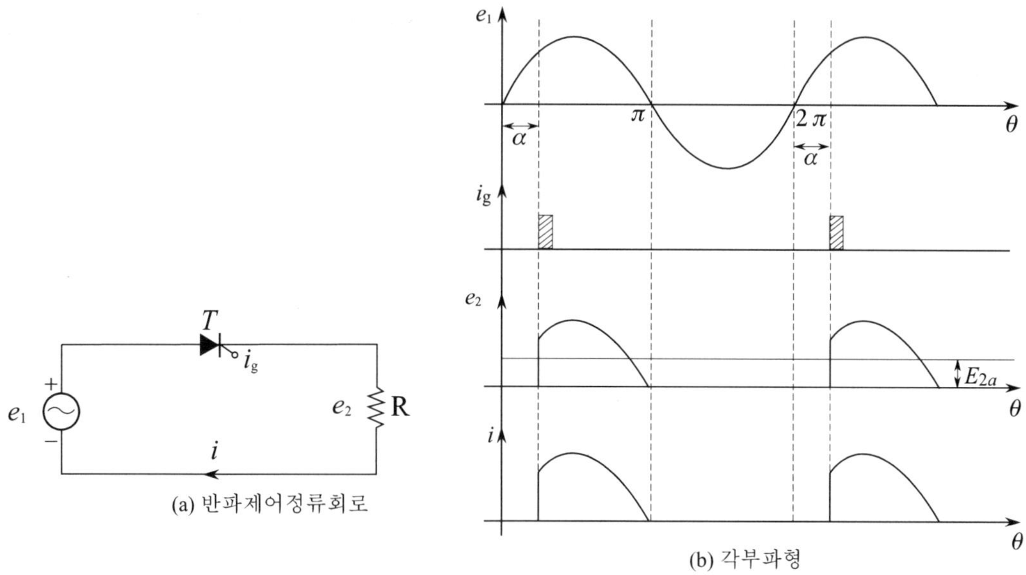

그림 3-6 반파제어정류회로와 각부 파형

$\theta = \omega t = \alpha$에서 게이트 전류 i_g를 인가하면 T는 턴온되어 $\theta = \omega t = \pi$까지 온상태가 지속되고, 전원전압 e_1의 극성이 $\theta = \pi$에서 부(−)로 바뀌면 T는 턴오프하게 되어, 출력전압 e_2는 그림 3-6(b)의 e_2의 파형과 같이 0(Zero)이 된다. 여기에서 T가 턴온되는 각 α는 점호각, 지연각 및 제어각이라 부르며 $0 \sim \pi(180°)$[radian]의 범위내에서 제어가 가능하므로 직류출력전압 e_2의 평균치는 0에서 최대치까지 제어된다.

전원전압 $e_1 = \sqrt{2}E\sin\theta$일 때 α의 변화에 따른 출력전압 e_2의 평균치 E_{2a}는 다음과 같다.

$$E_{2a} = \frac{1}{2\pi}\int_0^{2\pi}\sqrt{2}E\sin\theta d\theta = \frac{1}{2\pi}\int_\alpha^{\pi}\sqrt{2}E\sin\theta d\theta = \frac{\sqrt{2}E}{2\pi}(1+\cos\alpha) \tag{3-35}$$

(2) $R-L$부하인 경우

그림 3-7의 (a)는 $R-L$의 유도부하회로(誘導負荷回路)이고, 그림 3-7(b)는 $\theta = \alpha$에서 점호되는 경우의 게이트 펄스, 출력전류(=입력전류), 출력전압 e_2 및 사이리스터에 인가되는 전압 v_{AK}(점선부분)이다. 그림 3-7(b)에서는 $\theta = \pi + \beta$에 있어서 사이리스터 T의 전류가 0이 되는 순간에 그림과 같이 T에 역바이어스 전압 v_{AK}가 걸린다.

순방향 전류가 0이 될 때까지의 각도 $\pi+\beta$는 게이트 펄스의 제어각 α, 부하회로의 $R-L$의 영향을 받게 되고, 적어도 $2\pi+\alpha$ 이내에 있다.

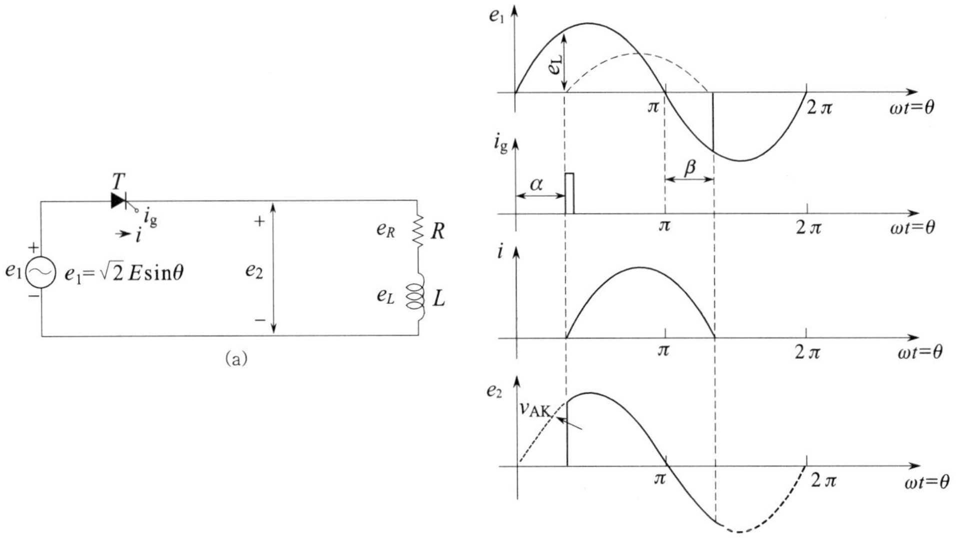

■ 그림 3-7 (a) $R-L$부하의 반파제어 회로 및 (b)각부 파형

① 정류전류(整流電流) i

게이트 펄스가 T의 게이트에 걸리면, 소자가 온상태가 되는 기간 $\alpha \leq \theta \leq \pi+\beta$에 있어

$$X\frac{di}{d\theta}+Ri=\sqrt{2}E\sin\theta \tag{3-36}$$

의 식이 성립된다. 여기서 $X=\omega L$, $\theta=\omega t$이다.

정류전류(整流電流) i는

$$i=\frac{\sqrt{2}E}{Z}\left[\sin(\theta-\phi)-\sin(\alpha-\phi)e^{-\frac{R}{L}\frac{\theta-\alpha}{\omega}}\right] \tag{3-37}$$

이 된다. 여기서 $Z=\sqrt{R^2+X^2}$, $\phi=\tan^{-1}X/R$이다.

② 출력전압의 평균치 E_a

출력 평균전압은 그림 3-7(b)에서 다음과 같이 된다.

$$E_a = \frac{1}{2\pi}\int_{\alpha}^{\pi+\beta}\sqrt{2}\,E\sin\theta\,d\theta$$
$$= \frac{\sqrt{2}\,E}{2\pi}\{\cos\alpha - \cos(\pi+\beta)\} \qquad (3-38)$$
$$= \frac{\sqrt{2}\,E}{2\pi}(\cos\alpha + \cos\beta)$$

③ 전류소호각 β

1 방향성 사이리스터는 역방향 누설전류(漏洩電流)를 무시하면 순방향 전류만 허용되고, 식 (3-37)의 전류는 항상 $i(\theta) \geq 0$를 만족하는 θ의 범위 내의 정류전류(整流電流)이다. 지금 $i=0$이 되는 $\theta=\pi+\beta$의 시점에서 α, β의 관계식은 식 (3-37)에서 다음과 같다.

$$\sin(\pi+\beta-\phi) = \sin(\alpha-\phi)e^{-\frac{R}{L}\frac{\pi+\beta-\alpha}{\omega}} \qquad (3-39)$$

물론, 식 (3-39)가 적용되는 θ의 범위는 $\alpha \leq \theta \leq \pi+\beta$인 것을 알 수 있다. 이 식에서 β를 구할 수가 있고, 사이리스터의 도통기간(導通期間) γ는

$$\gamma = \pi+\beta-\alpha \qquad (3-40)$$

이다. 식 (3-39)와 식 (3-40)에서 얻어진 γ의 값을 α에 대하여 표시한 곡선은 그림 3-8과 같다.

④ 평균전류 I_a 및 실효전류 I_r

정류전류(整流電流)의 평균값은 식 (3-37)에서 식 (3-41)과 같이 된다.

$$I_a = \frac{1}{2\pi}\int_{\alpha}^{\pi+\beta}\frac{\sqrt{2}\,E}{Z}[\sin(\theta-\phi) - \sin(\alpha-\phi)e^{-\frac{R}{L}\frac{\theta-\alpha}{\omega}}]d\theta \qquad (3-41)$$

또한 실효치 I_r은 다음 식과 같이 된다.

$$I_r = \sqrt{\frac{1}{2\pi}\int_{\alpha}^{\pi+\beta}\left\{\frac{\sqrt{2}\,E}{Z}\sin(\theta-\phi) - \sin(\alpha-\phi)e^{-\frac{R}{L}\frac{\theta-\alpha}{\omega}}\right\}^2 d\theta} \qquad (3-42)$$

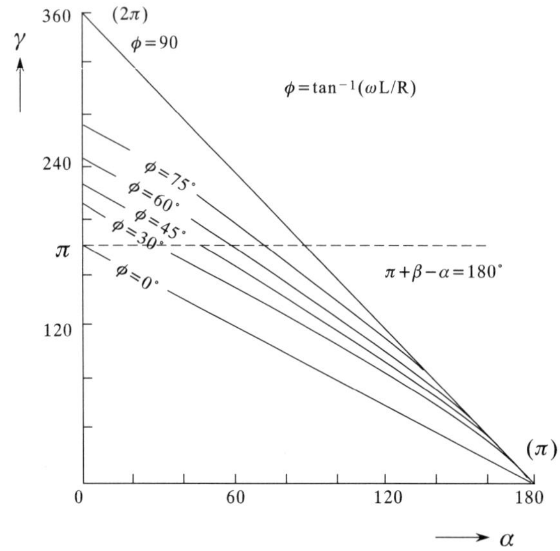

그림 3-8 그림 3-7의 회로의 ϕ의 변화에 대한 γ대 α의 곡선

3-2 단상 전파 정류회로

1 전파 다이오드 정류회로

(1) 저항부하

그림 3-9(a)는 저항부하를 갖는 단상전파 다이오드 정류회로이고, 그림 3-9(b)는 각 부의 전압, 전류파형이다. 이회로의 동작은 교류입력전압 v_s가 양(+)의 반주기 $(0 \leq \theta \leq \pi)$에서는 다이오드 D_1과 D_4가 순방향 바이어스 되어 온(on)되고, 음(−)의 반주기$(\pi \leq \theta \leq 2\pi)$에서는 D_1과 D_4는 역방향 바이어스 되어 오프되고, D_2와 D_3가 온 된다.

그러므로 출력전압 v_0는 그림 3-9(b)와 같이 음의 반주기에서도 양의 반주기에서와 동일하며, 순저항부하이므로 입력전류 i_s는 입력전압 v_s와 같은 모양의 정현파가 되고, 출력전류 i_0는 출력전압 v_0와 같은 형태이다($R = 1[\Omega]$에서는 합동). 이와 같은 방식으로 교류를 직류로 변환하는 것을 전파정류회로(Bridge Rectifier Circuit)라고 한다.

입력전압 $v_s = \sqrt{2}\,V\sin\theta$일 때 출력전압 v_0의 평균치 V_a를 구하면 다음과 같다.

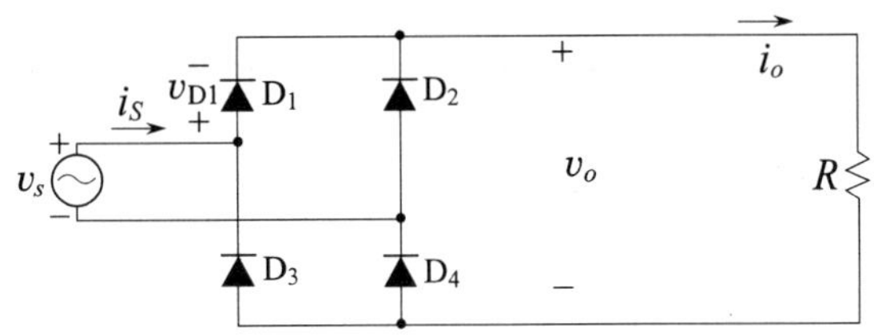

(a) 회로

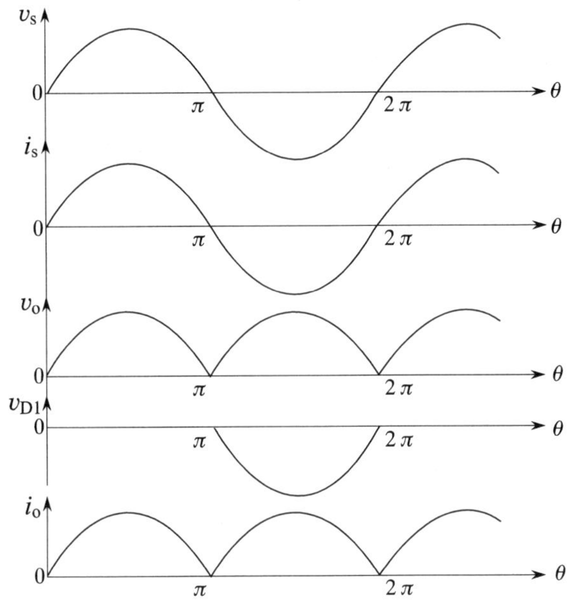

(b) 파형

그림 3-9 단상전파 다이오드 브리지 정류회로

$$V_a = \frac{1}{2\pi}\int_0^{2\pi} v_0 d\theta = \frac{1}{\pi}\int_0^{\pi} v_0 d\theta = \frac{1}{\pi}\int_0^{\pi} \sqrt{2}\, V\sin\theta d\theta$$

$$= \frac{2\sqrt{2}\, V}{\pi}[\mathrm{V}] \tag{3-43}$$

이것은 반파정류회로의 평균값의 2배가 된다. 또한 출력전류 i_0의 평균치 I_a는 $i_0 = \dfrac{v_0}{R}$이므로

$$I_a = \frac{1}{\pi}\int_0^{\pi} \frac{\sqrt{2}\, V\sin\theta}{R} d\theta = \frac{2\sqrt{2}\, V}{\pi R}[\mathrm{A}] \tag{3-44}$$

가 된다. 이 경우 출력전압의 평균치(R에 인가되는 전압의 평균치)가 $V_a = \frac{2\sqrt{2}\,V}{\pi}$[V]이므로 이것을 이용하면 다음과 같다.

$$I_a = \frac{V_a}{R} = \frac{2\sqrt{2}\,V}{\pi R}[\mathrm{A}] \qquad (3-45)$$

출력전류 i_0의 실효치 I_r은 다음과 같다.

$$I_r = \sqrt{\frac{1}{\pi}\int_0^{\pi}(\frac{v_0}{R})^2 d\theta} = \sqrt{\frac{1}{\pi}\int_0^{\pi}(\frac{\sqrt{2}\,V\sin\theta}{R})^2 d\theta} = \frac{V}{R}[\mathrm{A}] \qquad (3-46)$$

이 값은 반파정류회로에서의 출력전류의 실효값의 $\sqrt{2}$배가 된다. 평균치 및 실효치의 정의식에 의하여 평균 전압, 전류는 반파정류와 비교하여 2배가 되며, 실효치는 $\sqrt{2}$배가 된다. 그림에서 v_{D1}은 D_1에 인가되는 역전압이다.

그림 3-10에 센터탭(Center Tap) 변압기를 사용한 센터탭 정류회로를 표시한다. 이 회로는 그림 3-9(a)의 브리지정류회로의 다이오드 수 4개에 비하여 2개로 줄지만, 각 다이오드에 걸리는 최대 역전압(Peak Inverse Voltage)은 2배로 증가하게 되어, 반드시 유리하다고는 할 수 없다. 이 센터탭 정류회로는 2차권선에 센터탭이 있는 변압기가 필수적으로 필요하여, 브리지 정류회로에 비하여 비경제적이다. 그러므로 정류회로를 전원측과 절연할 필요가 있다던가, 2차측에 2종류의 전압이 필요한 경우에 한하여 사용한다. 이 센터탭 정류회로의 출력전압, 전류식은 브리지 회로의 경우와 동일하다.

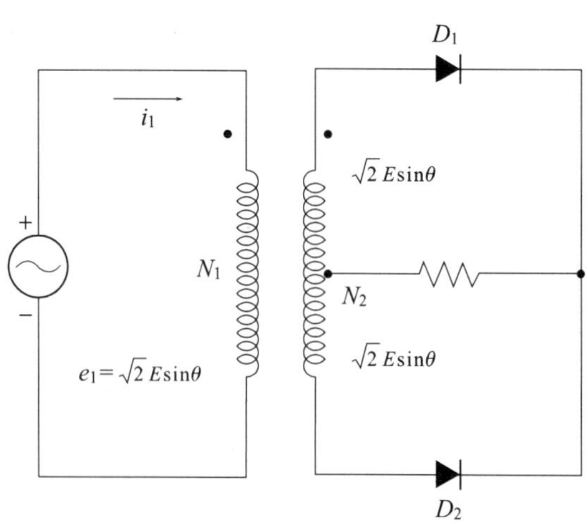

그림 3-10 센터탭 변압기를 이용한 단상전파정류회로

전파정류회로에서의 교류입력 P_{ac}와 직류출력 P_{dc}는

$$P_{ac} = VI_r = \frac{V^2}{R} \tag{3-47}$$

$$P_{dc} = V_a I_a = \frac{2\sqrt{2}\,V}{\pi}\frac{2\sqrt{2}\,V}{\pi R} = \frac{8V^2}{\pi^2 R} \tag{3-48}$$

가 된다. 그러므로 전파정류회로의 효율 η는

$$\eta = \frac{P_{dc}}{P_{ac}} \times 100\% \fallingdotseq 81.2\% \tag{3-49}$$

가 된다. 또 전파정류파형의 푸리에 급수는

$$v_0 = \frac{2\sqrt{2}}{\pi}V - \frac{2\times 2\sqrt{2}}{\pi}V\sum_{even\ K}^{\infty}\frac{\cos K\theta}{(K+1)(K-1)} \tag{3-50}$$

가 된다. 독자가 확인하기로 한다.

(2) 유도부하

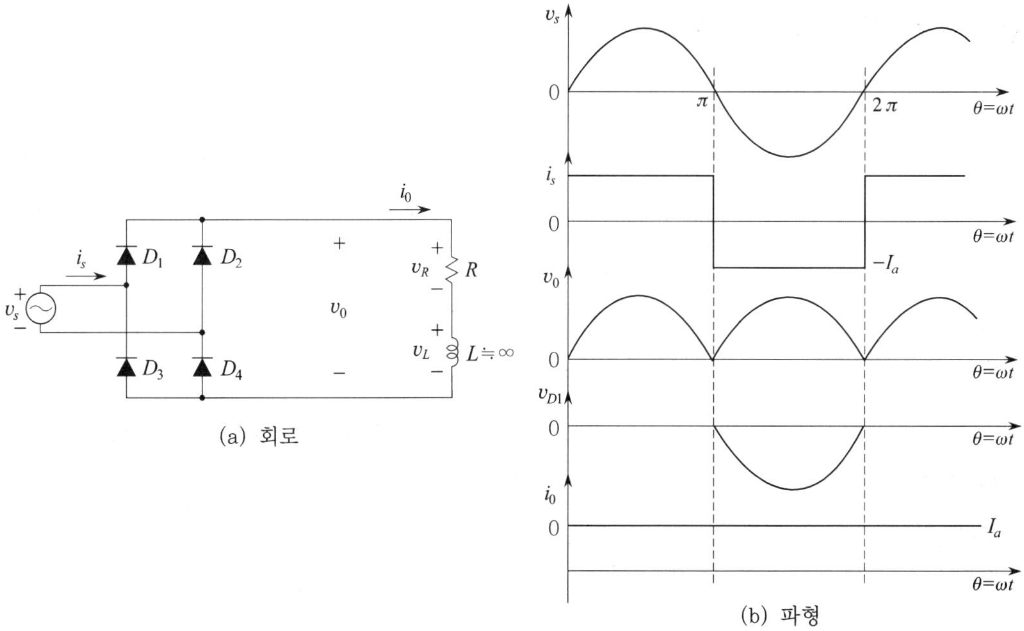

그림 3-11 단상 전파 정류회로

그림 3-11(a)는 $R-L$유도성부하를 갖는 단상 전파 정류회로이고, 그림 3-11(b)는 인덕턴스 $L=\infty$(상당히 큰 경우)일 때 각부의 전압, 전류파형을 나타낸다. 부하 인덕턴스 L의 값이 상당히 크므로 출력전류는 평활되어, 맥동성분이 없는 일정전류가 흐른다. 즉 전원측 전류 i_s는 그림 3-11(b)와 같이 구형파의 교류가 되며 그 크기는 출력전류 i_0와 같다. 그림 3-11(b)에서 출력전압 v_0의 파형은 그림 3-9(b)의 저항부하를 갖는 전파 정류회로에서와 동일하다. 즉, 출력전압 v_0의 평균치 V_a는

$$V_a = \frac{1}{\pi}\int_0^{\pi} \sqrt{2}\, V\sin\theta d\theta = \frac{2\sqrt{2}\,V}{\pi}[\mathrm{V}] \tag{3-51}$$

가 되며, 출력전류의 평균치 I_a는 식 (3-51)으로부터

$$I_a = \frac{V_a}{R} = \frac{2\sqrt{2}\,V}{\pi R}[\mathrm{A}] \tag{3-52}$$

가 된다. 출력전류 i_0는 맥동성분이 없는 직류이므로 실효치는 식 (3-52)의 평균치와 동일하다.

2 혼합브리지형 전파제어정류회로

그림 3-12는 단상전파 브리지 정류회로에서 2개의 다이오드를 제어소자인 SCR로 대치한 혼합브리지회로로서 결선방법은 그림 3-12(a), (b)와 같이 두 방법이 있다. 출력전압 v_0의 파형은 두 결선 모두 그림 3-12(c)와 같이 실선이 되며, L을 상당히 크게하여 출력전류 i가 연속일 때, SCR과 다이오드의 도통기간은 그림 3-12(c)의 아래부분에 표시한바와 같다. 즉, (a)회로의 경우 SCR과 다이오드의 도통기간은 π이고, (b)회로의 경우 SCR은 $(\pi-\alpha)$, 다이오드는 $(\pi+\alpha)$가 된다. 그러므로 SCR의 온기간이 짧은 것은 (b)회로이므로 이것이 유리하다. (a)회로는 SCR의 캐소드가 공통이므로 게이트 회로의 구성상 (b)회로보다 유리하지만, 일반적으로 (b)회로가 사용된다.

출력전압 v_0의 평균치 V_a와 실효치 V_r은 다음과 같다.

$$V_a = \frac{1}{\pi}\int_{\alpha}^{\pi} \sqrt{2}\, V\sin\theta d\theta = \frac{\sqrt{2}\,V}{\pi}(1+\cos\alpha)[\mathrm{V}] \tag{3-53}$$

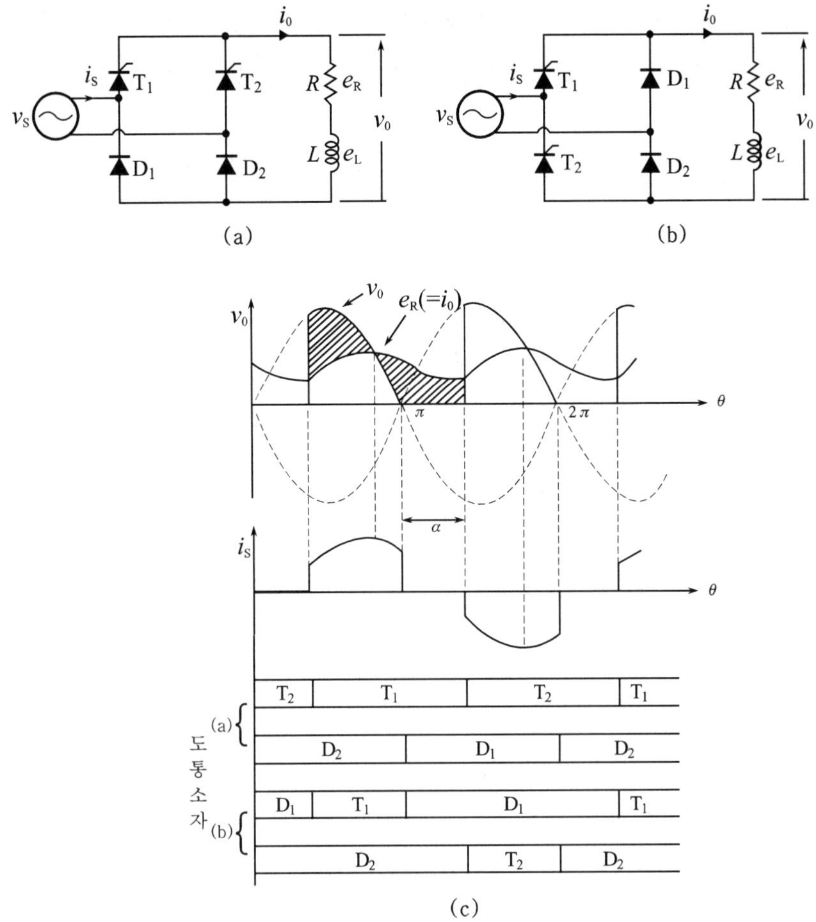

▌그림 3-12 혼합브리지 전파정류회로와 전압, 전류파형

$$V_r = \sqrt{\frac{1}{\pi}\int_{\alpha}^{\pi}(\sqrt{2}\,V\sin\theta)^2 d\theta} = V\sqrt{\frac{\pi-\alpha}{\pi}+\frac{\sin 2\alpha}{2\pi}}\ [\mathrm{V}] \tag{3-54}$$

3 대칭 브리지형 전파제어 정류회로

(1) 저항부하

그림 3-13은 저항부하를 갖는 대칭 브리지형 단상 위상제어정류회로와 각부의 전압, 전류파형을 표시하고 있다. 그림 3-13(b)에서 $i_{G1} \sim i_{G4}$는 SCR $T_1 \sim T_4$의 게이트 신호이다. $0 \le \theta \le \pi$ 의 구간에서 T_1과 T_4는 순방향으로, T_2와 T_3는 역방향으로 바이어스 되어 있으므로, $\theta = \alpha$에서 T_1과 T_4가 온(on)된다. $\theta = \pi$에서 입력전압 v_s의 극성이

바뀌면서 T_1과 T_4는 역바이어스 되어 오프(off)되고, $\theta=\pi+\alpha$에서 순방향바이어스 되어 있는 T_2와 T_3는 온 된다. 출력전압 v_0의 평균치 V_a는 그림 3-13(b)로부터

$$V_a=\frac{1}{\pi}\int_0^{\pi} v_0 d\theta=\frac{1}{\pi}\int_{\alpha}^{\pi}\sqrt{2}\,V\sin\theta d\theta=\frac{\sqrt{2}\,V}{\pi}(1+\cos\alpha)[\mathrm{V}] \quad (3-55)$$

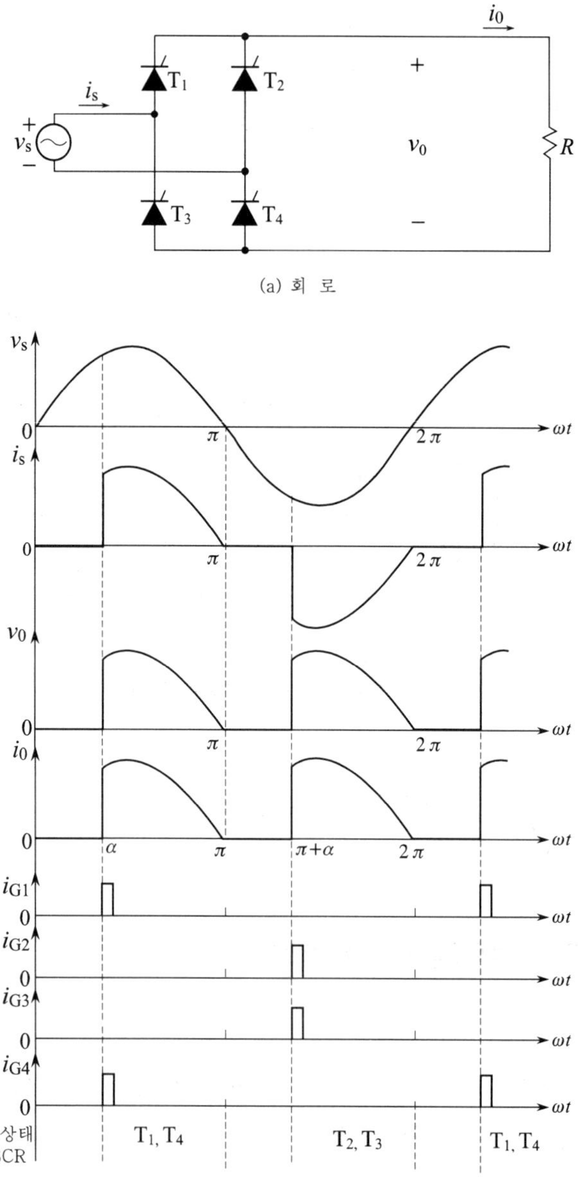

(b) 파 형

그림 3-13 대칭브리지 회로와 각부파형(저항부하시)

가 되어 혼합브리지 전파제어 정류회로와 동일하다. 이것으로부터 평균 출력전류 I_a는

$$I_a = \frac{V_a}{R} = \frac{\sqrt{2}\,V}{\pi R}(1+\cos\alpha)[\mathrm{A}] \tag{3-56}$$

가 되며, 출력전류 i_0의 실효치 I_r은 다음과 같다.

$$\begin{aligned} I_r &= \sqrt{\frac{1}{\pi}\int_0^{\pi} i_0^2 d\theta} = \sqrt{\frac{1}{\pi}\int_{\alpha}^{\pi}\left(\frac{\sqrt{2}\,V\sin\theta}{R}\right)^2 dt} \\ &= \frac{V}{R}\sqrt{1-\frac{\alpha}{\pi}+\frac{\sin 2\alpha}{2\pi}}\,[\mathrm{A}] \end{aligned} \tag{3-57}$$

(2) R-L 유도부하

그림 3-14는 $R-L$ 유도부하를 갖는 대칭 브리지형 단상 위상제어 정류회로와 각부의 전압, 전류파형을 표시하고 있다. 부하에 있는 L의 크기에 따라 출력전류가 연속이 되기도 하고 불연속이 되기도 하여, 동작이 상당히 복잡하게 된다. 그림 3-14(b)의 각부파형은 L이 매우 커서 출력전류 i_0가 맥동 없이 일정한 전류 I_0가 흐르는 경우이다.

전원전압 v_s의 양(+)의 반주기 $(0 \le \theta \le \pi)$구간에서는 SCR T_1과 T_4가 순방향바이어스 되고, T_2와 T_3는 역방향바이어스 되므로 위상각 $\theta=\alpha$에서 T_1과 T_4가 동시에 온(on)된다. T_1과 T_4가 도통되면 전류는 전원 $v_s - T_1 - R - L - T_4$의 통로로 흐른다. 이 전류는 L에 축적되었던 에너지에 의해 θ가 π를 지나 v_s의 극성이 바뀌어도 $\theta=\pi+\alpha$에서 T_2와 T_3가 온 될 때까지 흐른다. $\pi \sim \pi+\alpha$구간에서도 T_1과 T_4가 도통상태이므로 출력전압 v_0는 v_s와 같으며 음(−)의 값을 갖는다. 이 구간에서 T_2와 T_3는 순방향바이어스 되어 있으므로 T_2와 T_3에 게이트 신호가 인가되면 도통된다. T_2와 T_3가 $\theta=\pi+\alpha$에서 도통되면 T_1과 T_4는 역전압이 인가되어 오프(off)되고, T_1과 T_4를 흐르던 전류는 T_2와 T_3로 전류(commutation)되므로 전원전류 i_s의 극성이 바뀌게 된다. $\pi+\alpha \le \theta \le 2\pi+\alpha$의 구간에서 전류는 $v_s - T_2 - R - L - T_3$의 경로로 흐른다.

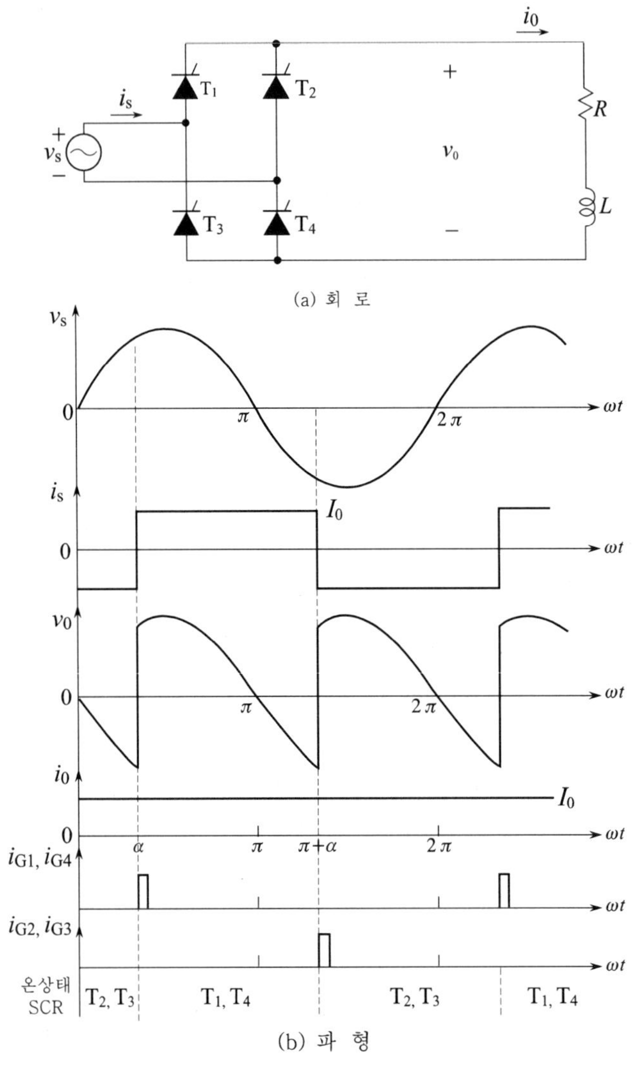

그림 3-14 대칭브리지 회로와 각부파형(R-L부하시)

출력전압 v_0의 평균치 V_a는 그림 3-14(b)의 파형으로부터

$$V_a = \frac{1}{\pi}\int_{\alpha}^{\pi+\alpha} v_0 dt = \frac{1}{\pi}\int_{\alpha}^{\pi+\alpha} \sqrt{2}\,V\sin\theta d\theta = \frac{2\sqrt{2}\,V}{\pi}\cos\alpha \qquad (3-58)$$

가 되고, 평균전류 I_a는 식 (3-58)로부터

$$I_a = \frac{V_a}{R} = \frac{2\sqrt{2}\,V}{\pi R}\cos\alpha \qquad (3-59)$$

가 된다. 그러나 여기에서 $\cos\alpha$값에 주목할 필요가 있다. $\alpha > 90°$이면 음(-)의 값을 갖게 된다. 식 (3-59)에서 음(-)의 전류라 하는 것은, 그림 3-14(a) 전류 i_0의 방향이 반대로 된다는 것을 의미하게 되는데 SCR의 구조상 역방향으로는 전류가 흐를 수 없다. 그러므로 정상상태에서 $\alpha > 90°$ 인 구간에서는 식 (3-58)의 V_a와 식 (3-59)의 I_a는 0 (영)이다.

SCR의 점호각 α를 $\alpha > 90°$ 제어하면서 $R-L$ 부하 측에 식 (3-58)에 해당하는 직류전원을 삽입하면 부하 측의 직류전원으로부터 교류입력 측으로 에너지가 흐르게 되는데 이러한 동작을 타여식 인버터라 부르고 있다.

그림 3-15는 그림 3-14의 대칭브리지 회로에 환류다이오드 D_f를 삽입한 단상전파 제어 정류회로이다. $L = \infty$(상당히 큰 경우) 일 때의 동작은 어떠한가?

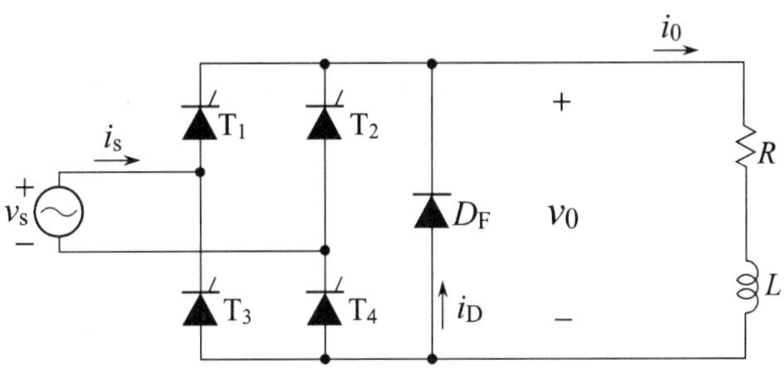

그림 3-15 환류다이오드가 추가된 대칭브리지 회로

3-3 3상 반파 정류회로

1 3상 반파 다이오드 정류회로

그림 3-16은 임의의 n상 교류입력전원(v_{s1}, v_{s2} ⋯ v_{sn})을 갖는 다이오드 정류회로의 개념도이다. 입력이 다상(poly phase)인 경우에도 교류를 직류로 변환하는 기능은 동일하며, 단지 상수에 따라 사용되는 소자의 개수, 소자의 전류용량, 직류 출력전압 및 전류

맥동성분 등이 달라지게 된다.

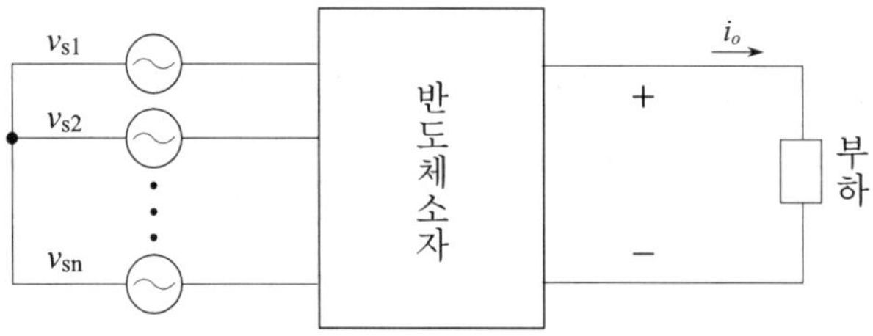

▌그림 3-16 n상 정류회로의 개념도

3상 정류회로의 동작은 단상 정류회로와 비교하여 다소 복잡하다. 여기에서는 순저항 부하를 갖는 다이오드 정류회로를 다루기로 한다.

그림 3-17(a)는 그림 3-16의 n상 정류회로에서 교류 입력전원의 상수를 3으로 하고, 반도체 소자로서 다이오드를 사용하고, 순저항 부하를 사용한 3상 반파 다이오드 정류회로를 표시한다. 3상 정류회로의 직류측 출력전압이나 전류파형은 단상 정류회로의 출력에 비해 맥동성분이 작아서 보다 평활한 직류출력을 얻을 수 있다. 이하 회로구성, 출력전압과 전류파형, 각 파형의 평균치 및 맥동률(ripple factor)을 고찰한다.

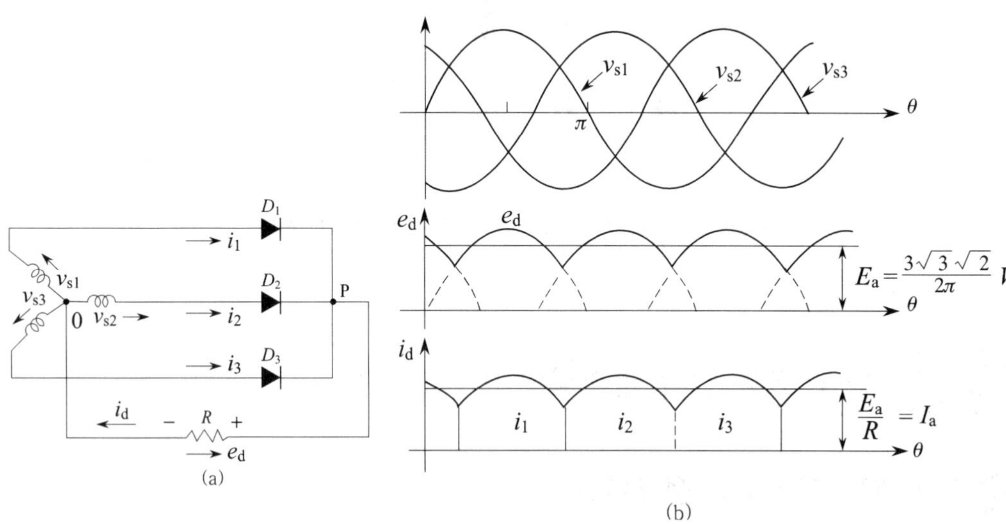

▌그림 3-17 (a)3상 반파 다이오드 정류회로 및 (b)각부파형

그림 3-17(a)의 교류전원은 평형 3상 전원으로서 각 상의 전원전압의 크기는 같고, 위상은 상호 120°차이가 나며, 다음 식과 같이 표현된다.

$$v_{s1} = \sqrt{2}\,V\sin\theta \tag{3-60}$$

$$v_{s2} = \sqrt{2}\,V\sin\left(\theta - \frac{2\pi}{3}\right) \tag{3-61}$$

$$v_{s3} = \sqrt{2}\,V\sin\left(\theta - \frac{4\pi}{3}\right) \tag{3-62}$$

그림 3-17(a)에서 중성점 O와 점P사이에 $v_{s1} - D_1$, $v_{s2} - D_2$, $v_{s3} - D_3$의 3지로가 병렬로 접속되어 있다. 즉, 평형 3상 전압 v_{s1}, v_{s2}, v_{s3} 중에서 순시전압이 가장 큰 값의 회로의 다이오드만 $\frac{2\pi}{3}$ 구간 동안 도통된다. 따라서 부하에 걸리는 전압 v_o의 파형은 그림 3-17(b)와 같이 맥동 직류전압이 된다. 이 출력전압 v_o의 평균치 E_a는 그림 3-17(b)으로부터

$$E_a = \frac{1}{\frac{2\pi}{3}} \int_{\frac{\pi}{6}}^{\frac{5\pi}{6}} \sqrt{2}\,V\sin\theta d\theta = \frac{3\sqrt{3}\,\sqrt{2}\,V}{2\pi} = 1.17\,V\,[\mathrm{V}] \tag{3-63}$$

이고, 평균 부하전류 I_a는 식 (3-63)으로부터 다음과 같다.

$$I_a = \frac{E_a}{R} = \frac{3\sqrt{3}\,\sqrt{2}\,V}{2\pi R} = \frac{1.17\,V}{R}[\mathrm{A}] \tag{3-64}$$

또한 출력전압, 전류파형의 맥동은 그림에서 아는 바와 같이 직류전압, 전류에 전원전압의 3배의 주파수의 교류분이 포함되고 있다. 정류회로에서 다음과 같이 정의되는 맥동률(ripple factor) ν는 정류회로를 평가하는 기본 파라미터가 된다.

$$\nu = \frac{\text{출력전압(전류)에 포함된 교류성분의 실효치}}{\text{출력전압(전류)의 직류성분}} \tag{3-65}$$

기호로 표시하면

$$\nu = \frac{V_r'}{E_a} = \frac{I_r'}{I_a} \tag{3-66}$$

로 표시된다. 여기에서 V_r', I_r'는 정류파형 중에 포함된 교류성분의 실효치 전압, 전류이다.

정류파형 중 전류에 대하여 고찰하면, 출력 측의 직류분 순시 전류는

$$i' = i_d - I_a \tag{3-67}$$

이다. 따라서 i'의 실효치 I_r'는 다음과 같다.

$$I_r' = \sqrt{\frac{1}{2\pi}\int_0^{2\pi}(i')^2 d\theta} = \sqrt{\frac{1}{2\pi}\int_0^{2\pi}(i_d - I_a)^2 d\theta}$$
$$= \sqrt{I_r^2 - 2I_a^2 + I_a} = \sqrt{I_r^2 - I_a^2} \tag{3-68}$$

여기에서 I_r은 출력직류전류 i_d의 실효치이다. 그러므로 맥동률 ν는 다음과 같이 표시된다.

$$\nu = \frac{I_r'}{I_a} = \frac{\sqrt{I_r^2 - I_a^2}}{I_a} = \sqrt{\left(\frac{I_r}{I_a}\right)^2 - 1} \tag{3-69}$$

이 3상 반파 다이오드 정류에서 다이오드의 PIV(peak inverse voltage)는 다이오드가 오프했을 때에 걸리는 최대 역전압으로, D_1이 오프일 때 걸리는 전압은 $v_{s1} - v_{s2}$(D_2가 온일 때)와 $v_{s1} - v_{s2}$(D_3가 온일 때)가 되며, 다음과 같이 표시된다.

$$\sqrt{2}\,V\sin\theta - \sqrt{2}\,V\sin\left(\theta - \frac{2\pi}{3}\right) = v_{D1} \tag{3-70}$$

2 3상 반파 위상제어 정류회로

그림 3-18은 3상 반파 위상제어 정류회로로서 그림 3-17(a)의 3상 다이오드 반파 정류회로의 다이오드를 SCR로 교체한 것과 그 구성이 같으며, 직류출력측 전압의 크기를 임의로 제어할 수 있다.

그림 3-18의 3상 전원전압 v_{an}, v_{bn}, v_{cn}을 다음 식과 같이 둔다.

$$v_{an} = \sqrt{2}\,V\sin\theta \tag{3-71}$$

$$v_{bn} = \sqrt{2}\,V\sin\left(\theta - \frac{2}{3}\pi\right) \tag{3-72}$$

$$v_{cn} = \sqrt{2}\,V\sin\left(\theta - \frac{4}{3}\pi\right) \tag{3-73}$$

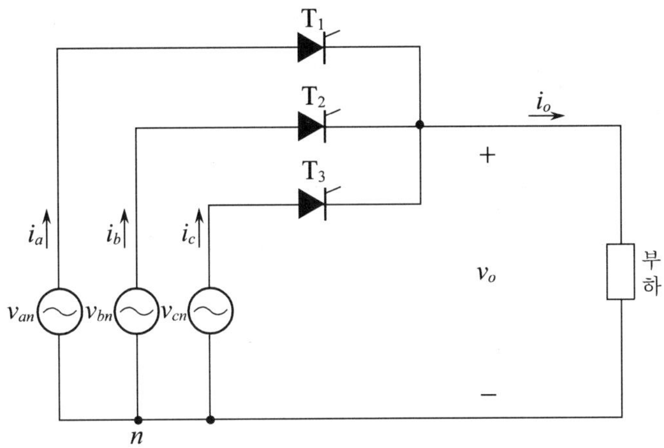

그림 3-18 3상 반파 위상제어 정류회로

(1) 저항부하

그림 3-19는 그림 3-18의 부하가 저항인 경우 임의의 지연각 α에 대한 출력전압과 상전류 파형을 나타낸다. 3상 반파 위상제어 정류회로의 해석에 앞서 먼저 지연각 α의 기준을 정할 필요가 있다. 출력전압 v_0파형이 그림 3-17(b)의 v_0파형처럼 전원전압이 최대로 정류되도록 할때의 지연각을 $\alpha=0°$로 한다. 그림 3-19(a)의 v_0파형으로부터 v_{an}의 위상각 $\theta=30°$에서 그림 3-18의 a상 SCR T_1을, $\theta=150°$에서는 T_2를, 270°에서는 T_3를 턴온하면 출력전압 v_0는 그림 3-17(b)와 같다. 따라서 위상각 $\theta=30°$가 지연각 $\alpha=0°$에 해당한다. 그림 3-19에서 (a)는 $\alpha=20°$, (b)는 $\alpha=30°$, (c)는 $\alpha=90°$인 경우이다. 그림 3-19에서 알 수 있듯이 지연각 α가 30°이하이면 출력전류가 연속적으로 흐르고, 30°이상이면 불연속적으로 흐른다. 따라서 출력전압 v_0의 평균값은 지연각 α가 30°보다 큰 경우와 작은 경우로 나누어 구한다.

① $\alpha<30°$

그림 3-19(a)에서 출력전압의 평균값 E_a를 구하면,

$$E_a=\frac{3}{2\pi}\int_{\alpha+30°}^{\alpha+150°}\nu_{an}d\theta=\frac{3}{2\pi}\int_{\alpha+30°}^{\alpha+150°}\sqrt{2}\,V\sin\theta\,d\theta$$

$$=\frac{3\sqrt{2}}{2\pi}[\cos(\alpha+30°)-\cos(\alpha+150°)]$$

$$=\frac{3\sqrt{6}\,V}{2\pi}\cos\alpha\,(0°\le\alpha\le30°) \qquad (3-74)$$

식 (3-74)에서 $\alpha = 0°$일 경우는 그림 3-17(a)의 다이오드를 사용한 3상 반파 정류회로와 동일하므로 식 (3-63)과 일치한다.

② $\alpha > 30°$

지연각 α가 30°보다 크면 그림 3-19(c)에서 보듯이 출력전압이 0인 구간이 존재한다. 이것은 α상 SCR T_1이 v_{an}의 위상각 $\theta = \alpha + 30°$에서 턴온되면 $\alpha + 30° \leq \theta < \pi$ 구간 동안 v_{an}이 출력되고 위상각 θ가 π를 초과하면서 α상 SCR에는 v_{an}의 역전압이 인가되어 T_1이 오프되기 때문이다. 따라서 출력전압 v_0의 평균값 E_a는

$$\begin{aligned} E_a &= \frac{3}{2\pi}\int_{\alpha+30°}^{180°} \nu_{an} d\theta \\ &= \frac{3}{2\pi}\int_{\alpha+30°}^{180°} \sqrt{2}\, V \sin\theta\, d\theta \\ &= \frac{3\sqrt{2}\, V}{2\pi}[1+\cos(\alpha+30°)]\,(30° \leq \alpha \leq 150°) \end{aligned} \tag{3-75}$$

이다. 지연각 α가 150° 이상이면 SCR이 턴온될 수 없으므로 $150° \leq \alpha < 180°$ 범위에서는 출력전압 v_o가 0이다.

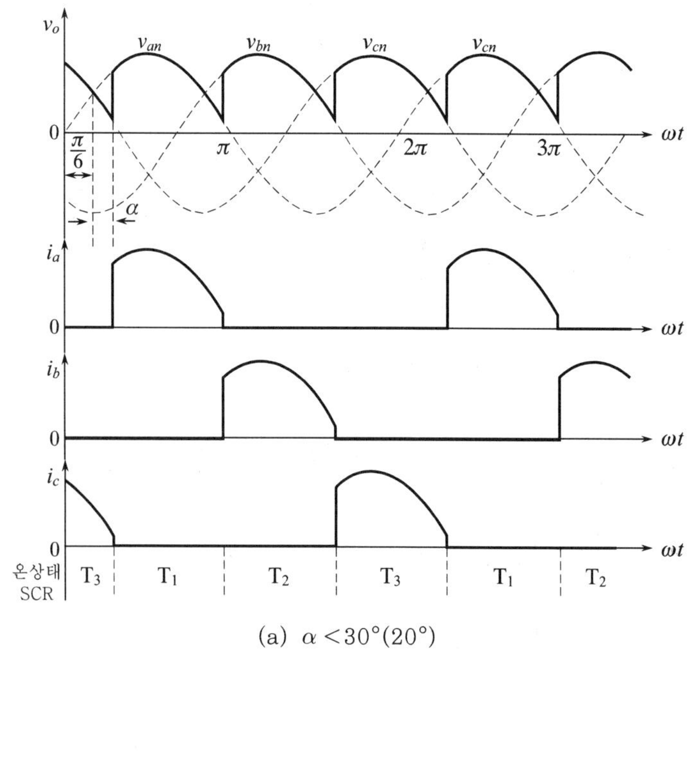

(a) $\alpha < 30°(20°)$

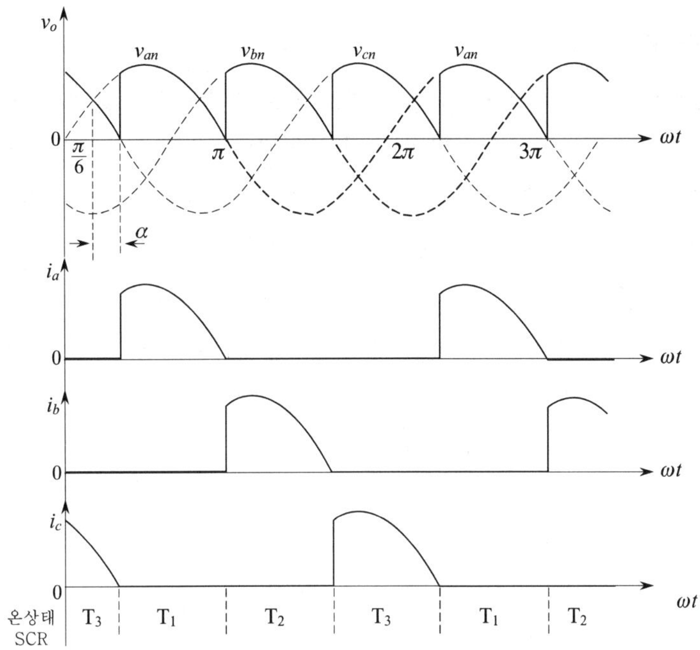

(b) α=30°

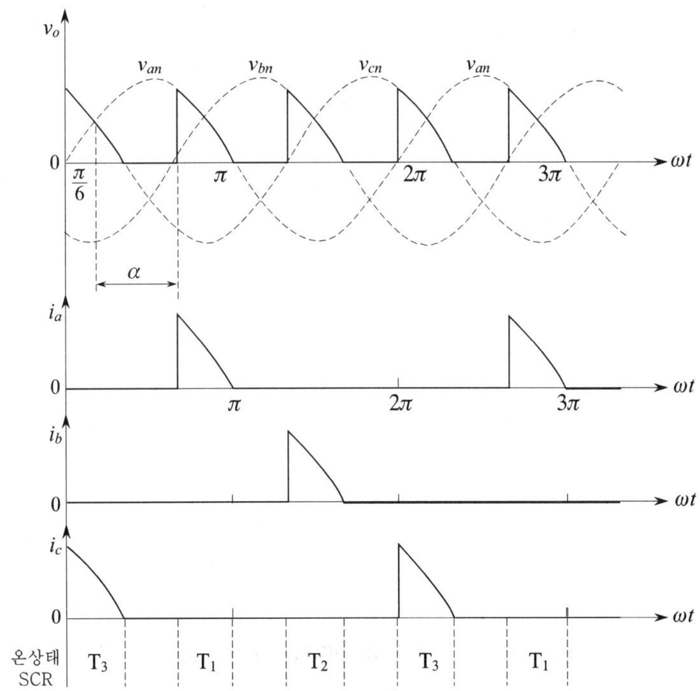

(c) α > 30°(90°)

그림 3-19 저항부하시 출력전압과 상전류파형

(2) 유도성 부하

그림 3-18에서 부하를 $R-L$유도성 부하로 하고 인덕턴스 L을 매우 크게 하면 출력전류는 리플성분이 거의 없는 일정한 연속전류가 된다. 그림 3-20은 $R-L$유도성 부하시 지연각 α가 90°인 경우 출력전압 v_0와 각 상전류 파형을 나타낸다. 지연각 α가 30°보다 작은 경우에는 출력전압 v_0는 그림 3-19의 저항부하일 경우와 동일하지만 30°보다 큰 경우에는 출력전류가 연속이므로 v_{an}에 대한 위상각 $180° \le \theta < (150° + \alpha)$구간에서 출력전압에는 전원전압의 음(-)의 값이 출력된다. 저항부하에서는 지연각 α가 150° 이상인 $150° \le \alpha < 180°$구간에서는 SCR 의 턴온이 불가능하여 출력전압 0으로 고정되지만 유도성인 경우에는 출력전류가 연속이므로 $150° \le \alpha < 180°$의 전 범위에서 동작한다.

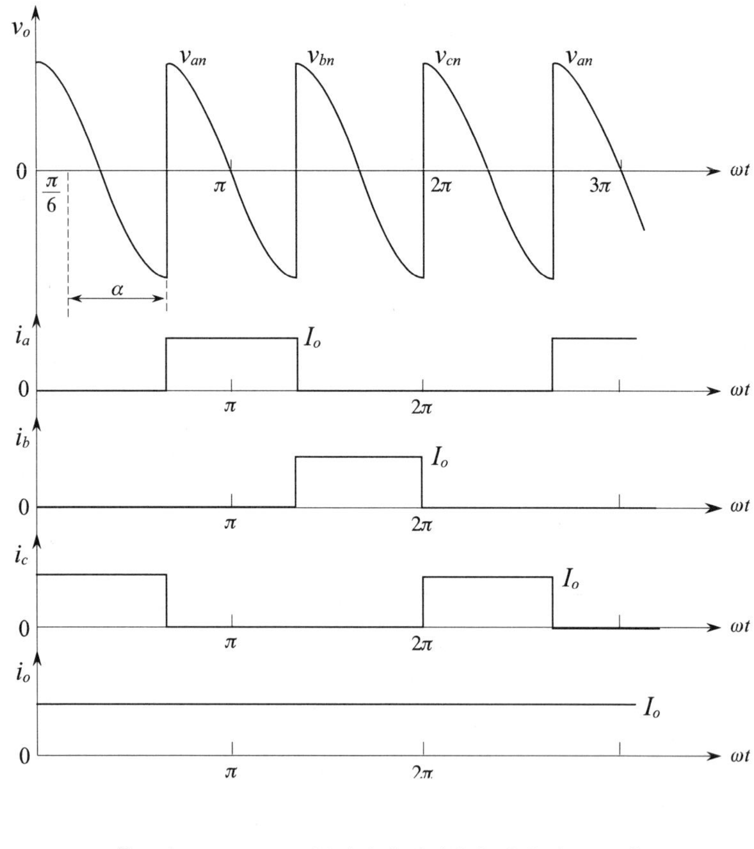

■그림 3-20 $R-L$부하시 출력전압과 상전류($\alpha = 90°$)

이 경우의 출력전압의 평균값 E_a를 구하면

$$
\begin{aligned}
E_a &= \frac{3}{2\pi}\int_{\alpha+30^\circ}^{\alpha+150^\circ} \nu_{an} d\theta \\
&= \frac{3}{2\pi}\int_{\alpha+30^\circ}^{\alpha+150^\circ} \sqrt{2}\, V \sin\theta\, d\theta \\
&= \frac{3\sqrt{6}\, V}{2\pi}\cos\alpha (0^\circ \le \alpha \le 180^\circ)
\end{aligned}
\tag{3-76}
$$

식 (3-76)은 식 (3-74)의 저항부하시 α가 30° 이하인 경우와 동일한데 이는 부하전류가 연속이기 때문이다.

유도부하시 위상제어 정류회로에서는 전력의 흐름은 양방향으로 이루어진다. 그림 3-20의 출력전압 v_0는 위상각 θ가 $\alpha + 30^\circ \le \theta < 180^\circ$인 구간에서 양(+)이고 출력전류 i_0도 양(+)이므로 이 구간에서 전력의 흐름은 교류측에서 직류측으로 이루어진다. 이것은 정류모드 동작이라 한다. 그러나 $180^\circ \le \theta < 180^\circ + (\alpha - 30^\circ)$구간에서는 출력전류 i_0는 양(+)이지만 출력전압 v_0가 음(-)이므로 전력은 직류측에서 교류측으로 전달된다. 이것은 인버전 모드 동작이라 한다.

교류측에서 직류측으로 전달되는 전력의 평균값 P_o는

$$
P_o = E_a I_a = \frac{3\sqrt{6}}{2\pi} V I_a \cos\alpha \tag{3-77}
$$

이므로 지연각 α가 $0^\circ \le \alpha < 90^\circ$범위에서는 양(+)이 되어 교류전원측에서 직류측으로 평균전력이 전달되며, $90^\circ \le \alpha < 180^\circ$범위에서는 반대로 된다. 지연각 α가 90°인 경우에는 출력전압 v_0가 양(+)인 구간과 음(-)인 구간이 동일하므로 출력으로 전달되는 전력의 평균은 0이다. 따라서 SCR 위상제어 정류기는 그림 3-21에 나타낸 것처럼 기본적으로 정류모드와 인버전모드의 2상한 동작이 가능하다. 인버전 모드로 동작할 경우에는 전력이 직류측에서 교류측으로 전달되어야 하므로, 직류측이 단순한 $R-L$부하이면 정상상태에서 동작은 불가능하며 과도상태 동작만이 가능하다. 따라서 정상상태에서 인버전 모드 동작이 지속되려면 직류측에 배터리등의 직류전원이 포함되어 있어야 한다.

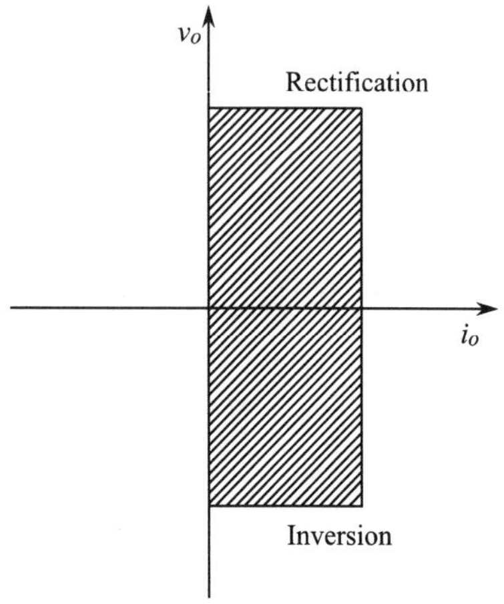

그림 3-21 위상제어 정류회로의 2상한 동작모드

그림 3-22는 환류 다이오드 D_F를 추가한 경우의 회로도와 각부의 전압, 전류파형을 나타낸다. 환류 다이오드 D_F는 출력에 전원전압의 음의 값이 나타나려 할때 턴온하므로 출력전압은 0으로 제한된다. 지연각 α가 30° 이하이면 v_0는 항상 0보다 크므로 환류 다이오드 D_F는 오프상태를 유지한다.

그러나 $30° \leq \alpha < 150°$ 범위에서는 D_F가 온되는 구간이 존재한다. 지연각 α가 150° 이상이면 SCR은 턴온될 수 없다. 따라서 이 경우의 출력전압 파형은 그림 3-19의 저항부하일 경우와 동일하다.

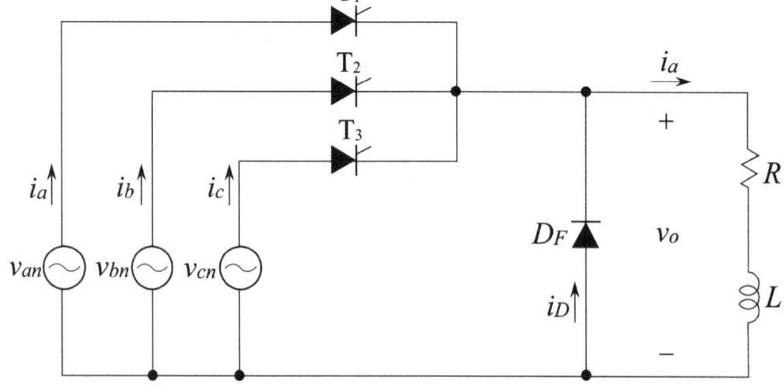

(a) 회 로

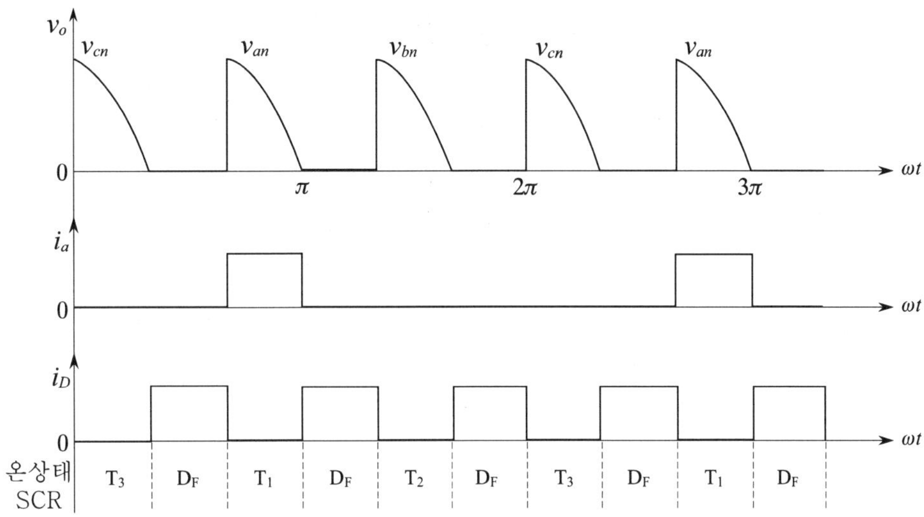

(b) 파 형 (α=90°)

▌그림 3-22 환류 다이오드가 있는 경우의 3상 반파 위상제어 정류회로

3-4 3상 전파 다이오드 정류회로

그림 3-23(a)와 같이 각 상에 2개의 다이오드를 사용하여 3상 반파회로 2개를 직렬로 연결한 결선을 3상 전파정류회로라 하며, 3상 브리지 정류회로라고도 한다.

전원의 중성점을 O라 하면 출력 측의 양(+)단자 P와 O사이에는 $v_{s1}-D_1$, $v_{s2}-D_2$, $v_{s3}-D_3$의 3개의 회로가 병렬로 연결되어 있으므로, 이 부분에서의 정류작용은 그림 3-17(a)의 3상 반파 정류회로와 동일하다. 따라서 O에 대한 P의 전위의 시간적 변화는 그림 3-23(b)의 파형①이 된다. 그리고 파형①의 평균전압(중성점에 대한)은 식(3-63)으로부터 $1.17V = \frac{1.17}{\sqrt{3}}V_l = 0.676V_l$이 된다. 여기에서 V는 상전압의 실효치, V_l은 선간전압의 실효치($V_l = \sqrt{3}\,V$)이다. 또 전원 중성점 O와 출력 측의 음(-)단자 Q와의 사이에는 $D_1'-(-v_{s1})$, $D_2'-(-v_{s2})$, $D_3'-(-v_{s3})$의 3개의 회로가 병렬로 연결되어 있다. 따라서 그림 3-17(a)와 같이 $|-v_{s1}|$, $|-v_{s2}|$, $|-v_{s3}|$중에서 가장 큰 회로의 다이오드만이 도통되어, O에 대한 점 Q의 전위의 시간적 변화는 그림 3-18(b)의 파형 ②가 된다.

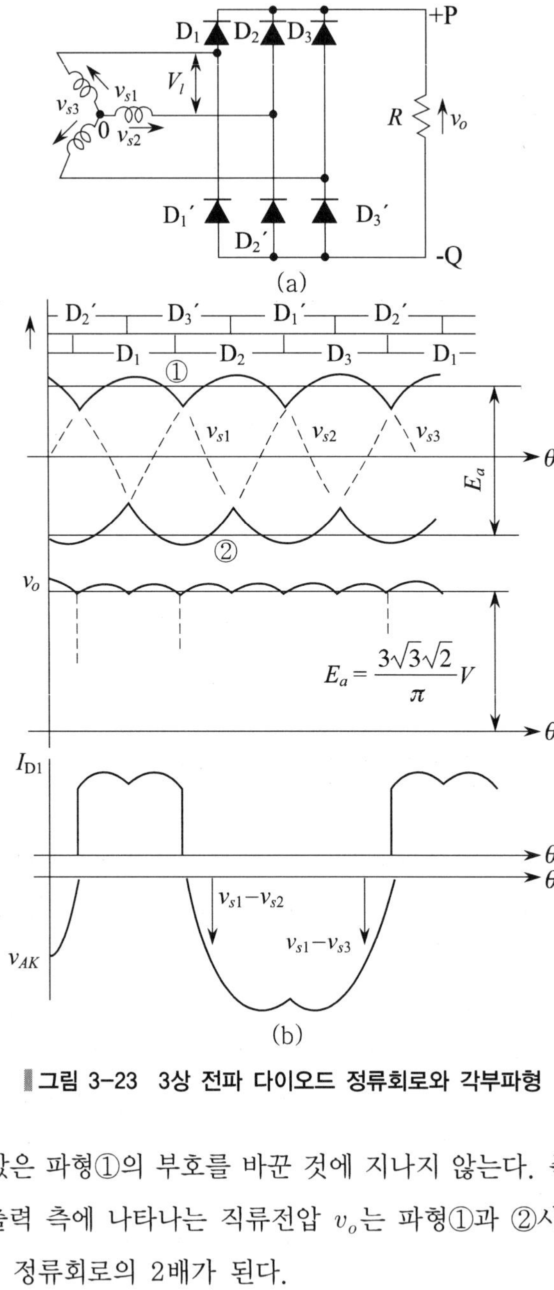

그림 3-23 3상 전파 다이오드 정류회로와 각부파형

파형②의 평균값은 파형①의 부호를 바꾼 것에 지나지 않는다. 즉 그 값은 $-0.676\,V_l$이다. 그러므로 출력 측에 나타나는 직류전압 v_o는 파형①과 ②사이의 전위차가 되고, 그 평균값은 반파 정류회로의 2배가 된다.

$$\begin{aligned} E_a &= 1.17\,V \times 2 = 2.34\,V \\ &= 0.676\,V_l \times 2 = 1.35\,V_l \end{aligned} \tag{3-78}$$

또한, 이 정류회로는 그림(b)에 표시한 바와 같이 다이오드의 도통 상태로 6개의 동작 모드(mode)로 나누어지고, D_1, D_2, D_3와 D_1', D_2', D_3'의 다이오드는 서로서로 120° 만큼 도통하고, D_1과 D_1', D_2와 D_2', D_3와 D_3'가 동시에 도통하는 경우는 없다. 이상과 같이 출력측 직류전압 v_0의 파형은 다이오드의 교묘한 동작에 의해 교류전압 파형의 일부일부를 이어서 생성된 것이다. 이 교묘한 동작이라는 것은 다이오드가 스위치의 역할을 하고, 접촉이 없는 온·오프 동작을 자동적으로 하고 있다는 것을 의미한다.

식 (3-78)의 E_a의 값은 반파 정류회로의 값을 이용한 것으로 전파정류파형으로부터 직접 구하는 식은 독자에게 맡기기로 한다.

정류회로에서 상수에 대한 맥동률(ν)의 값을 표 3-1에 표시하고, 모든 정류회로의 저항 부하에 대한 제특성을 표 3-2에 표시한다.

표 3-1 정류상수와 맥동률

p	2	3	6	12	∞
맥동률	0.47	0.17	0.04	0.014	0
맥동주파수 (60Hz)	120	180	360	720	∞

표 3-2 저항부하 정류회로의 제특성

특성상수	1ϕ전파	3ϕ반파	3ϕ전파	6ϕ중복	6ϕ반파
p	2	3	6	6	6
I_d	$0.636\frac{\sqrt{2}\,V}{R}$	$0.827\frac{\sqrt{2}\,V}{R}$	$1.65\frac{\sqrt{2}\,V}{R}$	$1.65\frac{\sqrt{2}\,V}{R}$	$0.955\frac{\sqrt{2}\,V}{R}$
Peak 전류	$1.57I_d$	$1.21I_d$	$1.21I_d$	$0.60I_d$	$1.05I_d$
E_{d0}	$0.636\,V_p$	$0.827\,V_p$	$1.65\,V_p$	$1.65\,V_p$	$0.955\,V_p$
맥동률 [%]	47	17	4	4	4
η[%]	81.2	96.5	99.8	99.8	99.8
PIV	$3.14E_{d0}$	$2.09E_{d0}$	$1.05E_{d0}$	$2.09E_{d0}$	$2.09E_{d0}$

연습문제

1. $e = 314\sqrt{2}\sin\theta[\mathrm{V}]$, $f = 60[\mathrm{Hz}]$인 교류전압을 전원으로 갖는 단상 반파 정류회로에 대해서, 회로동작(정류원리)의 설명 및 시뮬레이션을 통해 정류파형을 확인하고, 다음의 값을 구하라. 단 다이오드는 이상적이며, $R = 10[\Omega]$ 이다.

(1) 출력 전압의 평균값 E_a

(2) 출력 전류의 평균값 I_a

(3) 출력 전류(입력전류)의 실효값 I_r

(4) 다이오드 최대 역전압 PIV

(5) 교류 입력측의 전력 P_{ac}

(6) 직류 출력측의 전력 P_{dc}

(7) 정류효율 η

2. 그림 3-2 (a), (b)의 $R-L$ 부하의 반파정류회로 및 각부 파형에서 다음 질문에 답하라. 단, $e_1 = \sqrt{2}E\sin\theta[\mathrm{V}]$이다.

(1) 다이오드는 $\theta = \pi$에서 off 되지 않고 $\theta = \pi + \beta$에서 off 된다. 그 이유는 무엇인가?

(2) 출력 전압의 평균값은 얼마인가? 단, $E = 314[\mathrm{V}]$, $\beta = 60°$이다.

(3) $L \fallingdotseq \infty$이면 회로는 어떻게 동작하는가?

3. 위의 2번 (1)의 문제에서 다이오드가 $\theta = \pi$에서 off 되도록 하기 위해서는 어떻게 하면 되는가? 이때의 출력전압의 평균값은 얼마인가?

4. $e = 220\sqrt{2}\sin\theta[\mathrm{V}]$의 교류전압을 저항만의 부하인 반파제어정류회로에 점호각 $\alpha = 60°$로 하여 인가하였을 때, 시뮬레이션을 통해 회로의 동작 즉 출력전압의 제어 방법을 설명하고, 다음의 값을 구하라. 단, $R = 10[\Omega]$ 이다.

(1) 점호각 α의 변화 범위 및 그 이유는 무엇인가?

(2) 출력 전압의 평균값 E_a

(3) 출력 전압의 실효값 E_r
(4) 부하에서의 소비전력 P
(5) 역률 pf
(6) 사이리스터 역전압의 최대값 PIV

5. 위의 4번 문제에서 출력전압의 평균값을 80[V]로 하려고 한다. 이때 점호각을 몇 도로 하면 되는가?

6. $e = 311\sin\theta$[V]의 교류전압을 브리지 방식의 단상 전파 정류회로에 전원으로 인가하였을 때, 시뮬레이션을 통해 전원전압 파형에 대한 출력전압, 출력전류, 다이오드 역전압, 전원 전류, 다이오드 전류 등을 표시하고, 다음을 구하라. 단 부하는 저항만으로 $R = 10[\Omega]$이다.
(1) 출력 전압의 평균값 E_a
(2) 출력 전류의 평균값 I_a
(3) 출력 전류의 실효값 I_r
(4) 다이오드 역전압 PIV
(5) 직류 출력측의 소비전력 P_{dc}
(6) 교류 입력측의 전력 P_{ac}
(7) 정류효율 η

7. 위의 6번 문제에서 브리지 방식이 아니고 변압기 중간 탭 방식이면 다이오드에 인가되는 역전압의 크기는 얼마인가?

8. 위의 6번 문제에서 부하로서 매우 큰 인덕터를 저항에 직렬로 연결하여 출력 전류가 맥동 성분이 없는 일정한 전류일 경우 다음을 구하라. 또한 시뮬레이션을 통해 출력전압, 일정한 출력전류, 구형파의 전원전류, 다이오드 역전압의 파형을 확인하라.
(1) 출력 전압의 평균값 E_a
(2) 출력 전류의 평균값 I_a
(3) 출력 전류의 실효값 I_r

9. 대칭 브리지 단상 전파 위상제어 정류회로에서 저항($R=10[\Omega]$)만의 부하에 $e=311\sin\theta$[V]의 전압을 인가하였다. 사이리스터의 점호각이 45°일 때, 다음을 구하라.

(1) 출력 전압의 평균값 E_a

(2) 출력 전류의 평균값 I_a

(3) 출력 전류의 실효값 I_r

(4) 사이리스터에 인가되는 최대 역전압 PIV

(5) 부하에 공급되는 전력 P

10. 위의 9번 문제에서 매우 큰 인덕터를 저항에 직렬 접속하여 부하에 일정한 전류가 흐를 경우 다음을 구하시오.

(1) 출력 전압의 평균값 E_a

(2) 출력 전압의 최대값 e_m

(3) 출력 전류의 평균값 I_a

(4) 출력 전류의 최대값 i_m

(5) 출력 전류의 실효값 I_r

(6) 부하에 공급하는 전력 P

(7) 사이리스터에 흐르는 전류 평균값 I_T

11. 위의 10번 문제에서 점호각을 90°보다 크게 하면 회로가 어떻게 동작하는가? 또한 회로를 타여식 인버터로 동작시키기 위해서는 어떻게 하면 되는가?

12. 다이오드를 이용한 저항 부하만의 3상 반파 정류회로에서, 실효값 220[V], 60[Hz]의 3상 평형 전압을 $R=10[\Omega]$에 인가하였다. 이때 시뮬레이션을 통해 전원전압에 대한 출력전압, 출력전류, 다이오드 역전압, a상 다이오드에 흐르는 전류 등을 확인하고 다음 값을 구하라.

(1) 출력 전압의 평균값 E_a

(2) 출력 전류의 평균값 I_a

(3) 출력 전류의 실효값 I_r

(4) 출력 전압의 최대값 $e_{\max}$

(5) 출력 전류의 최대값 $i_{\max}$

(6) 다이오드에 흐르는 전류의 최대값 $i_{D,\max}$
(7) 다이오드에 흐르는 전류 평균값 I_D
(8) 다이오드에 가해지는 최대 역전압 PIV
(9) 부하에 공급되는 전력
(10) 맥동률 ν

13. 사이리스터를 이용한 저항 부하만의 3상 반파 제어 정류회로에서, 실효값 220[V], 60[Hz]의 3상 평형 전압을 $R=10[\Omega]$에 인가하였다. 이때 시뮬레이션을 통해 점호각 $\alpha=15°$, 30°, 60°일 때, 각각의 점호각에 대해서 전원전압에 대한 출력전압, 출력전류, 사이리스터 역전압, a상 사이리스터에 흐르는 전류 등을 확인하고 다음 값을 구하라.
(1) 출력 전압의 평균값 E_a
(2) 출력 전류의 평균값 I_a
(3) 사이리스터에 가해지는 최대 역전압 PIV
(4) 부하에 공급되는 전력 P

14. 사이리스터를 이용한 $R-L$ 부하의 3상 반파 제어 정류회로에, 점호각을 120°로 해서 실효값 220[V], 60[Hz]의 3상 평형 전압을 인가하였다. 이때 $R=10$ $[\Omega]$이고, 인덕터는 매우 커서 부하에 맥동이 없는 일정한 전류일 경우 다음을 구하라.
(1) 출력 전압의 평균값 E_a
(2) 출력 전류의 평균값 I_a
(3) 부하에 공급하는 전력 P

15. 다이오드를 이용한 저항 부하만의 3상 전파 정류회로에서, 전원을 Y결선하고, 선간전압의 실효값이 220[V], 60[Hz]인 3상 평형 전압을 $R=10[\Omega]$에 인가하였다. 이때 시뮬레이션을 통해 전원전압에 대한 출력전압, 출력전류, 각 상의 전류, 각 다이오드 전류, 다이오드 역전압 등을 확인하고 다음 값을 구하라.
(1) 출력 전압의 평균값 E_a
(2) 출력 전류의 평균값 I_a
(3) 다이오드에 가해지는 최대 역전압 PIV
(4) 부하에 공급되는 전력

16. 사이리스터를 이용한 저항 부하만의 3상 전파 제어 정류회로에서, 전원을 Y결선하고, 선간전압의 실효값이 220[V], 60[Hz]인 3상 평형 전압을 $R = 10[\Omega]$에 인가하였다. 이때 시뮬레이션을 통해 전원전압에 대한 출력전압, a상의 전류, 사이리스터 역전압 등을 확인하고 다음 값을 구하라. 단 점호각의 크기 α는 10° 및 80°이다.

(1) 출력 전압의 평균값 E_a

(2) 사이리스터에 가해지는 최대 역전압 PIV

(3) 부하에 공급되는 전력

04 AC-AC 변환회로

AC-AC 변환회로는 임의의 교류전력을 다른 형태의 교류전력으로 변환하는 회로로서, 전압이나 전류의 크기, 또는 주파수 중 하나 이상 변환하는 기능을 갖는다. AC-AC 변환회로 방식은 여러 가지 있지만, 여기에서 교류전력변환방식으로는 위상제어방식, 온·오프제어 방식 및 부분전압제어방식을 소개하며, 주파수를 변환하는 방식으로는 사이크로컨버터(Cycloconverter)의 기본개념을 알아본다.

4-1 단상교류전력변환

1 위상제어

종래 교류전압을 가변하기 위한 방법으로는 그림 4-1(a)와 같이 변압기나 리액터 등을 사용하였으나, 최근에는 그림 (b)와 같이 사이리스터를 이용한 위상제어법으로 전압을 제어하고 있다.

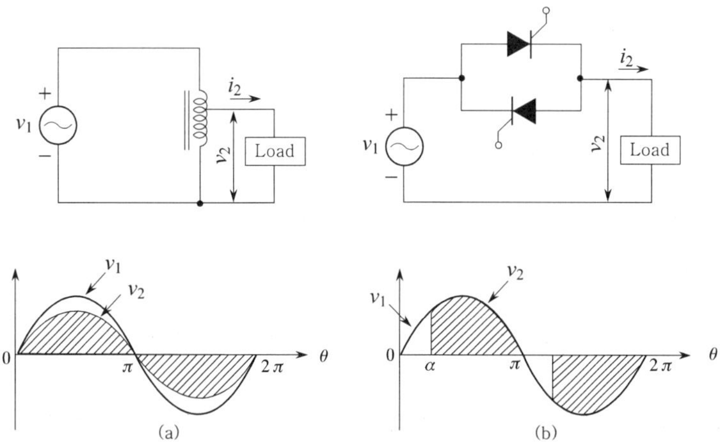

그림 4-1 교류전압제어방식

단상교류제어(單相交流制御)에는 그림 4-2와 같은 종류의 회로가 있다. 그림 4-2(a)는 2개의 사이리스터를 역병렬로 접속한 가장 기본적인 전파제어 회로이고, 출력전압은 0~100[%]의 범위로 제어할 수 있다. 그림 4-2(b)는 사이리스터 T_1에 역방향전압이 걸릴 때 역병렬의 정류 다이오드에 의해 단락되므로, 사이리스터에 역방향 전압이 가해지지 않는 특징이 있다. 그림 4-2(c)는 4개의 다이오드 D와 1개의 사이리스터로 되어 있고, 그림의 교류전원이 그림과 같을 경우에는 D_1, T, D_2'를 통하여 제어가 되고, 전류가 부하에 흐른다. 교류전원의 극성이 반전되면 D_1', T, D_2를 통하여 제어가 되고 전류가 흐른다. 이때의 부하전압의 파형은 그림 4-1(b)의 회로의 경우와 같다.

그림 4-2(d)는 사이리스터 T와 다이오드의 역병렬 접속이고, 반사이클만 사이리스터가 제어하고 나머지 반사이클을 제어하지 않고, 다이오드를 통하여 부하에 전류를 공급한다. 이 때문에 부하전압파형은 비대칭이므로, 변압기, 전동기와 같이 자기회로를 가지는 부하의 제어에는 사용할 수 없고, 조명, 전열 등의 제어에 주로 사용한다.

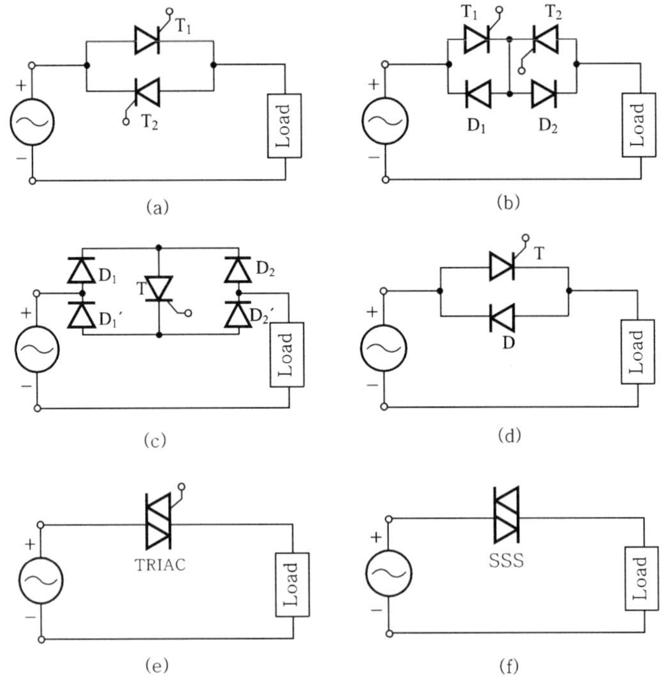

▌그림 4-2 각종 단상교류 전력제어 회로의 예

그림 4-2(e), (f)는 2방향성 제어소자를 사용한 회로이다. 그림 4-2(e)는 3단자의 소자이고, 게이트 단자에 트리거 신호를 가해서 SCR과 같이 점호위상의 제어를 하는 것이

고, 사이리스터 소자로서는 TRIAC(Triode AC Switch)이 있다. 그림 4-2(f)는 2단자 소자이고, 게이트 단자가 없다. 점호위상으로 제어하려면 점호할 위상에서 소자의 양단에 펄스상의 피크전압을 가한다. 그래서 소자를 브레이크 오버시켜서 도통상태로 한다. 여기서 사용하는 사이리스터 소자는 SSS(Silicon Symmetrical Switch)가 된다. 이들 회로의 특징은 SCR를 사용한 제어회로에 비해 회로의 소자구성이 간단하다.

(1) 순저항 부하시

사이리스터(SCR)를 사용한 교류전압 제어회로인 그림 4-3(a)는 순저항부하를 사용한 경우로 제어각 α일때의 출력전압 v_2, 출력전류 i_2의 파형을 그림 (b)에 표시한다.

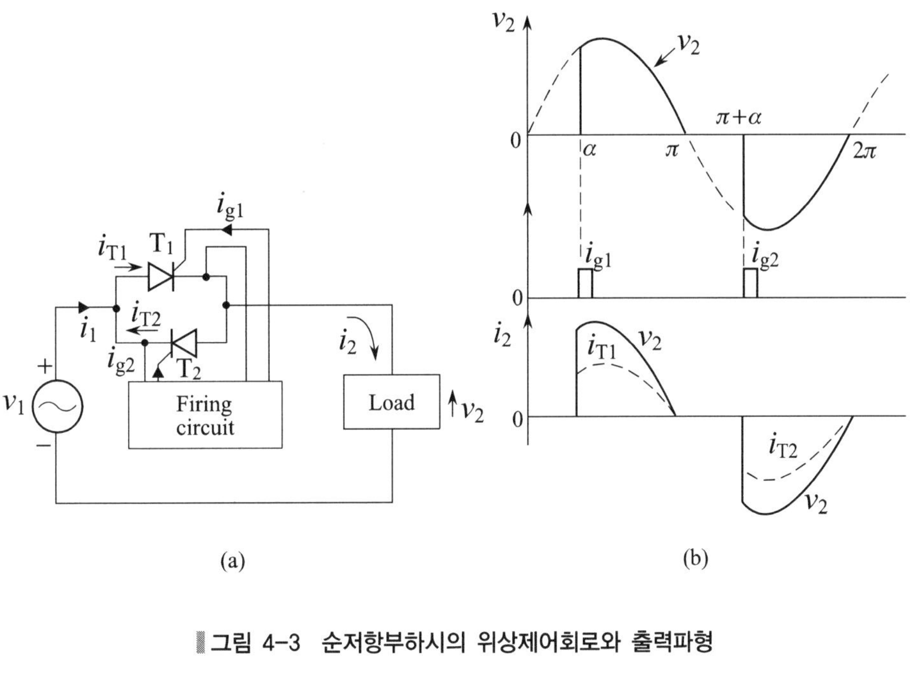

그림 4-3 순저항부하시의 위상제어회로와 출력파형

여기에서 전원전압이 $v_1 = \sqrt{2}\,V\sin\theta$이고, 제어각이 α일때의 출력전압의 반파 평균치 V_{2a}와 실효치 V_{2r}를 구하면 다음과 같다.

$$V_{2a} = \frac{1}{\pi}\int_{\alpha}^{\pi}\sqrt{2}\,V\sin\theta d\theta = \frac{\sqrt{2}\,V}{\pi}(1+\cos\alpha) \tag{4-1}$$

$$V_{2r} = \sqrt{\frac{1}{\pi}\int_{\alpha}^{\pi}(\sqrt{2}\,V\sin\theta)^2 d\theta} = V\sqrt{\frac{1}{\pi}\left\{(\pi-\alpha)+\frac{1}{2}\sin 2\alpha\right\}} \tag{4-2}$$

이 경우 부하에 공급되는 전력 P_2는 다음 식과 같다.

$$P_2 = \frac{{V_{2r}}^2}{R} = \frac{V^2}{R}\left[\frac{1}{\pi}\left\{(\pi-\alpha)+\frac{1}{2}\sin 2\alpha\right\}\right] \quad (4-3)$$

또 사이리스터 T_1에 흐르는 전류 i_{T1}의 평균치 I_{Ta}와 실효치 I_{Tr}은

$$I_{Ta} = \frac{1}{2\pi}\int_\alpha^\pi \frac{\sqrt{2}\,V\sin\theta d\theta}{R} = \frac{\sqrt{2}\,V}{2\pi R}(1+\cos\alpha) \quad (4-4)$$

$$I_{Tr} = \sqrt{\frac{1}{2\pi}\int_\alpha^\pi \left(\frac{\sqrt{2}\,V\sin\theta}{R}\right)^2 d\theta} = \frac{V}{R}\sqrt{\frac{1}{\pi}\left\{\frac{(\pi-\alpha)}{2}+\frac{1}{4}\sin 2\alpha\right\}} \quad (4-5)$$

가 되고, 출력전류 i_2의 실효치 I_r은 식 (4-2)로부터

$$I_r = \frac{V}{R}\sqrt{\frac{1}{\pi}\left\{(\pi-\alpha)+\frac{1}{2}\sin 2\alpha\right\}} \quad (4-6)$$

가 된다. 회로의 역률 $p\cdot f$는 식 (4-3), (4-6)으로부터

$$p\cdot f = \frac{\text{유효전력}}{\text{피상전력}} = \frac{P_2}{V\cdot I_r} = \sqrt{\frac{1}{\pi}\left\{(\pi-\alpha)+\frac{1}{2}\sin 2\alpha\right\}} \quad (4-7)$$

가 된다. 이와 같은 위상제어방식에서는 교류전류에 포함되어 있는 고조파 문제가 발생한다. 정(+), 부(-) 양 파형의 제어각 α가 동일하다고 하면 한주기 평균치가 0(Zero)이 되므로 교류전류에 대한 푸리에 급수식은 다음과 같다.

$$\begin{aligned} i_2 &= a_1\cos\theta + a_2\cos 2\theta + a_3\cos 3\theta + \cdots \\ &\quad + b_1\sin\theta + b_2\sin 2\theta + b_3\sin 3\theta + \cdots \\ &= \sum_{n=1}^{\infty}\{a_n\cos n\theta + b_n\sin n\theta\} \end{aligned} \quad (4-8)$$

여기에서 계수 a_n과 b_n은 다음 식과 같다.

$$a_n = \frac{1}{\pi}\int_0^{2\pi} i_2\cos n\theta\, d\theta = \frac{2}{\pi}\int_\alpha^\pi i_2\cos n\theta\, d\theta \quad (4-9)$$

$$b_n = \frac{1}{\pi}\int_0^{2\pi} i_2 \sin n\theta\, d\theta = \frac{2}{\pi}\int_\alpha^{\pi} i_2 \sin n\theta\, d\theta \tag{4-10}$$

그리고 n차 고조파의 실효치 I_{2nr}은 식 (4-8)로부터

$$I_{2nr} = \frac{\sqrt{a_n^2 + b_n^2}}{\sqrt{2}} \tag{4-11}$$

가 되며, 출력전류 i_2는

$$i_2 = \frac{\sqrt{2}\,V}{R}\sin\theta \qquad \alpha < \theta < \pi \tag{4-12}$$

가 된다. 이식을 식(4-9), (4-10)에 대입하면

$$a_n = \frac{2}{\pi}\int_\alpha^{\pi} \frac{\sqrt{2}\,V}{R}\sin\theta \cos n\theta d\theta \tag{4-13}$$

$$b_n = \frac{2}{\pi}\int_\alpha^{\pi} \frac{\sqrt{2}\,V}{R}\sin\theta \sin n\theta d\theta \tag{4-14}$$

가 되고, 이식으로부터

$$a_n = \frac{\sqrt{2}\,V}{\pi R}\left\{\begin{array}{l}\dfrac{\cos(n+1)\alpha - \cos(n+1)\pi}{n+1} \\ -\dfrac{\cos(n-1)\alpha - \cos(n-1)\pi}{n-1}\end{array}\right\}_{n \neq 1} \tag{4-15}$$

$$b_n = \frac{\sqrt{2}\,V}{\pi R}\left\{\frac{\sin(n+1)\alpha}{n+1} - \frac{\sin(n-1)\alpha}{n-1}\right\}_{n \neq 1} \tag{4-16}$$

가 얻어진다. $n=1$인 경우는 식 (4-13), (4-14)에 $n=1$를 대입하여 계산하면 다음과 같다.

$$a_1 = \frac{-\sqrt{2}\,V}{\pi R}\sin^2\alpha \tag{4-17}$$

$$b_1 = \frac{\sqrt{2}\,V}{\pi R}\left\{\pi - \alpha + \frac{1}{2}\sin 2\alpha\right\} \tag{4-18}$$

그리고 n차 고조파의 함유율을 표시하는 고조파율 H_n을 다음과 같이 정의 한다.

$$H_n = \frac{\alpha\text{일 때의 고조파 전류의 실효치}}{\alpha = 0\text{일 때의 전류의 실효치}} \tag{4-19}$$

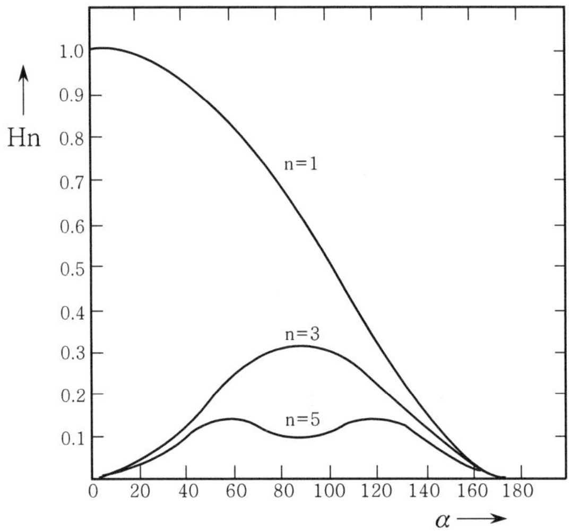

▌그림 4-4 저항부하시의 고조파 전류

식 (4-19)의 계산치를 표시하면 그림 4-4와 같다. 이 경우 기수차 고조파분만 포함되어 있으나, 만일 정(+), 부(-) 양 파형의 제어각 α가 각각 다르면 우수차 조파분도 포함된다. 또 이때에는 직류분도 포함되어 있어 전자기기의 철심을 편자시키게 되므로 주의를 요한다.

(2) 유도성 부하시

그림 4-5에 유도부하시의 단상교류전력변환회로와 각부의 파형을 표시한다. 유도성 부하인 경우의 전압, 전류파형은 순저항 부하인 경우와는 상당히 다르다. 그리고 출력전류 i_2는 리액터 L의 크기에 따라 연속하는 경우와 불연속하는 경우가 있다. 우선 그림 4-5의 (d)와 같이 i_2가 불연속인 경우에 대하여 고찰한다.

제어각 α에서 T_1이 도통하면 회로의 전압방정식은

$$\omega L\frac{di_2}{d\theta} + Ri_2 = \sqrt{2}\,V\sin\theta, \qquad \alpha < \theta < \pi + \beta \tag{4-20}$$

$$i_2 = \frac{\sqrt{2}\,V}{Z}\sin(\theta - \phi) + ke^{-\frac{R}{X}\theta} \tag{4-21}$$

가 된다. 여기에서 $X=\omega L$, $Z=\sqrt{R^2+X^2}$, $\phi=\tan^{-1}\dfrac{X}{R}$ 이다.

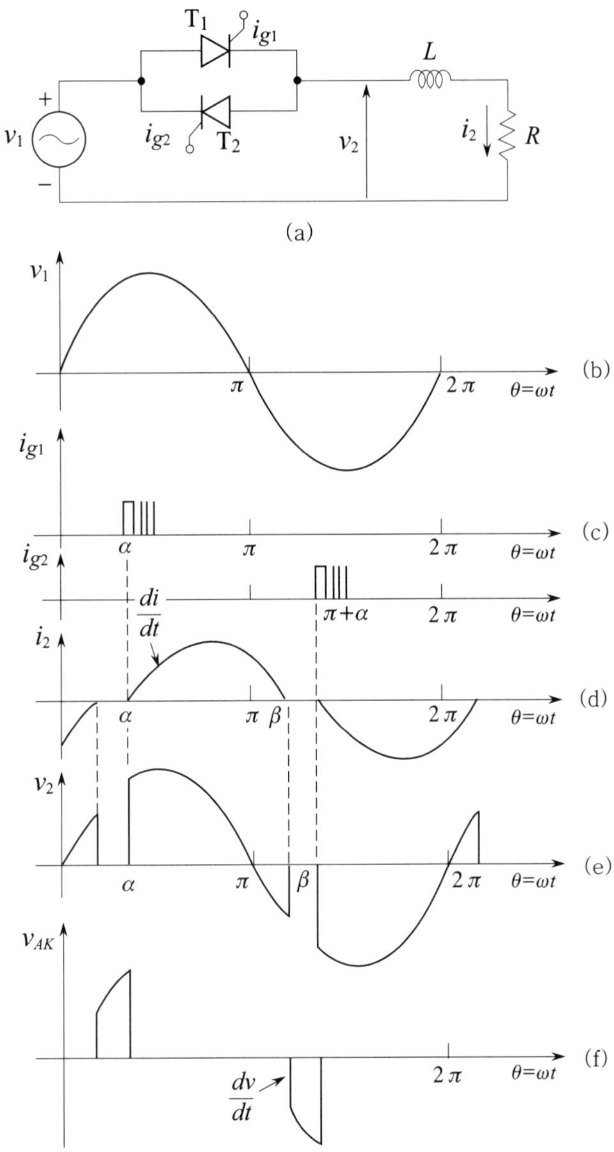

그림 4-5 유도부하시의 회로와 각부 파형

초기조건에 의해 결정되는 적분상수 k는 $\theta=\alpha$일때 $i_2=0$이므로

$$k=-\frac{\sqrt{2}\,V}{Z}\sin(\alpha-\phi)e^{\frac{R}{X}\alpha} \tag{4-22}$$

이다. 이것을 식 (4-21)에 대입하면

$$i_2 = \frac{\sqrt{2}\,V}{Z}\left\{\sin(\theta-\phi)-\sin(\alpha-\phi)e^{-\frac{R}{X}(\theta-\alpha)}\right\} \tag{4-23}$$

가 된다. 사이리스터 T_1의 온 기간을 γ라 하면 그림 4-5(d)로부터

$$\gamma = \pi + \beta - \alpha \tag{4-24}$$

이며, 이 γ의 값을 구하기 위해서는 β의 값을 구해야 한다.

SCR T_1은 $\theta = \pi + \beta$에서 오프되므로, 즉 $\theta = \pi + \beta$에서 $i_2 = 0$가 되므로 식 (4-23)으로부터

$$\sin(\pi+\beta-\phi) = \sin(\alpha-\phi)e^{-\frac{R}{X}(\pi+\beta-\alpha)} \tag{4-25}$$

가 얻어진다. 그러나 이식에서 β는 간단히 구해지지 않는다. 수치해석이나 기하학적 방법으로 구할 수 있으나 β의 값을 꼭 구해야 할 필요성은 별로 없다.

여기에서 β에 대하여 좀더 고찰하기로 한다. 전류 i_2가 0(Zero)이 되는 각 β는, 식 (4-25)에서 알수 있듯이 제어각 α 및 부하각 $\phi\left(=\tan^{-1}\frac{X}{R}\right)$에 따라 변화한다.

① $\alpha > \phi$인 경우

식 (4-25)를 간단히 정리 하면 다음 식과 같이 된다.

$$\sin(\phi-\beta) = \sin(\alpha-\phi)e^{-\frac{R}{X}(\pi+\beta-\alpha)} \tag{4-26}$$

여기에서 우변항에 $\alpha > \phi$의 조건을 적용하면 좌변항으로부터

$$\alpha > \phi > \beta \tag{4-27}$$

의 조건을 얻는다.

② $\alpha = \phi$인 경우

식 (4-26)의 우변에 $\alpha = \phi$의 조건을 적용하면 좌변항으로부터

$$\alpha = \phi = \beta \tag{4-28}$$

의 조건을 얻는다. 이 상태는 T_1과 T_2 둘중 하나는 언제나 도통인 상태로 SCR 이 없는 경우와 같다. 즉 교류전력을 제어할수 없게 되며, 이때의 전류는 다음과 같다.

$$i_2 = \frac{\sqrt{2}\,V}{Z}\sin(\theta - \phi) \tag{4-29}$$

③ $\alpha < \phi$인 경우

식 (4-26)의 우변에 $\alpha < \phi$인 조건을 적용하면 좌변항으로부터

$$\alpha < \phi < \beta \tag{4-30}$$

의 조건을 얻는다. 이 경우는 $\pi + \beta$에서 T_2에 게이트 신호를 주어도 아직 T_1에 전류가 흐르고 있으므로 도통되지 않는다. T_1의 전류가 0(Zero)이 된 즉시 T_2가 도통한다. 즉, 교류전력을 제어 할 수 없으며, 이때의 전류식은 식 (4-29)와 동일하며, 이 경우의 ϕ값이 더 클 뿐이다.

교류전력을 제어할 수 있는 식 (4-27)의 조건하에서 출력전류 i_2의 평균치 I_{2a}와 실효치 I_{2r}은 다음과 같다.

$$I_{2a} = \frac{1}{\pi}\int_{\alpha}^{\pi+\beta}\frac{\sqrt{2}\,V}{Z}\left\{\sin(\theta - \phi) - \sin(\alpha - \phi)e^{-\frac{R}{X}(\theta - \alpha)}\right\}d\theta \tag{4-31}$$

$$I_{2r} = \sqrt{\frac{1}{\pi}\int_{\alpha}^{\pi+\beta}\left[\frac{\sqrt{2}\,V}{Z}\left\{\sin(\theta - \phi) - \sin(\alpha - \phi)e^{-\frac{R}{X}(\theta - \alpha)}\right\}\right]^2 d\theta} \tag{4-32}$$

다음 출력전압 v_2의 실효치 V_{2r}은

$$\begin{aligned} V_{2r} &= \sqrt{\frac{1}{\pi}\int_{\alpha}^{\pi+\beta} v_2^2 d\theta} = \sqrt{\frac{1}{\pi}\int_{\alpha}^{\pi+\beta}(\sqrt{2}\,V\sin\theta)^2 d\theta} \\ &= V\sqrt{\frac{1}{\pi}\left\{(\pi + \beta - \alpha) + \frac{1}{2}\sin 2\alpha - \frac{1}{2}\sin 2(\pi + \beta)\right\}} \end{aligned} \tag{4-33}$$

가 된다.

(3) UJT에 의한 동기 점호 회로

그림 4-3(a)의 점호 회로(firing circuit)에 UJT(Uni-Junction Transistor)를

이용한 동기점호회로를 고찰한다.

우선 UJT소자에 대하여 살펴보기로 한다. 그림 4-6(a)에 UJT의 기호를, (b)에 구조를, (c)에 등가 구조를 표시한다.

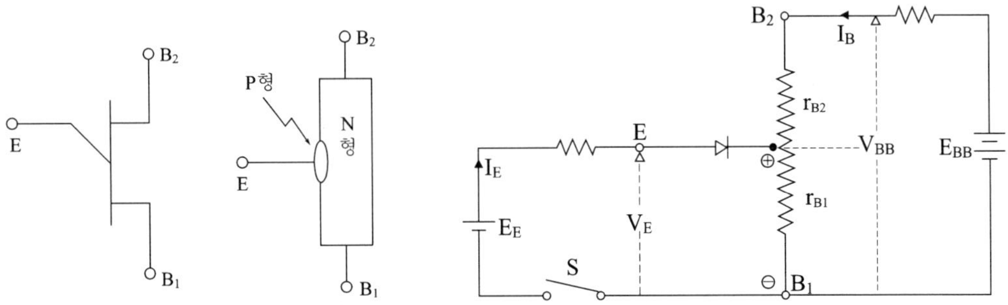

(a) UJT의 기호 (b) UJT의 구조 (c) UJT의 등가구조

그림 4-6 Uni-Juction Transistor

UJT는 PN접합으로 베이스가 2개이므로 일명 double base diode라고도 불리우며, 정격 피크전류가 크고 점호전압이 안정하며 특히 소비전력이 적고, 소형 간단하기 때문에 사이리스터 게이트 점호회로에 트리거 발생기로서 잘 사용되고 있다. 그림 4-6(b)와 같이 두개의 베이스를 갖고 있는 N형의 얇은 막대기형 실리콘의 중간에 P형의 에미터 전극과 접합 J로 된 PN접합 다이오드이다. 그림 4-6(c)에서 스위치 s를 개방한 상태에서 B_1, B_2간에 그림의 극성으로 전압 V_{BB}를 인가하면, N형 실리콘의 높은 저항 $r_{BB}(=r_{B1}+r_{B2})$에 의해 $E-B_1$, $E-B_2$의 저항 r_{B1}, r_{B2}에 비례하여 인가 전압 V_{BB}가 분할된다. 즉 $E-B_1$간 전압 V_{EB1}은

$$V_{EB1} = \frac{r_{B1}}{r_{B1}+r_{B2}} \cdot V_{BB} = \frac{r_{B1}}{r_{BB}} \cdot V_{BB} = \eta V_{BB} \tag{4-34}$$

가 된다. 다음에 에미터 E와 베이스 B_1간에 전압 V_E를 인가한 경우 $V_E < V_{EB1}$이면 $P-N$접합부가 역바이어스 되어 $E-B_1$단자는 저지상태가 되므로 전류는 거의 흐르지 않는다. 그러나 V_E가 상승하여 $V_E > V_{EB1}$이 되면, $P-N$접합부가 순바이어스되어, $E-B_1$단자간은 도통상태가 되며, 에미터전류 I_E의 증가에 따라 순방향저항 r_{B1}이 감소하는 부성저항 특성을 나타낸다.

이와 같이 $E-B_1$단자간에서 본 PN접합부가 부성저항 영역에 들어가는 에미터전압

V_E를 피크·포인트(peak point)전압 V_P라고하고, 피크·포인트 전압 V_P는 다음과 같이 표시된다.

$$V_p = \eta V_{BB} + V_D \tag{4-35}$$

여기서 저항비 $\eta = (r_{B1}/r_{BB})$는 진성 stand off ratio라 하며, 베이스간 전압 및 온도등에는 무관계이고, 베이스와 에미터간의 기하학적치수에 의해서만 결정 된다. η는 보통 0.5~0.8의 값을 갖고, V_D는 실리콘 다이오드의 순방향 전압강하로 25℃에서 약 0.7[V]이고 온도상승에 따라 감소하는 특성을 갖는다.

그림 4-7에 UJT를 이용한 그림 4-3(a)의 동기점호회로의 한 예를 표시한다. 교류전력제어는 양의 전압과 부의 전압의 크기가 같아야 하므로 점호각 α를 양부에서 동일하게 제어할 필요가 있으므로 제어용 전원으로 주전원을 이용하여야 한다. 그림 4-7에서 제어용 전원은 주전원을 $D_1 \sim D_4$의 단상전파브리지 정류회로로 정류하고, R_3에 의해 전압을 강하 시킨후 제너다이오드 ZD에 의해 일정전압 이하로 고정시킨다. UJT는 제너다이오드 양단전압 e_{ZD}에 의해 동작 하므로서 동기펄스를 발생하게 된다. 제어전원 e_{ZD}에 의해 콘덴서 전압 e_C가 피크포인트전압 V_P까지 충전되면 UJT의 에미터 베이스 B_1간이 도통되어 콘덴서전압 e_C의 방전전압이 펄스트랜스(T_r) 1차측에 인가되고, 이 방전전압(펄스전압)이 2차측에 유기되어, SCR T_1과 T_2의 게이트에 인가하게 된다. 이때 SCR T_1과 T_2중에서 순바이어스된 소자만이 도통하게 된다.

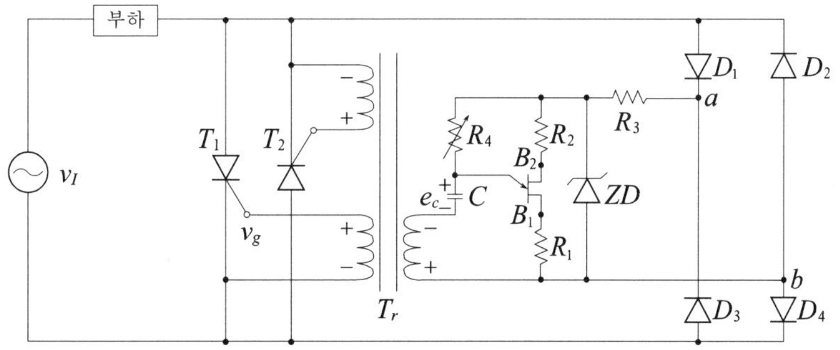

(a) 단상 교류전력 제어회로와 동기점호회로

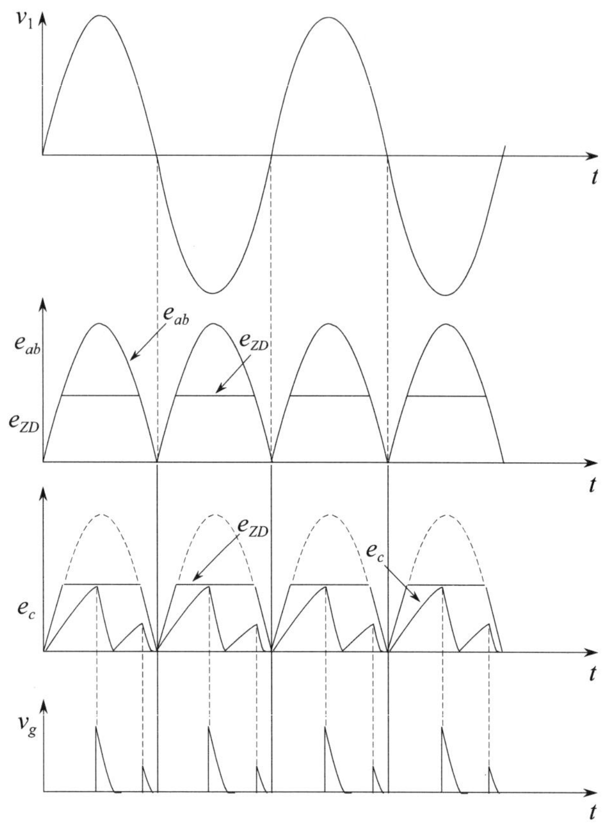

(b) 각부 파형

그림 4-7 동기점호회로와 각부파형

2 온 · 오프 제어

위상제어시와 동일한 그림 4-3과 같은 단상 교류전력변환회로에서 사이리스터 스위치(T_1과 T_2)를 어떤 일정주기내에서 일정시간 턴 · 온 하고, 나머지 일정시간은 턴 · 오프 하는 동작상태를 반복하는 방식을 온 · 오프제어 또는 사이클 세렉숀(Cycle Selection)제어 방식이라 한다. 이 제어 방식은 그림 4-8과 같이 제어주기 T(이 경우 5 cycle)를 고정하고 도통시간 N을 가변하여 출력을 제어하는 것이 기본이다.

출력전압 v_2의 실효치 V_{2r}는

$$V_{2r} = \sqrt{\frac{1}{T}\int_0^N v_1^2 dt} = V\sqrt{\frac{N}{T}} \tag{4-36}$$

가 되고, 출력전력 P_2는

$$P_2 = \frac{V_{2r}^2}{R} = \frac{V^2}{R}\frac{N}{T} = P_0\frac{N}{T} \tag{4-37}$$

가 되며, 여기에서 $P_0 = \frac{V^2}{R}$는 $N = T$일 때의 출력전력이다.

온·오프 제어방식은 도통기간 N을 일정히 하고 주기 T를 가변하는 방식, 또 비도통기간 $T-N$을 일정히 하고 주기 T를 가변하는 방식 등이 생각되지만, 전력변환이라는 관점에서 주기 T를 가변하는 것은 한계가 있다.

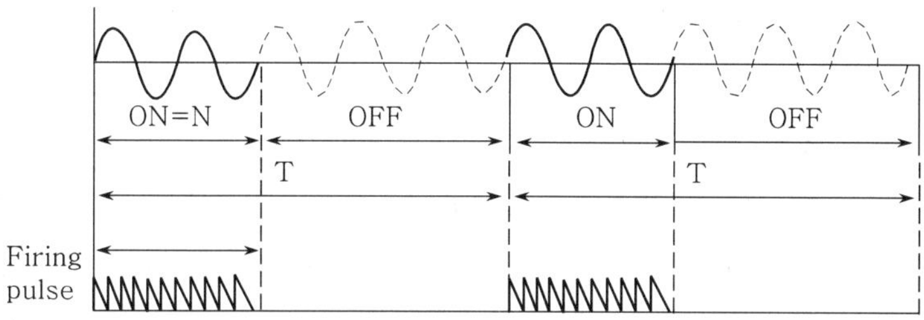

그림 4-8 온·오프제어 방식의 원리

또한 온·오프 제어방식에서 출력전류는 분수조파에서부터 고조파까지 포함되므로 실제 적용상 주의를 요한다. 이 경우 고조파에 의한 유도장해 및 분수조파에 의한 전등의 플리커(flicker)의 원인이 될 가능성이 있다. 특히 전원 혹은 부하에 철심을 갖는 전자기기가 있는 경우에는 그림 4-9의 (b)와 같이 정(+), 부(-) 양 파의 수를 같게 하여 편자현상을 방지해야 한다. 이러한 제어를 우수파제어(도통된 반파가 우수개)라 한다.

또한 유도장해를 방지하기 위하여 그림 4-9와 같이 순시전압이 항상 0(zero)일 때 온·오프되어야 하는데 이것을 제로크로싱(zero crossing)제어라 한다.

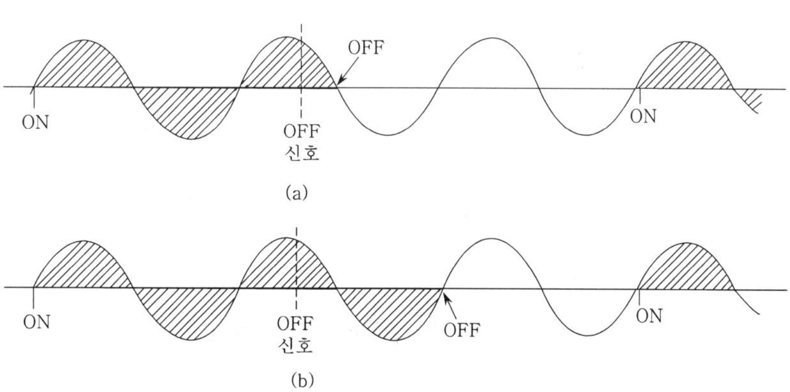

그림 4-9 기수파와 우수파

그림 4-10은 제어회로인 게이트부와 부하측을 전기적으로 절연하기 위하여 변압기를 사용한 단상교류전력제어회로이다. 이 회로에서 우수파제어 및 제로크로싱제어에 의해 그림 4-9(b)와 같은 출력파형을 얻기 위한 제어과정을 고찰한다. 이 제어회로는 IC소자를 사용하면 구성이 간단하고, 동기펄스는 아날로그로 구성하면 용이하다. 이 제어회로에서 발생하는 신호과정을 표시하면 그림 4-11과 같다.

그림에 있어, Ⓐ, Ⓑ에서 ON, OFF 신호를 준다. 이 사이를 연속되는 제어신호(制御信號) Ⓒ를 만든다. 또, 교류전압(交流電壓)이 0에서 (+)로 입상(立上)하는 시점에서 동기펄스 Ⓓ를 만들고 Ⓒ와 Ⓓ신호를 그림 4-8의 AND 회로에 가한다. Ⓒ, Ⓓ가 동시에 들어올 때 AND회로에 출력(出力)이 나온다. 이 출력을 모노멀티(monomulti)회로에서는 펄스입력에 대해 미리 설정한 시간폭(우수파 시간)의 펄스를 출력으로 얻을 수 있다. 여기서 T_1은 정(正)의 반파(半波)일 때 도통(道通)한다고 하면 게이트(gate)에서는 Ⓔ의 θ폭 펄스를 준다. T_2는 일단 T_1이 온되면 반드시 다음의 반사이클(부)에서 온이 되어야 하므로(우수파 제어이기 때문에) 모노멀티(monomulti)회로는 8.3[ms](60Hz의 경우) $+\theta$의 폭 Ⓕ를 내도록 한다. 이 때의 출력파형은 온신호를 준 곳으로부터 반사이클 이상 지연된다. 따라서, 연응성(連應性)을 요구하는 용도에는 부적당하다.

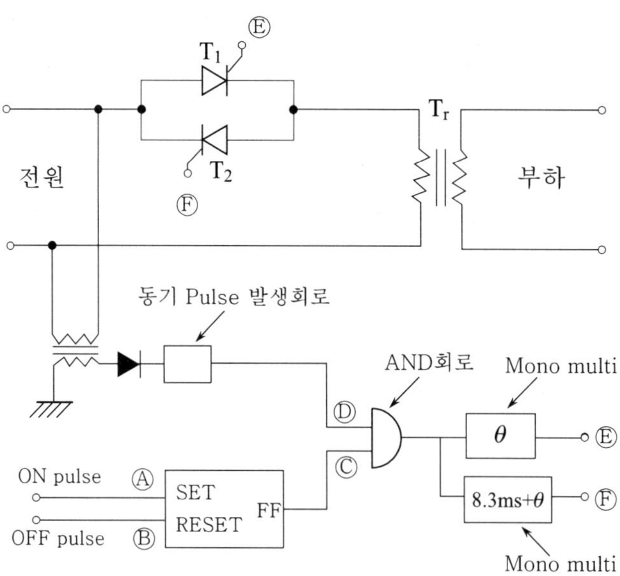

그림 4-10 전력변환회로와 제어회로

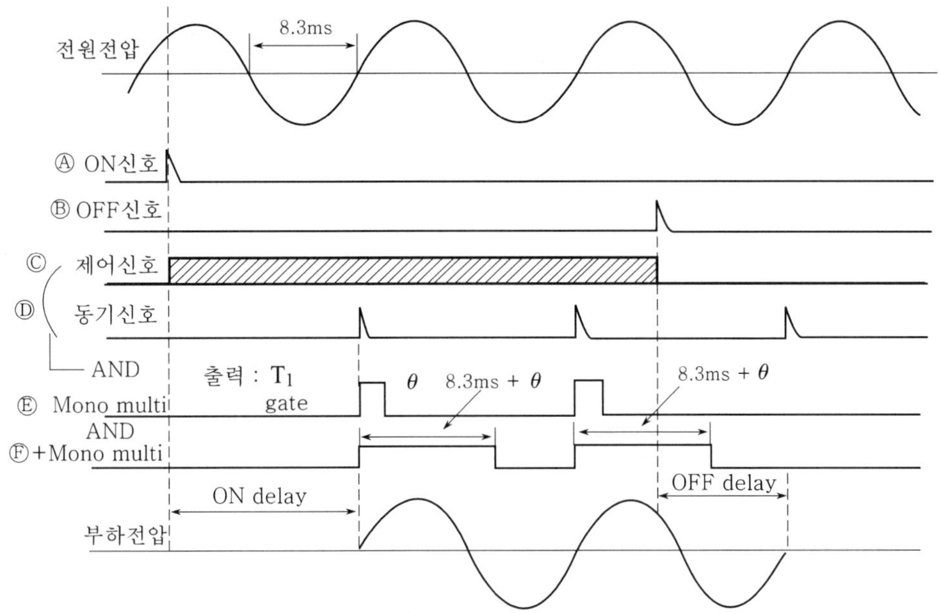

그림 4-11 우수파 및 제로전압제어

3 부분전압제어

교류전압(交流電壓)을 제어하는 경우, 제어각 α를 크게 하여 제어하면 역률(力率)이 낮아진다. 이것을 적게 억제하기 위해서 그림 4-12에 표시하는 방법이 생각된다. 즉, 변압기의 2차의 탭을 2에서 1로 절환(切換)하면, 출력전압(出力電壓)은 그림 4-12(b)와 같이 되고, 전압조정(電壓調整)의 목적에 부합된다. 이 방식은 고조파(高調波)를 발생하지 않고, 또 제어도 간단하다는 장점을 가지고 있으나, 전압조정이 세밀하지 못한 결점이 있다.

부하회로에 인덕턴스가 없는 경우, 만일 사이리스터 T_1과 T_1'가 턴·오프하고, T_2와 T_2'가 각 반주기초(伴週期初)에 도통하면 다음과 같다.

$$i_{22}' = \frac{\sqrt{2}\,V_{s2}}{R}\sin\theta \tag{4-38}$$

T_1이 $\theta = \alpha$에서 턴·온하면

$$v_{11}' = 0, \qquad \alpha < \theta < \pi \tag{4-39}$$

가 되고 T_1, T_2를 포함한 회로에서 다음과 같이 된다.

$$v_{22}' = -v_{s1} \tag{4-40}$$

이 되고, T_2는 턴・오프한다.

$\theta=\pi$에서 T_1은 턴・오프하고, T_2'는 턴・온된다. $\omega t=\pi+\alpha$에서 T_1'가 턴・온 되면

$$v_{11}' = 0, \qquad \pi+\alpha < \theta < 2\pi \tag{4-41}$$

가 된다. 그리고 T_1'와 T_2'를 포함한 회로에서 위와 같은 방법으로 T_2'가 오프된다. 이와 같이 전주기(全週期)에 대해 교대로 되풀이함으로써 그림 4-12(b)와 같이 v_2는 $v_{s2} < v_2 < v_{s2}+v_{s1}$ 범위 내의 출력전압을 발생한다.

출력전압 v_2의 실효치 v_{2r}를 구하면

$$V_{2r} = \sqrt{\frac{1}{2\pi}\int_0^{2\pi} v_2^2 d\theta} = \sqrt{\frac{1}{\pi}\left[\int_0^{\alpha}(\sqrt{2}\,V_{s2}\sin\theta)^2 d\theta + \int_{\alpha}^{\pi}\left[\sqrt{2}\,(V_{s1}+V_{s2})\sin\theta\right]^2 d\theta\right]}$$
$$= \sqrt{\frac{V_{s2}^2}{\pi}\left(\alpha - \frac{\sin 2\alpha}{2}\right) + \frac{(V_{s1}+V_{s2})^2}{\pi}\left(\pi - \alpha + \frac{\sin 2\alpha}{2}\right)} \tag{4-42}$$

가 된다.

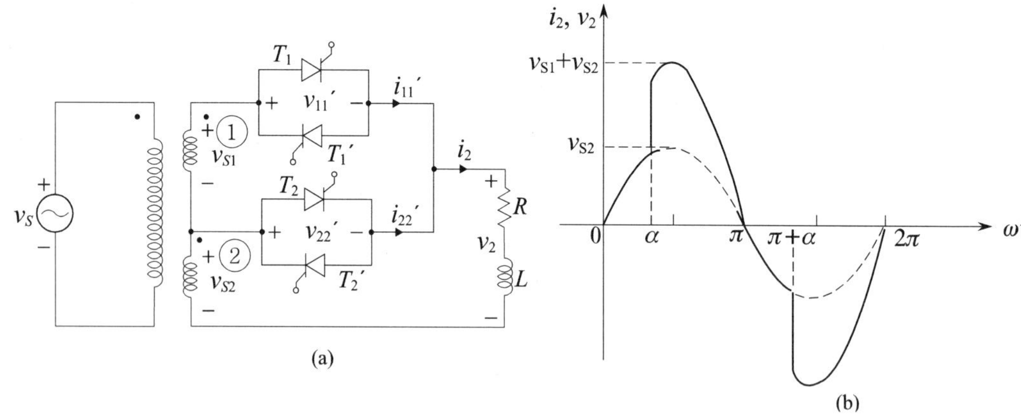

그림 4-12 부분전압제어회로와 출력전압파형

4-2 3상 교류전력변환

3상 교류전력변환에서는 순저항부하를 갖는 위상제어에 의한 방식만을 고찰한다.

그림 4–13은 3상 AC–AC 위상제어 방식의 컨버터 회로도와 게이트 신호 및 지연각 α가 120°, 60°, 30°일 경우의 각부의 전압파형을 나타낸다. 그림 4–13(a)의 회로도에서 6개의 SCR은 교류 3상 전원으로부터 Y 결선된 저항부하에 공급되는 교류전력을 제어하기 위해 적절히 온·오프된다. 평형대칭 부하전력을 공급하기 위한 각 SCR의 턴온은 그림 4–13(b)의 게이트 신호에 따라 이루어진다. T_1과 T_6를 동시에 턴온하면 v_{AB}가, T_1과 T_2를 턴온하면 v_{AC}가 출력되므로 전원전압의 상순(order of phase)이 A→B→C일 때 v_{AB}, v_{AC}, v_{BC}, …순으로 출력되기 위해서는 그림 4–13(b)처럼 60°간격으로 2개의 SCR을 동시에 순차적으로 턴온한다.

만약 T_1과 T_6가 α에서 턴온되면 T_2는 $\alpha+\frac{\pi}{3}$에서 턴온된다. 이때 T_1에도 게이트 신호를 다시 인가한다. 지연각 α를 가변함에 따라 출력전압이 가변되며 α의 변화에 무관하게 그림 4–13(b)의 순차적인 게이트 신호 패턴은 일정하다. 교류 3상 전원전압의 상전압을

$$\nu_{AN}=\sqrt{2}\,V\sin\theta \tag{4-43}$$

$$\nu_{BN}=\sqrt{2}\,V\sin\left(\theta-\frac{2}{3}\pi\right) \tag{4-44}$$

$$\nu_{CN}=\sqrt{2}\,V\sin\left(\theta-\frac{4}{3}\pi\right) \tag{4-45}$$

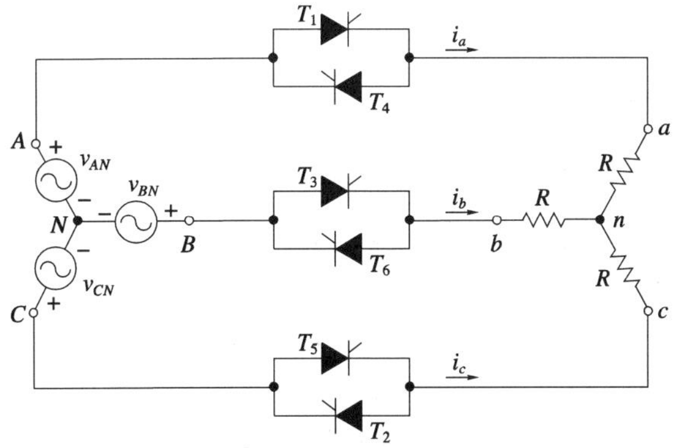

(a) 회로

그림 4–13(계속)

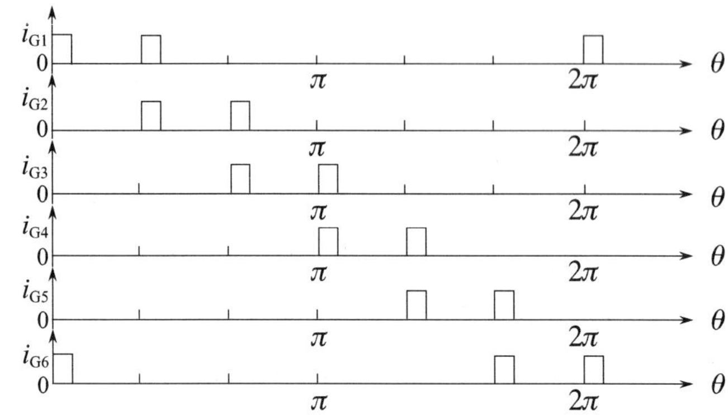

(b) 게이트 신호

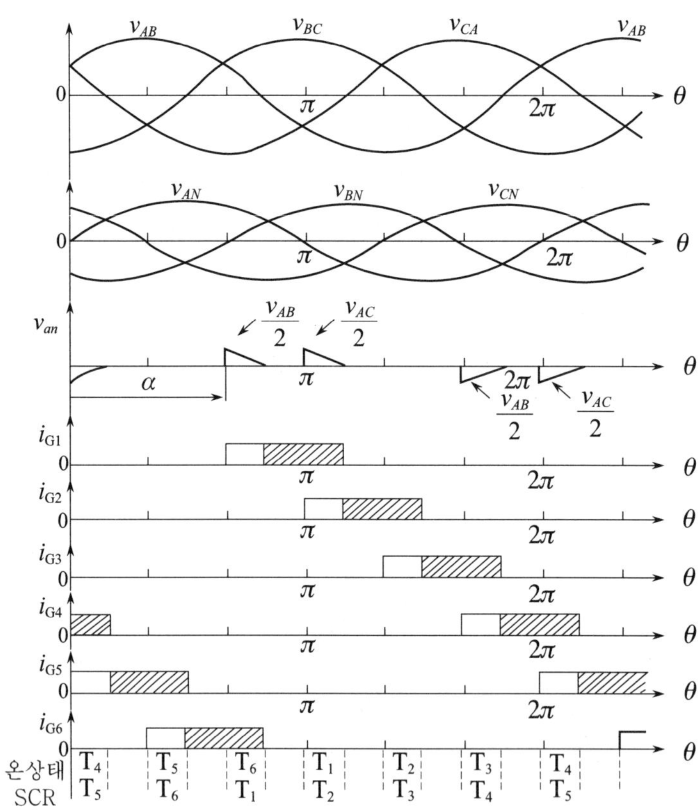

(c) $\alpha=120°$

그림 4-13(계속)

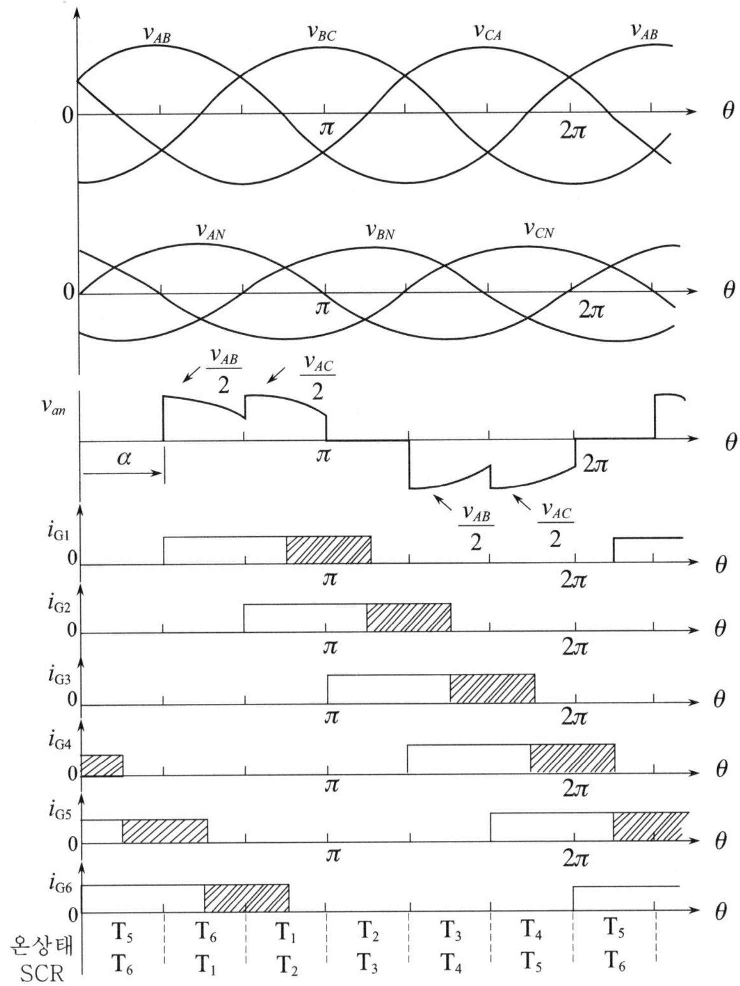

(d) $\alpha=60°$

그림 4-13(계속)

라 두면 선간전압은

$$v_{AB} = \sqrt{6}\,V\sin\left(\theta + \frac{\pi}{6}\right) \tag{4-46}$$

$$v_{BC} = \sqrt{6}\,V\sin\left(\theta - \frac{\pi}{2}\right) \tag{4-47}$$

$$v_{CA} = \sqrt{6}\,V\sin\left(\theta - \frac{7}{6}\pi\right) \tag{4-48}$$

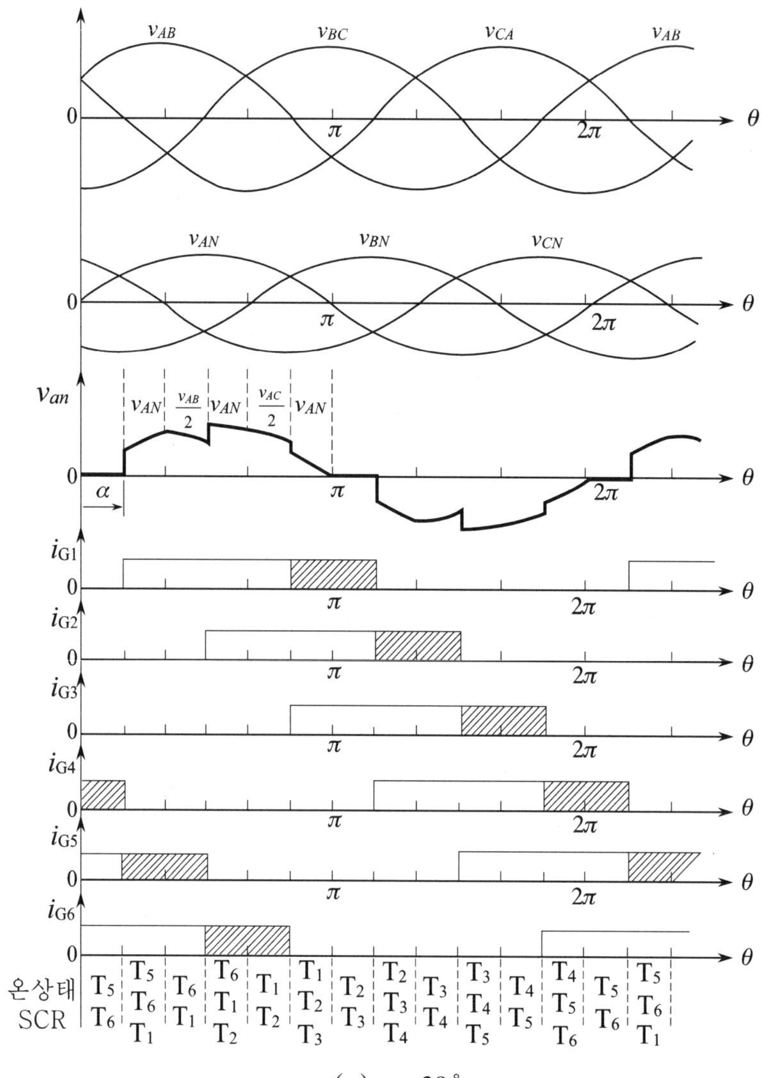

(e) $\alpha=30^\circ$

그림 4-13 3상 위상제어 전력변환 회로 및 각부 파형(Y결선)

가 된다.

그림 4-13(c)는 α가 120°인 경우, 각부의 전압파형과 게이트 신호 및 온 상태에 있는 SCR을 나타내고 있다. $\theta = 120°$에서 T_1과 T_6를 턴온하면 선간전압 v_{AB}가 양(+)이 되므로 A상에서 B상으로 전류가 흐른다. 따라서 출력 상전압 v_{an}은 $\frac{v_{AB}}{2}$가 된다. 그런데,

$\theta > 150°$ 이면 v_{AB}가 음(−)이 되므로 T_1과 T_6는 턴오프되어 출력전압은 0이다. 따라서 출력전압을 제어할 수 있는 범위는

$$0° < \alpha < 150° \tag{4-49}$$

이다.

그림 4-13(c)~(e)에서 게이트 신호 $i_{G1} \sim i_{G6}$는 각 SCR이 단지 온 상태로 있을 수 있는 경우를 의미하며 게이트 신호가 있다고 해서 반드시 항상 온 상태가 되지는 않는다. 예를 들어, i_{G1}은 $\frac{2}{3}\pi$에서 $\frac{7}{6}\pi$동안 T_1의 온신호를 나타내지만 T_1은 $\frac{2}{3}\pi \sim \frac{5}{6}\pi$, $\pi \sim \frac{7}{6}\pi$ 동안 온되고 $\frac{5}{6}\pi \sim \pi$동안 오프된다. 그리고 게이트 신호에서 빗금친 부분은 SCR이 온 상태가 될 수는 있지만 제어 가능한 α의 범위는 아님을 의미한다.

그림 4-13(c)에서는 2개의 SCR이 동시에 온되는 구간과 모두 오프되는 구간이 번갈아 나타나는데, 이러한 동작은 α가 $90° < \alpha < 150°$ 범위 내에서 이루어진다. α가 90° 이하로 되면 SCR이 모두 오프되는 구간은 없어지는데, 이것은 출력전류가 연속이기 때문이다. 그림 4-13(d)는 $\alpha = 60°$ 인 경우를 나타낸다. 이 경우는 항상 SCR이 2개씩 온 상태로 된다. α가 $60° \le \alpha \le 90°$ 범위에서는 2개의 SCR이 온 상태로 됨을 알 수 있다. 그림 4-13(d)를 보면, $\frac{\pi}{3} \le \theta \le \frac{2}{3}\pi$구간에서 T_1과 T_6가 온되어 v_{AB}가 출력되며, 출력 상전압 v_{an}은 $\frac{v_{AB}}{2}$가 됨을 알 수 있다.

α가 60° 이하로 되면 동작모드가 하나 더 발생한다. 그림 4-13(e)는 $\alpha = 30°$인 경우를 나타낸다. α가 $0° < \alpha < 60°$인 범위에서는 2개 또는 3개의 SCR이 교대로 동시에 온 상태가 된다. 3개의 SCR이 온되는 구간은 3상의 입력과 출력이 바로 연결된 경우와 동일하다. 그림 4-13(e)에서 출력 상전압 v_{an}의 형성과정을 살펴보면 다음과 같다.

(1) $0 \le \theta < \frac{\pi}{6}$; $v_{an} = 0$

T_5와 T_6가 온되어 있어, C상에서 B상으로 전류가 흐르므로 a상 출력에는 전류의 흐름이 없다. 따라서, $v_{an} = 0$

(2) $\frac{\pi}{6} \le \theta < \frac{\pi}{3}$; $v_{an} = v_{AN}$

T_1, T_5, T_6가 온되어 있으므로 입력전원과 출력이 직접 연결된 것과 동일하다. 따라서, 출력 상전압 v_{an}은 입력 상전압 v_{AN}과 같다.

(3) $\frac{\pi}{3} \leq \theta < \frac{\pi}{2}$: $v_{an} = \frac{v_{AB}}{2}$

T_1과 T_6가 온되어 있으므로 A상에서 B상으로 전류가 흐른다. 따라서 출력 상전압 v_{an}은 v_{AB}의 $\frac{1}{2}$이다.

(4) $\frac{\pi}{2} \leq \theta < \frac{2}{3}\pi$: $v_{an} = v_{AN}$

T_1, T_2, T_6가 온되어 있으므로 (2)의 경우와 같다.

(5) $\frac{2}{3}\pi \leq \theta < \frac{5}{6}\pi$: $v_{an} = \frac{v_{AC}}{2}$

T_1과 T_2가 온되어 있으므로 A상에서 C상으로 전류가 흐른다. 따라서, 출력 상전압 v_{an}은 v_{AC}의 $\frac{1}{2}$이다.

(6) $\frac{5}{6}\pi \leq \theta < \pi$: $v_{an} = v_{AN}$

T_1, T_2, T_3가 온되어 있으므로 (2)의 경우와 같다.

$\alpha = 0°$인 경우는 항상 3개의 SCR이 동시에 턴온되므로 3상 교류입력과 출력이 바로 연결된 것과 동일하여 SCR이 모두 단락된 것과 같이 동작한다.

그림 4-14(a)는 SCR과 부하가 델타 결선된 경우의 회로도이고 (b)는 $\alpha = 120°$일 경우 게이트 신호와 출력전류 파형을 나타낸다. 저항부하인 경우이므로 출력전류 파형과 출력전압 파형은 같으며 지연각 α에 따른 출력전압의 실효값을 구하면 다음과 같다. 먼저, 전원전압을

$$v_{AB} = \sqrt{2}\, V\sin\theta \tag{4-50}$$

$$v_{BC} = \sqrt{2}\, V\sin\left(\theta - \frac{2}{3}\pi\right) \tag{4-51}$$

$$v_{CA} = \sqrt{2}\, V\sin\left(\theta - \frac{4}{3}\pi\right) \tag{4-52}$$

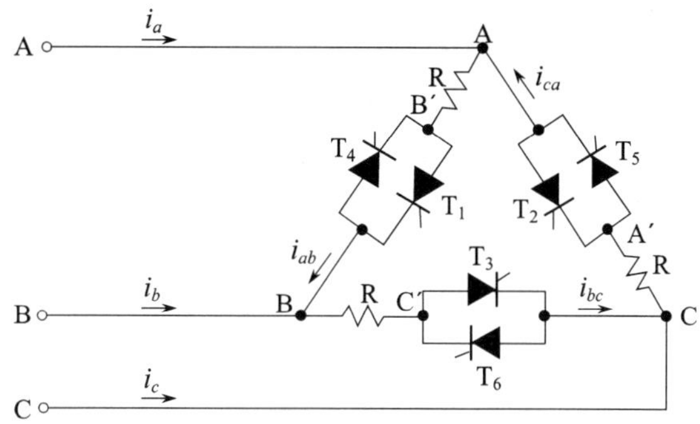

(a) 회로

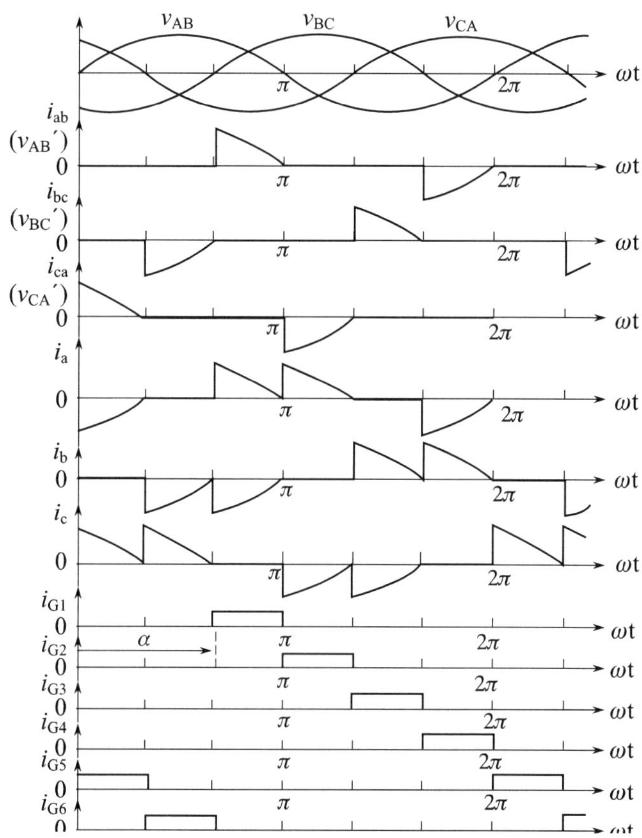

그림 4-14 3상 위상제어 전력변환 회로 및 각부파형(△결선)

라 두면, A-B상의 저항 R 양단의 출력전압 $v_{AB'}$의 실효값 V_o는

$$V_0 = \sqrt{\frac{1}{2\pi}\int_0^{2\pi} v_{AB'}^2\, d\theta} = \sqrt{\frac{1}{\pi}\int_\alpha^{\pi}(\sqrt{2}\,V\sin\theta)^2 d\theta}$$

$$= V\sqrt{\frac{1}{\pi}\left(\pi - \alpha + \frac{\sin 2\alpha}{2}\right)} \qquad (4-53)$$

가 되고, V_0의 최대값은 $\alpha = 0$일 때 V가 되며, 지연각 α의 제어범위는

$$0 \le \alpha \le \pi \qquad (4-54)$$

이다.

그림 4-14(b)에서 각 상전류와 선전류간에는

$$i_a = i_{ab} - i_{ca} \qquad (4-55)$$

$$i_b = i_{bc} - i_{ab} \qquad (4-56)$$

$$i_c = i_{ca} - i_{bc} \qquad (4-57)$$

의 관계에 있다.

4-3 사이클로 컨버터

4-1과 4-2에서 다룬 위상제어 방식의 AC-AC 컨버터는 출력전압의 제어는 가능하지만 주파수는 고정된다. 교류 출력전압뿐 아니라 주파수도 가변하기 위해서는 교류전원을 직류로 변환하고 다시 교류로 변환하는 간접변환방식을 주로 사용한다.

사이클로컨버터는 교류를 교류로 직접변환하면서 전압과 주파수를 동시에 가변하는 전력변환기이다. 사이클로컨버터는 출력주파수가 낮은 영역에서 많은 장점이 있으므로 시멘트공장의 분쇄기 등과 같이 대용량(수십MW) 저속 교류전동기 구동에 주로 사용된다. 사이클로컨버터에도 여러 종류와 방식이 있으나 여기서는 단상과 3상에 대하여 기본동작 원리만 간단히 소개한다.

1 단상 사이클로컨버터

그림 4-15는 단상 사이클로컨버터의 회로도와 입출력 전압파형을 나타낸다. 그림 4-15(a)에서 P-컨버터와 N-컨버터는 각각 단상 전파 위상제어 정류기로 동작한다. 각 컨버터는 출력전압의 크기는 같고 극성은 서로 반대가 되도록 동작한다. P-컨버터가 단독

으로 동작하면 출력전압의 평균값은 양(+)이 되고 N-컨버터가 단독으로 동작하면 출력전압은 음(-)이 된다. 그림 4-15(b)에서 각 컨버터는 $\frac{T_0}{2}$씩 동작하므로 출력전압의 기본파 주파수 f_0는 $\frac{1}{T_0}$이 되고, 이때 전원주파수가 60[Hz]라면 f_0는 20[Hz]이다.

단상 사이클로컨버터의 동작원리는 P-컨버터와 N-컨버터를 주기적으로 교대로 동작시키는 것이다. P-컨버터와 N-컨버터를 동시에 동작시키면서 두 컨버터의 순환전류를 억제하기 위해 인덕터를 추가하여 사용할 수도 있다.

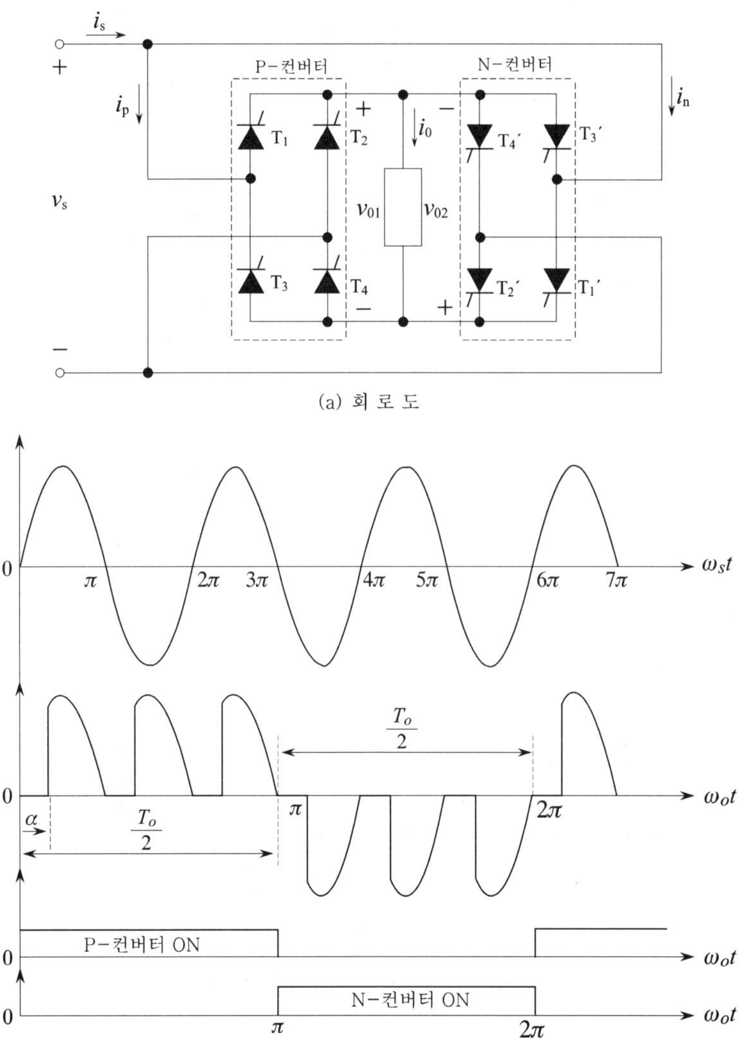

(a) 회 로 도

(b) 파 형 (f_s=60Hz, f_o=20Hz)

그림 4-15 단상 사이클로컨버터

그림 4-15(b)의 출력전압 파형에 포함된 고조파 성분을 줄여서 정현파에 가까운 파형을 만들기 위한 방법의 하나로 그림 4-16처럼 SCR의 온 구간을 가변할 수 있다. 지연각 $\alpha_1, \alpha_2, \alpha_3$는 전원전압 v_s의 여현신호(cosine signal) $\sqrt{2}\,V\cos\omega_s t$와 출력전압을 결정하기 위한 기준신호(reference signal) $\sqrt{2}\,V_r\sin\omega_0 t$를 비교하여 얻을 수 있다.

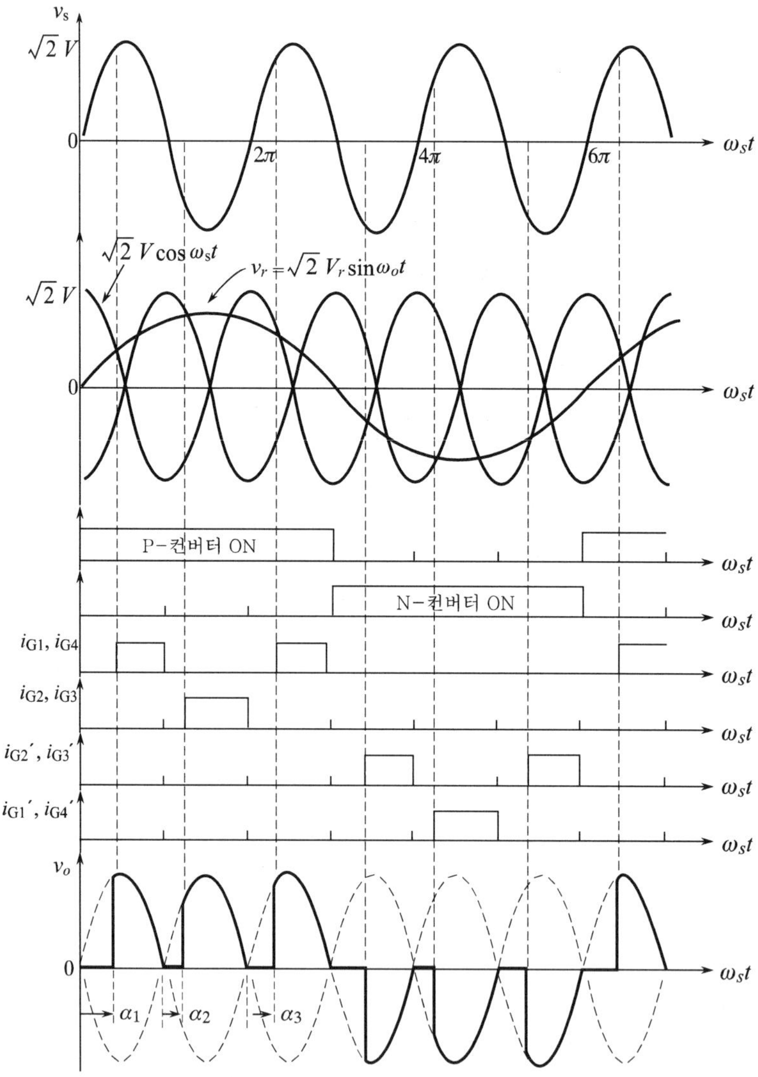

그림 4-16 SCR 게이트 신호 발생

2 3상 사이클로컨버터

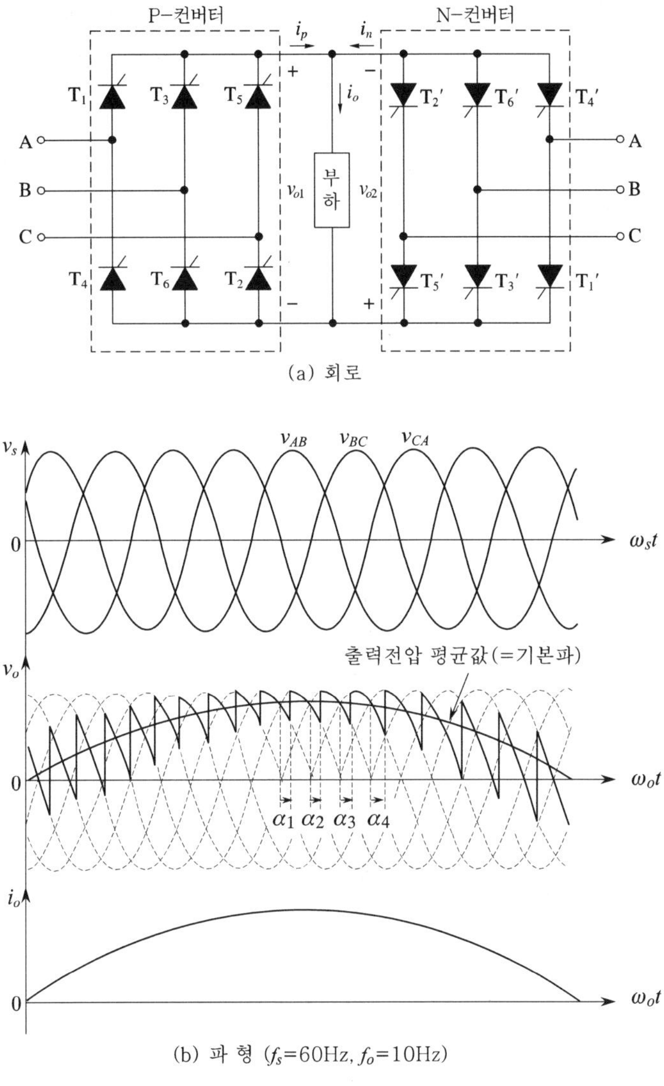

그림 4-17 3상-단상 사이클로컨버터

그림 4-17은 3상 교류전력을 단상으로 변환하는 사이클로컨버터의 회로도와 입출력 전압파형을 나타낸다. 그림 4-17(a)에서 P-컨버터와 N-컨버터는 3상 전파 위상제어 정류기로 동작하며 출력전류가 양(+)인 구간에서는 P-컨버터가, 음(-)인 구간에서는 N-컨버터가 동작한다. 기본 동작원리는 듀얼컨버터와 유사하고 그림 4-17(b)는 부하의 변위각이 0°인 경우 60Hz의 전원주파수가 10Hz로 변환되는 예를 보이고 있다. 출력전류가 양(+)

인 구간만 나타내었으므로 이 구간에서는 P-컨버터가 동작하며 출력전류는 정현파라 가정한다.

그림 4-17(b)에서 $\alpha_1 \sim \alpha_4$는 각각 v_{AB}, v_{AC}, v_{BC}, v_{BA}에 대한 지연각을 나타낸다. 즉, α_1에 대해서는 T_1과 T_6를, α_2에 대해서는 T_1과 T_2를 동시에 턴온하여 각각 v_{AB}와 v_{AC}를 출력한다. 그런데 만약 각 지연각이 모두 동일하여 $\alpha_1 = \alpha_2 = \alpha_3 = \alpha_4$이면 출력전압 파형은 3상 전파 위상제어정류회로의 출력 전압 파형과 같이 직류가 된다. 그러나 $\alpha_1 < \alpha_2 < \alpha_3 < \alpha_4 \cdots$이면 그림 4-17(b)처럼 출력전압의 기본파성분이 교류가 되어 교류출력을 얻게 된다. 나머지 반사이클 동안은 출력전류가 음(-)이므로 N-컨버터가 동작하며 동작원리는 앞에서 설명한 P-컨버터와 같다.

그림 4-18은 3상 교류전력을 3상으로 변환하는 사이클로컨버터의 회로도를 나타내며 동작원리는 3상을 단상으로 변환하는 경우와 유사하다.

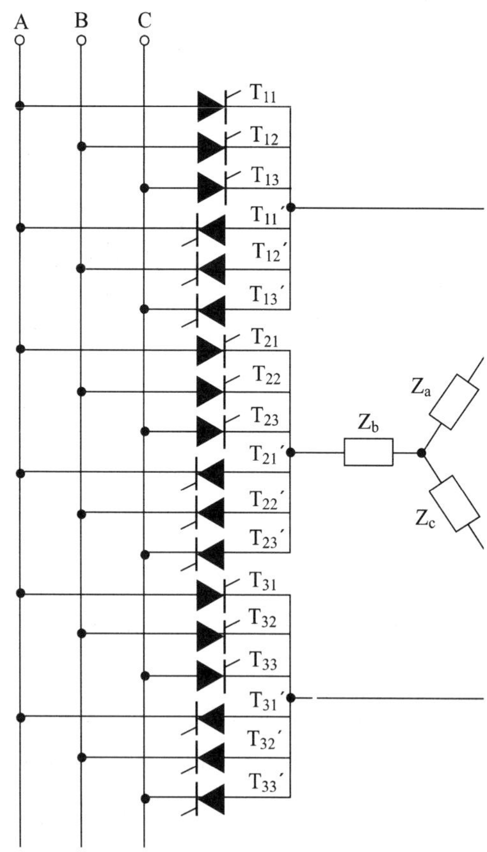

그림 4-18 3상-3상 사이클로컨버터

연습문제

1. 그림과 같은 회로에서 점호각 $\alpha=60°$일 때, 다음에 답하라.

단, $v=220\sqrt{2}\sin\theta$[V], 부하로는 저항으로 $R=10[\Omega]$ 이다.

(1) 전원전압에 대한 출력전압, 출력전류, 사이리스터 T1, T2에 흐르는 전류 파형을 시뮬레이션을 통해 확인하라

(2) 출력전압의 반파 평균값 V_a와 실효값 V_r

(3) 부하에 공급되는 전력 P

(4) 출력전류의 실효값 I_r

(5) 사이리스터 T1에 흐르는 전류의 평균값 I_{Ta}와 실효값 I_{Tr}

(6) 회로의 역률 $p.f$

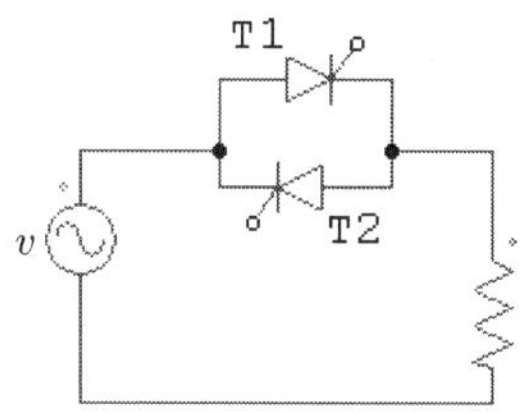

2. 위의 회로에서 50[mH]의 인덕터를 저항에 직렬로 연결하였다. 이때 교류전력을 제어하기 위한 점호각 α의 조건을 구하고, 이 점호각 α 전후각에서의 시뮬레이션을 행하라.

3. 부분전압제어를 위한 회로에서 입력전압 $v=220\sqrt{2}\sin\theta$[V], $R=22[\Omega]$, 점호각을 45°로 하였을 때, 시뮬레이션을 통해 출력전압을 확인하고 실효값을 구하라. 단 중간탭 변압기는 $v:v_{s1}:v_{s2}=1:1:1$이다. 즉 출력측의 전체는 입력의 2배이다.

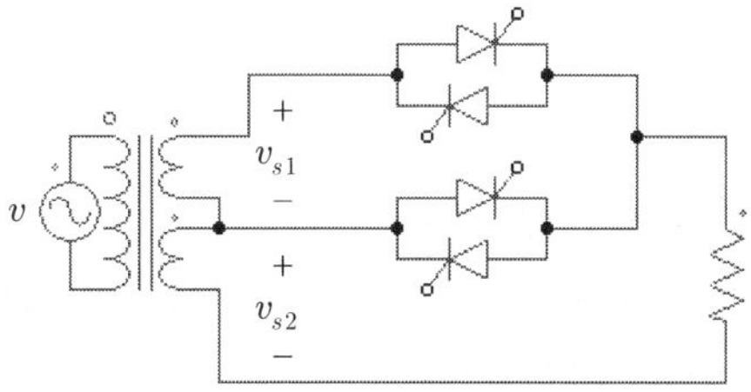

4. 다음 회로와 같이 각 선간전압의 실효값이 220[V]인 3상 Y결선을 전원으로 하는 3상 교류 전력제어 회로에서 점호각이 30°, 60°, 120°일 때의 각 상 저항 양단의 출력전압을 시뮬레이션을 통해 확인하라. 단, $R = 22[\Omega]$이다.

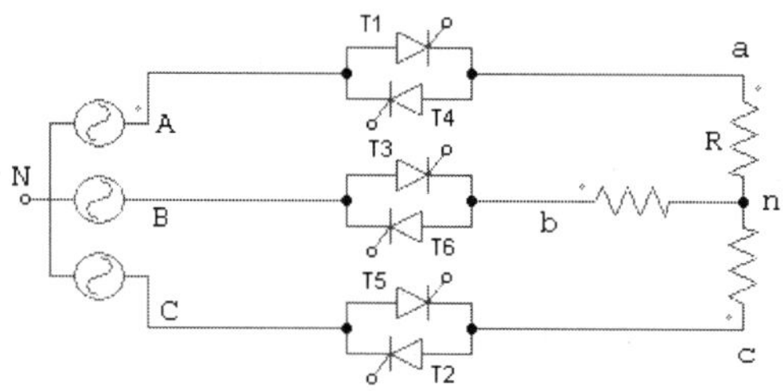

5. 다음 회로도와 같이 3상 교류전력을 제어하기 위해 사이리스터와 저항을 델타 결선하였다.

$$v_{AB} = 220\sqrt{2}\sin\theta[V]$$

$$v_{BC} = 220\sqrt{2}\sin(\theta - 120°)[V]$$

$$v_{CA} = 220\sqrt{2}\sin(\theta - 240°)[V]$$

일 때 점호각 120°, 60°, 30°에서의 각 선전류 및 상전류를 시뮬레이션을 통해 확인하고, 각각의 경우의 출력전압의 실효값을 구하라.

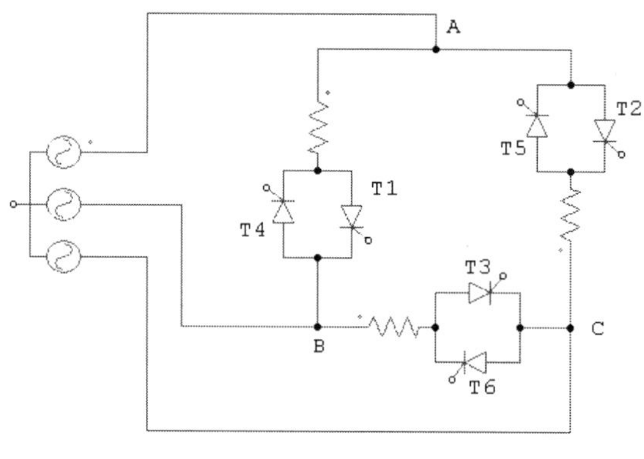

6. 다음 회로와 같은 단상 싸이클로컨버터에서 점호각을 60°로 하였을 때, 각 사이리스터가 턴온되는 각에 대해서 설명하고, 시뮬레이션을 통하여 출력파형을 확인하라. 또한 출력전압의 실효값을 구하라. 단 전원전압은 $v = 220\sqrt{2}\sin\theta[V]$, $f = 60[Hz]$, $R = 22[\Omega]$ 이다.

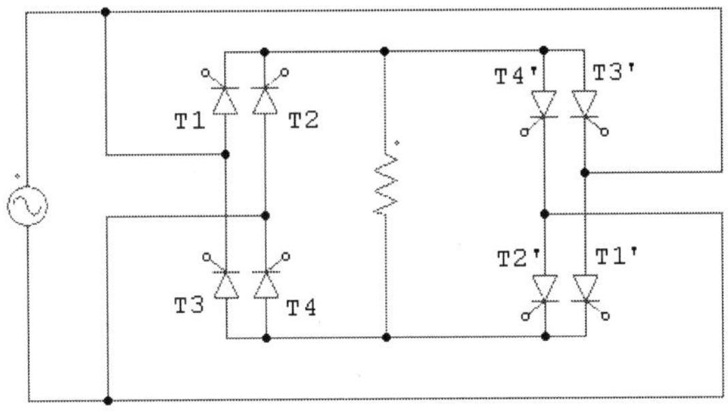
T1
T2
T3
T4
T4'
T3'
T2'
T1'

05 DC-AC 변환회로

직류를 교류로 변환하는 DC-AC 변환회로는 일반적으로 인버터라 부르고 있다. 이 인버터는 크게 타여식 인버터와 자여식 인버터로 나누고 있다. 타여식 인버터는 제 3 장 AC-DC 변환의 제어정류회로에서 인버터 동작이 가능하다는 것을 간단히 언급하였으나, 이 회로는 교류전원이 반드시 필요하며, 출력교류전원의 주파수는 사용된 교류전원 주파수로 고정된다. 그러므로 이 타여식 인버터는 전력계통의 역률보상기, 무효전력보상기 및 능동전력필터등에 응용되고 있다. 한편 자여식 인버터는 교류전원이 필요 없이, 직류전원만으로 임의의 주파수를 갖는 교류전원으로 변환하는 것으로, 교류전동기의 가변속운전, 무정전전원장치(UPS : Uninterruptible Power Supply) 및 유도가열장치 등 그 응용분야가 매우 다양하고 광범위하다. 인버터는 출력파형, 입력전원 및 구조상 아래와 같이 분류할 수 있다.

- 인버터
  - 타여식 인버터
  - 자여식 인버터
    - 구형파 인버터
      - 전압형 인버터
      - 전류형 인버터
    - 공진형 인버터
      - 직렬 인버터
      - 병렬 인버터

이 장에서는 자여식 인버터의 기본회로에 대하여 고찰한다.

5-1 단상 자여식 인버터

그림 5-1(a)는 부하와 병렬로 콘덴서 C가 접속되어 있기 때문에 병렬 인버터라 하고,

$(T_1,\ T_2')$와 $(T_2,\ T_1')$가 교대로 점호함으로써 상대의 소자들에 C의 역전압을 가해서 강제전류를 시킨다. 그 출력전압은 구형파이고, 부하와 직류 전압원 사이에 반도체 스위치에 의해 절환되므로, 이상적인 경우 그 사이에 임피던스는 0이 된다. 따라서, 부하에 전압원으로서의 일정 구형파의 교류를 공급한다. 이 인버터는 전압형과 구형파 병렬 인버터를 겸했다고 볼 수 있다.

그림 5-1(b)는 부하 R, L과 직렬로 접속된 C와 L로서 직렬공진 회로를 형성하고, 그 공진을 이용하여 T_1의 점호에 의해 정(+)의 반사이클을, T_2의 점호에 의해 부(-)의 반사이클을 발생한다. 따라서 이 인버터는 공진형, 직렬, 전압형 인버터가 된다. 역사적으로는 병렬 인버터나 직렬 인버터가 오래 전부터 알려져 있었다. 그러나 턴·오프 시간이 짧은 반도체 소자의 출현에 따라 주류는 전자로 옮겨지고 있다.

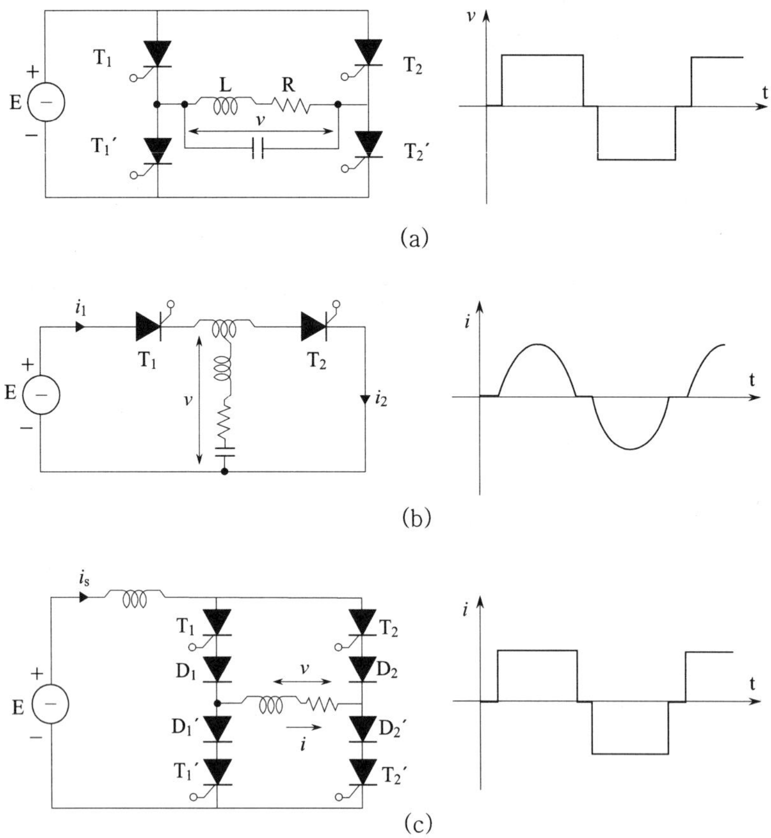

그림 5-1 인버터의 종류

그림 5-1(c)와 같이 직류쪽에 리액터 L이 삽입되어 있어, 부하쪽에서 볼때 전류원이

되고 전류형 인버터라고 한다. 이 인버터의 출력전류가 구형파가 되는 것이 큰 특징이다.

1 전압형 브리지 인버터

그림 5-2(a)에 $R-L$부하를 갖는 전압형 브리지 인버터를 표시한다. 여기에서 반도체 소자 T는 BJT, MOSFET, IGBT, GTO, MCT 등 자기소호 소자를 사용하면 편리하다. 그림 5-2(b)는 구형파 출력전압과 소자도통 패턴을 표시하고, (c)는 준구형파 출력전압과 소자도통 패턴을 표시한다.

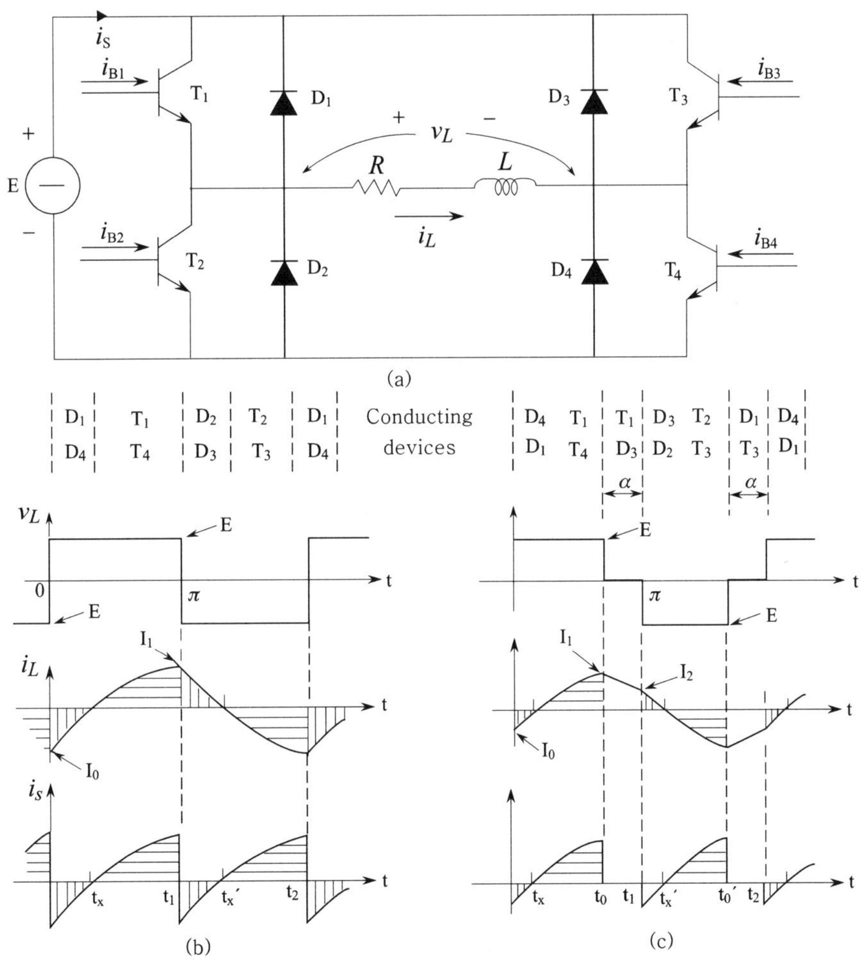

▌그림 5-2 전압형 브리지 인버터

① 구형파 출력

우선 그림 5-2(b)의 시간 t_x에서 T_1과 T_4가 도통되면 부하전류 i_L는 지수함수적으로 증가한다.

이때의 회로방정식은

$$L\frac{di_L}{dt} + Ri_L = E \tag{5-1}$$

이 된다. 이때 출력전압 v_L은 입력전압 E가 된다. 시간 t_1에서 T_1과 T_4를 오프시키게 되는데, 이때 부하 L에는 I_1의 전류가 흐르고 있어 $\frac{1}{2}LI_1^{\ 2}$의 에너지가 축적되어 있다. 그러므로 T_2와 T_3에 베이스 전류 i_{B2}와 i_{B3}가 흘러도 도통되지 않고, 부하전류 i_L은 D_3와 D_2가 도통되어 전원측에 에너지를 회생하게 되며, 출력전압 v_L은 역방향 전압이 된다. 이 때의 회로방정식은

$$L\frac{di_L}{dt} + Ri_L = -E \tag{5-2}$$

가 된다. 여기서 출력전압 v_L은 역방향의 구형파가 되며, 크기는 E가 된다. 식 (5-1)에서

$$i_L = \frac{E}{R} + Ae^{-\frac{R}{L}t} \tag{5-3}$$

가 되며, 초기조건으로 $t=0$일때 $i_L = -I_0$인 조건을 상식에 대입하여 적분상수 A를 구하면 다음과 같다.

$$-I_0 = \frac{E}{R} + A \Rightarrow \therefore A = -\frac{E}{R} - I_0 \tag{5-4}$$

이 식을 식 (5-3)에 대입하면

$$i_L = \frac{E}{R}(1 - e^{-\frac{R}{L}t}) - I_0 e^{-\frac{R}{L}t} \tag{5-5}$$

가 된다. 다음의 반주기 $t_1 < t < t_2$에서는 식 (5-2)로부터

$$i_L = -\frac{E}{R} + Be^{-\frac{R}{L}t} \tag{5-6}$$

가 되며, 초기조건으로 $t = t_1$일 때 $i_L = I_1$인 조건으로 적분상수 B를 구하여 대입하면 다음과 같이 된다.

$$i_L = -\frac{E}{R}(1 - e^{-\frac{R}{L}(t-t_1)}) + I_1 e^{-\frac{R}{L}(t-t_1)} \tag{5-7}$$

초기치 I_0와 I_1은 $|I_0| = |I_1|$의 관계가 되고, I_1은 식 (5-5)에서 $t = t_1$일 때 $i_L = I_1$인 관계로부터 I_1을 구하면 다음과 같다.

$$I_1 = \frac{E}{R} \cdot \frac{1 - e^{-\frac{R}{L}t_1}}{1 + e^{-\frac{R}{L}t_1}} \tag{5-8}$$

그리고 정상상태에서 부하전력의 평균치는

$$P = \frac{1}{t_1}\int_0^{t_1} E i_L dt \, [\mathrm{W}] \tag{5-9}$$

가 된다. 여기에서 i_L은 식 (5-5)에서 주어진다.

2 준구형파 출력

구형파 출력시의 소자는 T_1과 T_4가 동시에 온·오프하고, 이것과 180°의 위상차를 갖고 T_2와 T_3가 동시에 온·오프하는 제어 패턴이었다. 이것에 비해 준구형파 출력시의 소자의 도통상태는 그림 5-2(c)의 상부에 표시한바와 같다. 시간 t_x에서 T_1과 T_4가 동시에 도통되는 것은 구형파 출력시와 동일하며, $t = t_0$에서 T_4(또는 T_1)를 오프시키면 부하전류 i_L은 D_3와 T_1(또는 T_4와 D_2)을 통하여 환류한다. 이때의 회로방정식은

$$L\frac{di_L}{dt} + Ri_L = 0 \tag{5-10}$$

가 된다. 즉 출력측 양단의 전압은 0(Zero)이다.

다음 $t = t_1$에서 소자 T_1을 또 오프시키면 부하전류 i_L은 $D_3 - E - D_2$의 경로로 전원에

에너지를 회생한다. 이때 출력측 전압은 역방향이 된다. 부하전류가 0(Zero)가 된 시점 $t=t_x'$에서 비로서 상대방 소자 T_2와 T_3가 도통하게 되어 역방향의 전류 i_L이 지수함수적으로 증가한다.

준구형파 전압인 출력전압 v_L의 실효치 V_r은

$$V_r = \sqrt{\frac{1}{\pi}\int_0^{\pi-\alpha} v_L^2 d\theta} = \sqrt{\frac{1}{\pi}\int_0^{\pi-\alpha} E^2 d\theta} = E\sqrt{1-\frac{\alpha}{\pi}} \tag{5-11}$$

이 되며, 부하전류 i_L은 다음과 같다.

① $0< t< t_0$**의 구간** : 이 구간에서는 구형파 출력시의 식 (5-5)와 동일하다.

② $t_0< t< t_1$**의 구간** : 식 (5-10)으로부터

$$i_L = I_1 e^{-\frac{R}{L}(t-t_0)} \tag{5-12}$$

③ $t_1< t < t_0'$**의 구간** : 식 (5-6)로부터

$$i_L =-\frac{E}{R}(1-e^{-\frac{R}{L}(t-t_1)})+I_2 e^{-\frac{R}{L}(t-t_1)} \tag{5-13}$$

이 경우 정상상태에서 부하전력의 평균치는

$$P=\frac{1}{t_1}\int_0^{t_0} Ei_L dt[\mathrm{W}] \tag{5-14}$$

가 되며, 여기에서 i_L은 식(5-5)에서 주어진다.

여기에서 출력파형은 구형파이므로 고조파를 함유하게 된다. 이 구형파는 정현파에 가까운 파형을 얻기 위하여 여러 가지 방법을 사용하게 되는데. 인버터의 출력파형의 평가는 파형의 고조파 함유량에 의존하게 된다.

(1) 고조파율(harmonics factor)

파형에 포함된 고조파 V_n(n차 고조파)에 대한 기본파 V_1과의 비를 말하며, 다음과 같이 정의한다.

$$HF_n = \frac{V_n}{V_1} \tag{5-15}$$

(2) 전고조파 왜형률(total harmonic distortion)

전고조파에 대한 기본파의 비율을 말하고 다음과 같이 정의한다.

$$THD = \frac{1}{V_1}\left(\sum_{n=2}^{\infty} V_n{}^2\right)^{\frac{1}{2}} \tag{5-16}$$

그리고 순시출력전압 {그림5-2(b)의 v_L}은 푸리에 급수로 전개하여

$$v_L = \sum_{n=1,3,5}^{\infty} \frac{4E}{n\pi} \sin n\theta \tag{5-17}$$

로 표시하며, 여기에서 출력전압의 기본파 실효치는 식 (5-17)으로부터 다음과 같다.

$$V_1 = \frac{4E}{\sqrt{2}\,\pi} = 0.9E \tag{5-18}$$

(3) 왜형률 (distortion factor)

전고조파 왜형률(THD)에서 특정조파의 영향을 알기 위하여 그 조파수 n은 THD에서 n^2으로 나누어서 다음과 같이 정의한다.

$$DF = \frac{1}{V_1}\left[\sum_{n=2}^{\infty}\left(\frac{V_n}{n}\right)^2\right]^{\frac{1}{2}} \tag{5-19}$$

(4) 출력전압의 실효치

그림 (5-2) (b)에서 출력전압 v_L의 실효치 V_r은 다음과 같다.

$$V_r = \sqrt{\frac{2}{T}\int_0^{\frac{T}{2}} E^2 dt} = E \tag{5-20}$$

여기서 T는 주기이다.

2 인버터의 전압제어 및 파형개선

인버터의 출력전압을 정현파에 가깝게 하기 위하여 ①교류필터의사용, ②인버터의 다중화, ③인버터의 펄스폭의 최적선정등이 고려되지만. 일반적으로 ①번의 교류필터는 ②번, ③번과 같이 사용된다. 여기에서는 인버터에 적용되는 기본기법에 대하여 고찰한다.

(1) 단일 펄스폭 제어(single pulse-width modulation)

그림 5-2(a)에서 부하가 순저항 부하인 경우 T_1, T_2, T_3, T_4의 온·오프를 적절히 하면 그림 5-3과 같은 단일 펄스폭 전압을 얻을수 있다. 즉 그림 5-3에서 $\theta = wt = 0$에서 T_1에만 베이스 전류가 주어지고, 이로부터 $(\pi - \delta)/2$만큼 늦게 T_4에 베이스전류가 주어져 $\theta = (\pi - \delta)/2$의 시점에서부터 부하에 E의 전압이 나타나고, T_1과 T_4의 베이스 전류는 $\theta = (\pi + \delta)/2$의 시점에서 없어진다. 그리고 $\theta = (\pi + \delta)/2$에서 T_2가 턴·온되고 T_1은 오프된다. $\theta = \pi + (\pi - \delta)/2$에서 T_2와 T_3가 모두 온상태로 되어, 부하에는 역방향의 전압이 가해지게 된다.

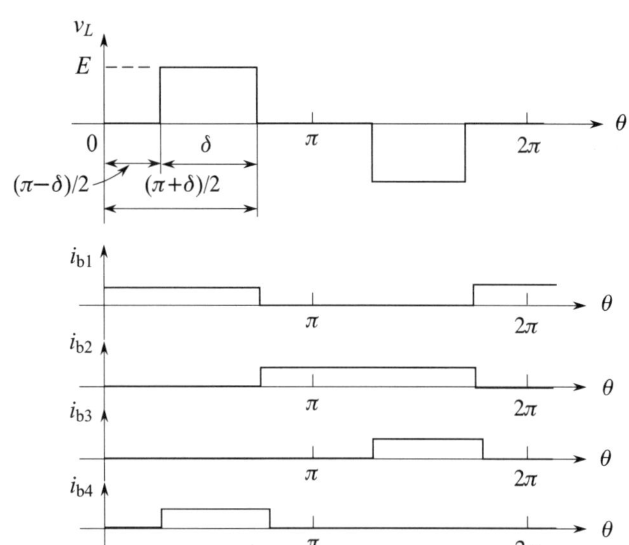

그림 5-3 단일펄스폭 변조

이상의 과정에서 부하에 출력전압이 인가되는 것은 2조(T_1과 T_4 또는 T_2와 T_3)의 트랜지스터가 동시에 도통하는기간(δ)이므로 $(\pi - \delta)/2$를 제어함으로써 출력전압의 실효치를 제어할 수 있다. 이외에 펄스폭(δ)을 일정히 하고 입력직류전압 E의 크기를 쵸퍼

(DC-DC변환기)로 가변하여, 인버터 출력전압을 제어하는 방법이 있으나, 쵸퍼등 부속 장치가 증가하는 단점이 있다.

그림 5-3에서 출력전압 v_L의 푸리에 급수는 다음과 같이 전개된다.

$$\nu_L = a_0 + \sum_{n=1}^{\infty} \{a_n \cos n\theta + b_n \sin n\theta\} \tag{5-21}$$

여기에서 v_L은 기함수이므로

$$a_0 = \frac{1}{2\pi}\int_0^{2\pi} \nu_L d\theta = 0 \tag{5-22}$$

$$a_n = \frac{1}{\pi}\int_0^{2\pi} \nu_L \cos n\theta d\theta = 0 \tag{5-23}$$

$$\begin{aligned} b_n &= \frac{1}{\pi}\int_0^{2\pi} \nu_L \sin n\theta d\theta = \frac{2}{\pi}\int_0^{\pi} E \sin n\theta d\theta \\ &= \frac{2E}{\pi}\int_{(\pi-\delta)/2}^{(\pi+\delta)/2} \sin n\theta d\theta = \frac{4E}{n\pi}\sin\frac{n\pi}{2}\sin\frac{n\delta}{2} \end{aligned} \tag{5-24}$$

가 된다. 그러므로, 다음과 같이 전개된다.

$$\begin{aligned} v_L &= \frac{4E}{\pi}\sum_{n=1}^{\infty}\sin\frac{n\pi}{2}\sin\frac{n\delta}{2}\frac{\sin n\theta}{n} \\ &= \frac{4E}{\pi}\left\{\sin\frac{\delta}{2}\sin\theta - \sin\frac{3\delta}{2}\frac{\sin 3\theta}{3} + \frac{\sin 5\delta}{2}\frac{\sin 5\theta}{5} - \cdots\right\} \end{aligned} \tag{5-25}$$

(2) 다중펄스폭 변조(multi pulse width modulation)

그림 5-4에 다중펄스폭 변조에 의한 출력전압 v_L를 표시한다. 여기에서 f_p는 펄수 주파수이고, f는 출력전압의 주파수이다.

다중펄스폭 변조에서 출력파형주기의 반주기 $T/2 = \frac{1}{2f}$에서의 펄스수 N은 정수가 되도록 제어한다. 즉

$$N = \frac{f_p}{2f} = \text{정수[개]} \tag{5-26}$$

가 되도록하며, 펄스폭 δ의 제어범위는 $0 \le \delta \le \pi/N$가 된다.

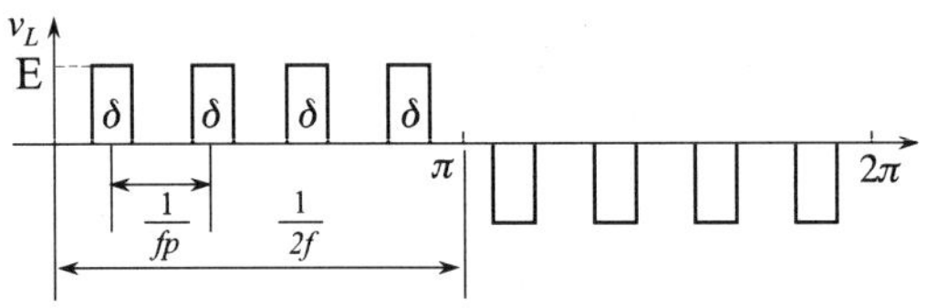

▌그림 5-4 다중펄스폭변조시의 출력전압

그림 5-5와 같이 인버터에 펄스발생기와 피드백(Feed Back)회로를 사용하면 그림 5-6(a)와 같은 신호파형에 의하여 그림(b)와 같은 다중펄스폭 출력전압 v_L을 얻을 수 있다.

그림 5-6(a)의 비교기에서 기준신호 A_r의 크기를 가변하여 큰 값으로 하면 펄스폭이 커지므로 출력전압의 실효치가 커지고, A_r를 낮은 값으로 하면 작아진다.

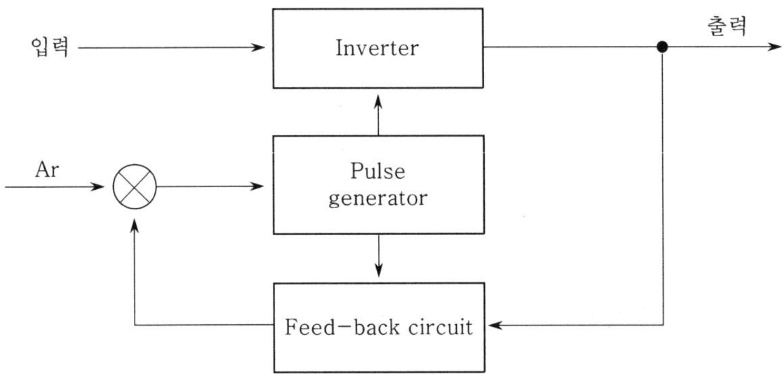

▌그림 5-5 신호발생시스템 (base전류)

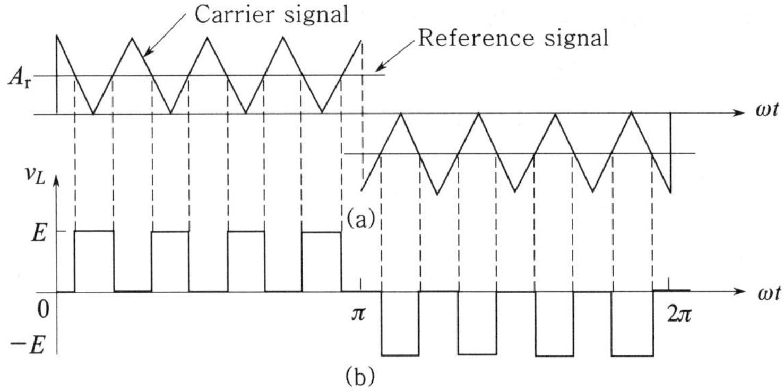

▌그림 5-6 다중펄스폭변조의 base신호와 출력전압

(3) 정현파 펄스폭 변조(Sinusoidal Pulse Width Modulation)

정현파 펄스폭 변조 방식은 앞의 단일 펄스폭변조나 다중 펄스폭변조에 비해 고조파 함유량이 작아지는 방식으로 보통 간단히 SPWM 이라 부르며, 현재 가장 많이 사용되고 있는 방식이다.

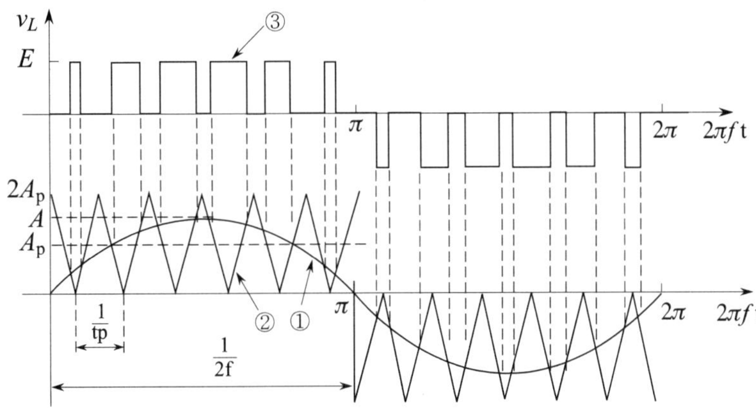

▌그림 5-7 정현파 펄스 변조(N=6)의 출력파형

그림 5-7에 정현파 펄스폭 변조에 의한 출력전압 v_L과 베이스 전류의 신호발생원리를 표시한다. 기준신호로 정현파 주파수 f_r(그림에서 ①번파형)을 설정하고, 주파수 f_c가 되는 3각 반송파(그림에서 ②번 파형)와 비교함으로써 인버터의 출력주파수 $f\ (f=f_r)$가 되는 펄스출력전압 v_L(그림에서 ③번파형)를 얻을수 있다. 이 이외에는 인버터에 적용되는 기본기법으로 보충펄스변조, 상변위제어 등의 기법이 있으나, 여기서는 생략한다.

3 전류형 브리지 인버터

전압원 인버터는 인버터의 부하변동에 있어 전압이 일정하고 전류가 변화한다. 이것에 비해 전류원 인버터 CSI(Current Source fed Inverter)는 전류가 일정하고 부하에 따라 전압이 변동된다. 이러한 전류원을 얻기 위해서 그림 5-8(a) 또는 그림 5-8(c)의 인버터의 전원쪽에 인덕터 L을 삽입함으로써 인버터에서 볼때 전류원이 된다. 이 인버터는 스위칭 소자와 직렬로 다이오드가 연결되어 있기 때문에 직렬 다이오드 인버터라고도 한다.

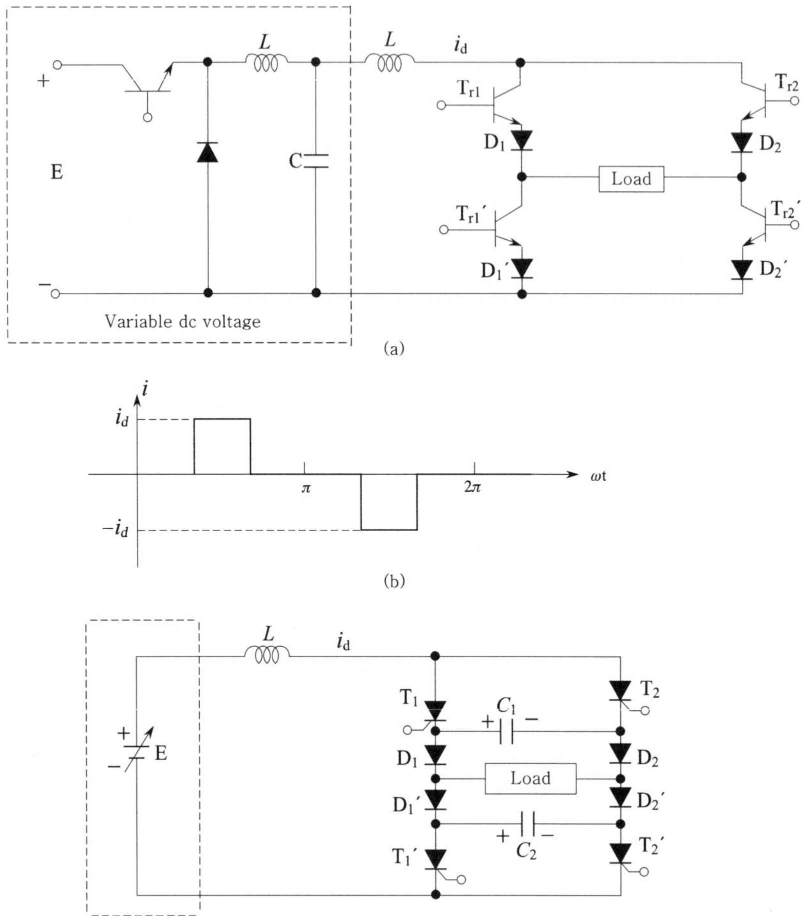

(c) Thristor CSI

그림 5-8 단상 전류형 브리지 인버터

그림 5-8(a)는 트랜지스터 전류원 인버터, 그림 5-8(c)는 사이리스터 전류원 인버터이고, 여기에서는 전류(Commutation)를 위해 전류용 콘덴서가 사용된다. 전원에서 계속 전류를 흘리기 위해서는 두 스위칭 소자가 항상 교대로 도통되어야 한다. 이때 전류의 파형은 그림 5-8(b)와 같다.

그림 5-8(c)에서의 전류과정을 보면 T_1, T_2'에 전류가 흐를 때 콘덴서 C_1, C_2에는 그림에 표시한 극성으로 충전이 되어 있다. 지금 T_1이 오프되고 T_2가 온, 동시에 T_2'가 오프되고 T_1'가 온되는 순간 전류는 $T_2 - C_1 - D_1 - Load - D_2' - C_2 - T_1'$를 통하여 흐른다. C_1, C_2는 방전과 재충전을 한다. 방전할때까지는 D_2, D_1'는 역바이어스이기 때문에 전류가 흐르지 못하고 재충전(그림의 반대극성)때 비로소 $T_2 - D_2 - Load - D_1' - T_1'$를 통하여 전류

가 흐른다.

전류원 인버터는 인버터 내에서 오도통, 단락이 되어도 전류의 제한 때문에 그렇게 심각하지 않다. 또, 사이리스터의 전류회로가 간단하다. 이 때문에 이 인버터는 비교적 큰 부하의 경우에 많이 사용된다.

전압원 인버터와 전류형 인버터의 차이점을 표 5-1에 표시한다.

표 5-1

	전압원 인버터	전류형 인버터
회로 구성상에 따른 특징	① 주소자(主素子)와 피드백 다이오드를 가진다. ② 직류전원은 저임피던스의 전압원(평활 콘덴서를 가짐)	① 주소자는 한 방향으로만 전류를 흘린다(귀환다이오드는 없다). ② 직류전원은 고임피던스 전류원(직렬 리액터를 가짐)
출력파형의 특징	전압파형이 구형파	전류파형이 구형파

4 직렬 인버터

직렬 인버터는 정현파 고주파 인버터로 사용되지만, 부하조건에 따라 그 동작이 안정되지 않는 결점을 갖고 있다. 그러나 부하가 정해진 경우는 충분히 사용할 수 있다. 또한 이 인버터는 부하에 직렬로 콘덴서가 삽입되어, $L-C$ 공진전류에 의한 전류(Commutation)가 이루어지기 때문에 온·오프제어가 가능한 제어소자를 꼭 사용할 필요는 없다. 즉 오프제어가 불가능한 SCR를 사용하는 것이 유리한 인버터이다.

그림 5-9에 SCR를 사용한 직렬 인버터를 표시한다. 여기에서 리액터 $L_1 = L_2 = L$이고, L_1과 L_2는 자기적으로 밀접하게 결합되어 있다.

지금 T_1에 트리거 펄스를 주면 T_1은 턴·온하여 직류전압 E에 의해 진동전류는 $T_1 - L_1 - C$를 통하여 부하 R에 흐른다. C가 그림과 같은 극성으로 충전이 완료된 시간 후 T_2에 트리거 펄스를 주면 T_2가 턴·온하고, C의 전하는 $L_2 - T_2 - R$를 통하여 방전한다. 이 방전전류에 의해 리액터 L_1의 단자에서 T_1의 음극이 T_2의 양극보다 정전위가 되는 방향으로 전압이 유기 된다. 이 유기전압은 직류전원보다 상당히 높으므로 T_1에는 역방향 전압이 가해지고 T_1은 턴·오프된다. 그리고 부하 R에는 전과 반대방향으로 C의 방전전류가 흐른다. 즉, 전류(Commutation)전압은 리액터에 의해 공급된다. 이 진동성의 방전전류는 콘덴서 C를 역방향으로 충전한다. 거의 충전이 끝나는 시간에 또다시 T_1에 다음의 트리거 펄스가 주어져 T_1이 턴·온하면 $T_1 - L_1 - C - R$의 회로를 흐르는 전류에 의해 같은 방법인 리액터의 작용으로 T_2는 턴・오프된다. 그리고 C의 충전전류는 최초의 방향으로 부하 R에 흐른다.

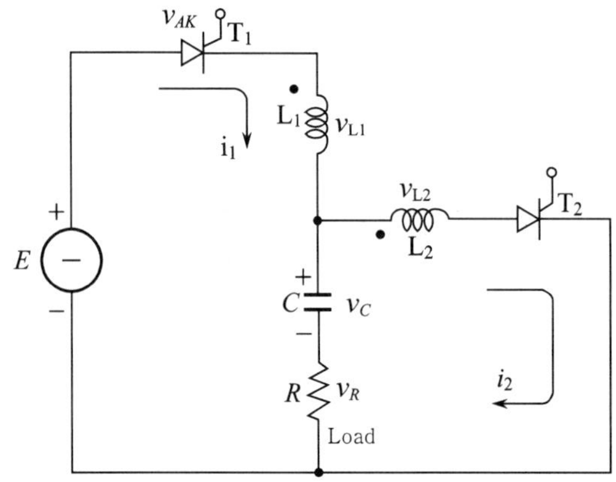

▌그림 5-9 직렬 인버터 회로

이와 같이 트리거 펄스의 주파수에 따라 콘덴서 C는 충전・방전이 반복되고, 이 반복수 (f)의 교류가 부하 R에 흐른다. 이때 회로자체의 고유 주파수 f_0와 인버터의 동작 주파수 $f=1/T$과의 관계에 의해 출력파형이 달라진다. 그림 5-10에 $f<f_0$인 경우의 각부 파형을 표시한다. 그림 5-9에서 SCR T_1에 게이트 펄스를 주어, 턴・온하는 시점$(t=0)$을 시간의 원점으로 취하고, 이때 콘덴서 C는 그림의 반대극성(이전 동작에 의해 그림의 반대극성으로 충전됨)으로 V_{c0}[V]로 충전되어 있다고 한다. 이때의 회로방정식은

$$L\frac{di_1}{dt}+Ri_1+\frac{1}{C}\int i_1 dt = E \tag{5-27}$$

가 되며, 이식을 라플라스변환하면 다음과 같다. 여기에서 $i(0)=0$이고, $-q(0)$는 전류 i_1에 의해 충전되는 전하의 극성과 반대극성이므로 부(-)기호가 붙는다. 이 식을 $I_1(s)$로 정리하면

$$L\{sI_1(s)-i(0)\}+RI_1(s)+\frac{1}{C}\left\{\frac{I_1(s)}{s}+\frac{-q(0)}{s}\right\}=\frac{E}{s} \tag{5-28}$$

$$I_1(s)=\frac{(E+V_{c0})/L}{(s^2+\frac{R}{L}s+\frac{1}{LC})} \tag{5-29}$$

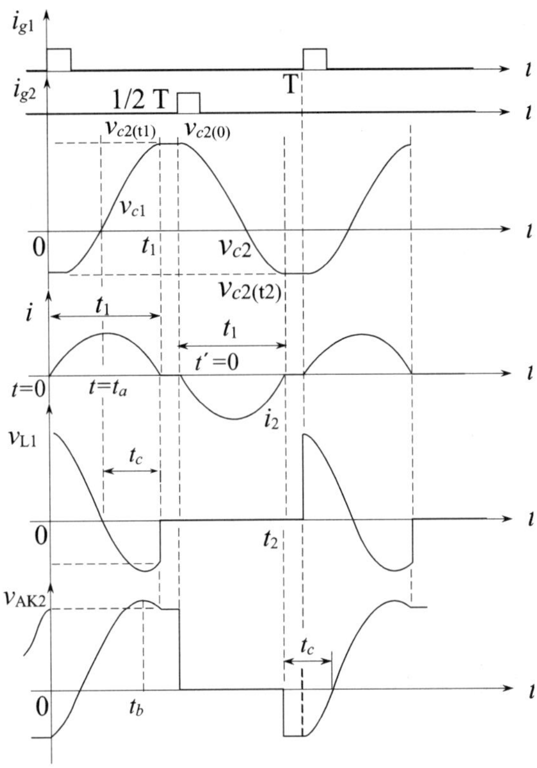

그림 5-10 $f_0 > f$인 경우의 그림 5-9회로의 전압, 전류파형

가 되고, 분모를 인수분해하기 위하여 근의 공식을 적용한다.

$$s = -\frac{R}{2L} \pm \sqrt{(\frac{R}{2L})^2 - \frac{1}{LC}} \tag{5-30}$$

이 식에 공진조건 $\left(\frac{R}{2L}\right)^2 < \frac{1}{LC}$을 적용하면 다음과 같이 된다.

$$s = -\frac{R}{2L} \pm j\sqrt{\frac{1}{LC} - (\frac{R}{2L})^2} = -\alpha \pm j\beta \tag{5-31}$$

여기에서 $\alpha = \frac{R}{2L}$, $\beta = \sqrt{\frac{1}{LC} - \left(\frac{R}{2L}\right)^2}$이다. 이 관계를 식 (5-29)에 대입하면

$$I_1(s) = \frac{(E + V_{c0})/L}{(s + \alpha - j\beta)(s + \alpha + j\beta)} = \frac{(E + V_{c0})/L}{(s + \alpha)^2 + \beta^2} \tag{5-32}$$

가 얻어진다. 라플라스 역변환을 취하여 전류 i_1을 구한다.

$$i_1(t) = \frac{E+V_{c0}}{\beta L} e^{-\alpha t} \sin\beta t$$
$$= \frac{E+V_{c0}}{L\sqrt{\frac{1}{LC}-\left(\frac{R}{2L}\right)^2}} e^{-\frac{R}{2L}t} \sin\sqrt{\frac{1}{LC}-\left(\frac{R}{2L}\right)^2} \cdot t \qquad (5-33)$$

이어서 R에 걸리는 전압 v_R은 $v_R = Ri_1(t)$, L에 걸리는 전압 v_L은 $v_L = L\frac{di_1}{dt}$, C에 걸리는 전압 v_c는 $v_c = \frac{1}{C}\int i_1 dt$로 구할 수 있다.

5-2 3상 자여식 인버터

1 3상 자여식 전압형 브리지 인버터

3상 인버터 회로로서 3상 자여식 전압형 브리지 인버터의 기본회로를 그림 5-11에 표시한다. 3상은 상위 스위칭 소자로서 S_1, S_2, S_3의 세 개가 있고, 또 하위 스위칭 소자에도 S_1', S_2', S_3'의 세 개의 소자가 있게 된다. 그러므로 상위와 하위와의 소자도통 위상 및 상위간 또는 하위간의 도통 위상들이 존재하게 되어 단상에 비해 매우 복잡하다. 여기에서는 1개의 스위칭 소자가 180°와 120°로 도통할 때의 도통패턴과 출력전압의 파형을 고찰한다.

그림 5-11의 3상 인버터 회로에서 한개의 소자를 180° 도통시키는 경우의 소자의 스위칭 패턴과 인버터 출력전압을 그림 5-12에 표시한다. 180° 도통시 소자가 동시에 도통하는 개수는 6개중 3개가 상위소자, 하위소자 중에서 조합이된다. 서로 조합되는 구간은 1주기에서 6번이고, 표 5-2와 같다.

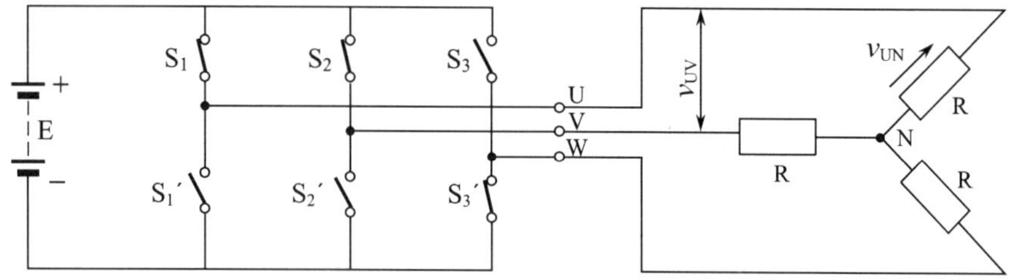

그림 5-11 3상 인버터의 기본 스위칭 회로

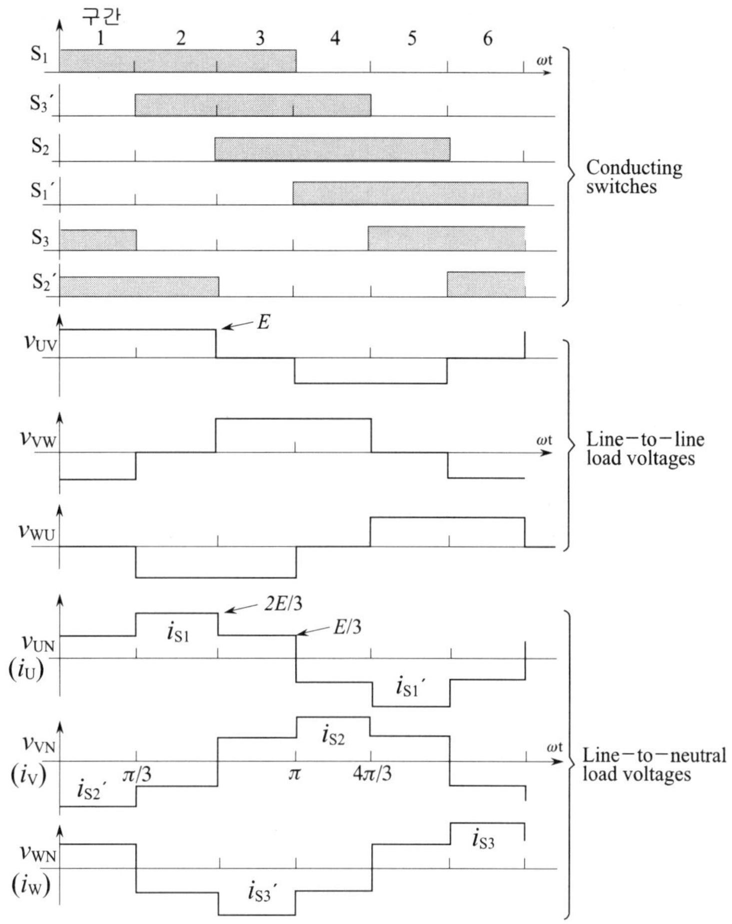

▌그림 5-12 180° 도통시의 출력전압파형

표 5-2

구 간	도통 스위치
1	$S_1\ S_3 S_2'$
2	$S_1 S_2' S_3'$
3	$S_1\ S_2 S_3'$
4	$S_2 S_1' S_3'$
5	$S_2 S_3 S_1'$
6	$S_3 S_1' S_2'$

인버터의 부하를 Y결선한 순저항이라 하면, 그림 5-13에 표시한 것과 같이 6개의 결선 패턴으로부터 평형 3상 출력전압파형을 얻을 수 있다.

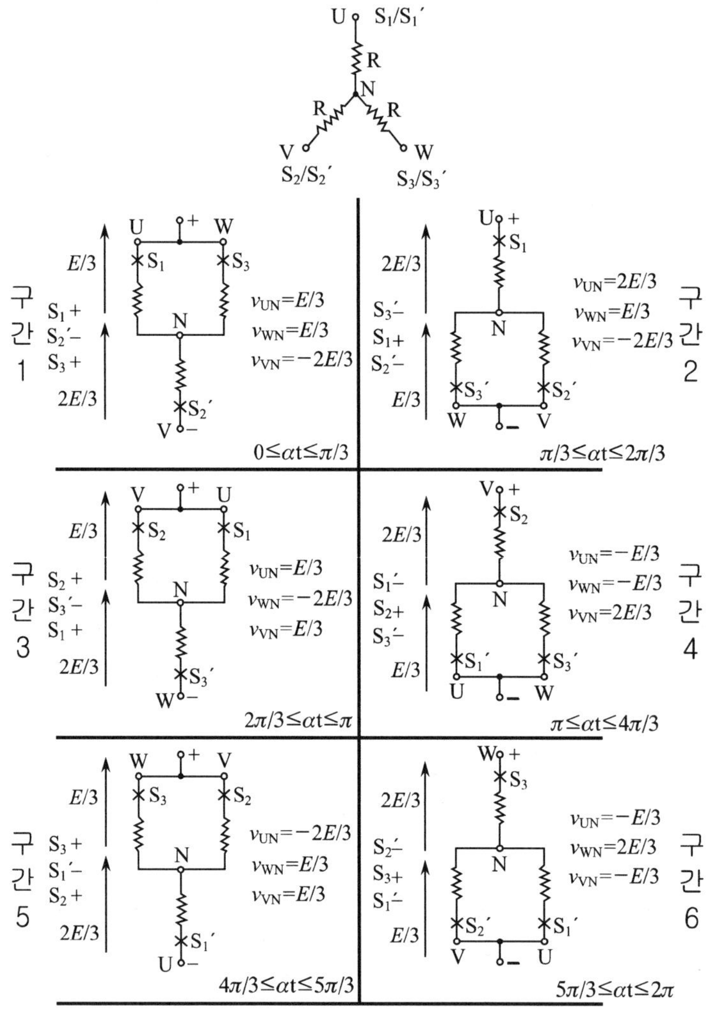

그림 5-13 상간전압의 결정방법

그림 5-11에서 스위칭소자를 120°씩 도통시키는 경우의 소자의 스위칭 패턴과 인버터 출력전압을 그림 5-14에 표시한다. 120° 도통시 소자가 동시에 도통하는 개수는 인버터의 상위와 하위에서 각각 1개씩 도통되어 회로를 구성한다. 이때의 서로 조합되는 구간은 1주기에서 6번이고, 표 5-3에 표시한다.

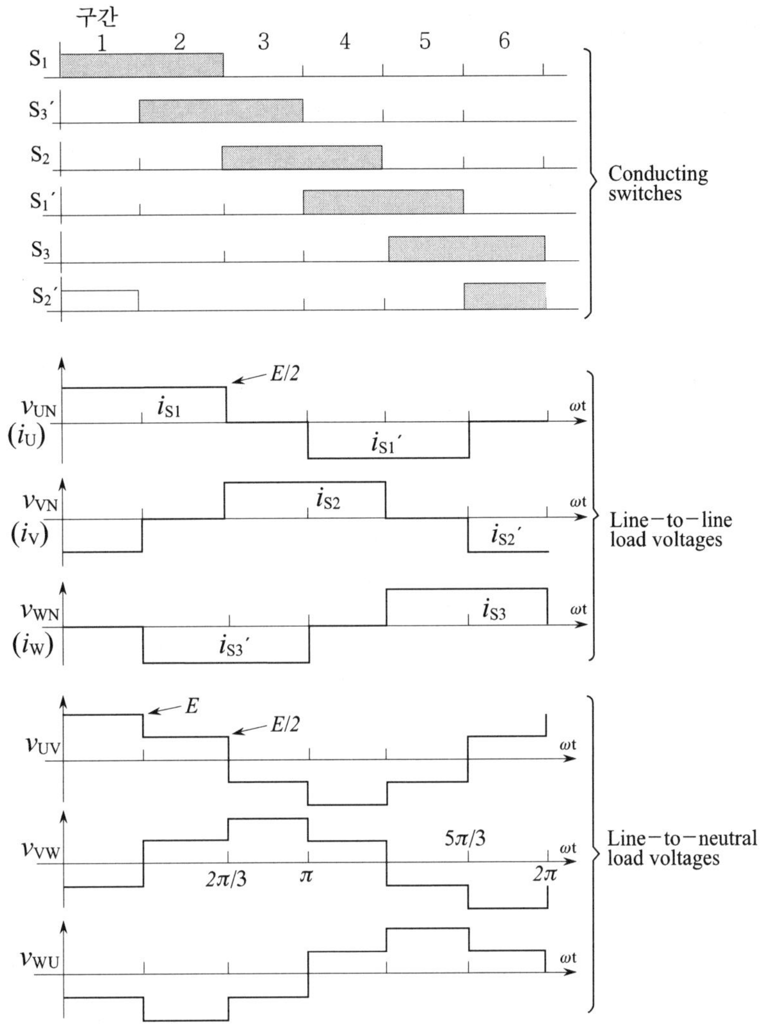

그림 5-14 120°도통시의 출력전압파형

표 5-3

구간	도통 스위치
1	S_1S_2'
2	S_1S_3'
3	S_2S_3'
4	S_2S_1'
5	S_3S_1'
6	S_3S_2'

2 정현파 PWM 제어

그림 5-11의 3상 전압형 인버터회로에서 스위치 $S_1 \sim S_3$, $S_1' \sim S_3'$로 트랜지스터를 사용한 경우, 정현파 펄스폭 변조에 의하여 출력전압을 얻는 방법에 대하여 고찰한다.

그림 5-15(a)는 3각파 캐리어와 기준정현파에서 얻어진 신호에 의해 그림 5-15(b)와 같은 각상의 전압파형을 얻는다.

선간전압은 $V_{uv} = V_u - V_v$로 얻으며 그림 (c)에 표시한다. V_{vw}, V_{wu}는 V_{uv}보다 120°, 240°의 위상차로 발생된다. 이들 파형은 필터링하면 정현파에 가까워지고, 이 방식을 SPWM(sinusoidal PWM)방식이라 하며, 널리 이용되고 있다.

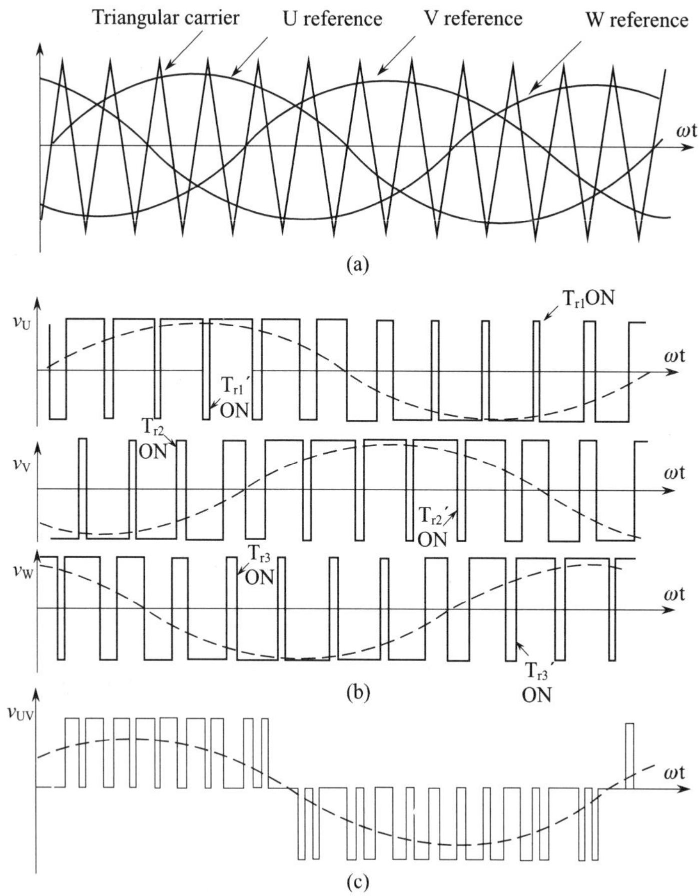

그림 5-15 3상 인버터의 SPWM 제어

3 3상 자여식 전류형 브리지 인버터

그림 5-16에 대표적인 3상 전류형 브리지 인버터의 주회로를 표시한다. 전류형 인버터의 각 사이리스터에 그림 5-17(a)와 같이 SCR이 도통한다고 가정하면, 인버터의 출력전류는 그림 5-17(b)에 표시한 것과 같이 120°만큼 도통하는 구형파 교류전류가 된다.

이 인버터는 좌측에 3상 제어정류회로와 리액터 L_{DC}가 삽입되어 있어 부하측에서 볼때 가변전압, 가변주파수의 전류원이 되고, 출력 전류의 파형이 구형파가 되는 특징이 있다. 또 전압형 인버터에 비해 각소자에 역병렬로 접속된 귀환다이오드가 없는 반면 직렬 다이오드 $D_1 \sim D_3$, $D_1' \sim D_3'$가 있어, 전류는 항상 일정방향으로 흐른다. SCR의 전류(commutation)과정은 생략한다.

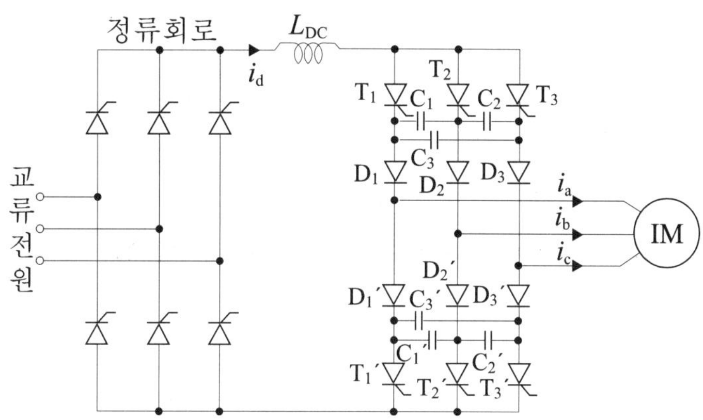

그림 5-16 3상 전류형 브리지 인버터

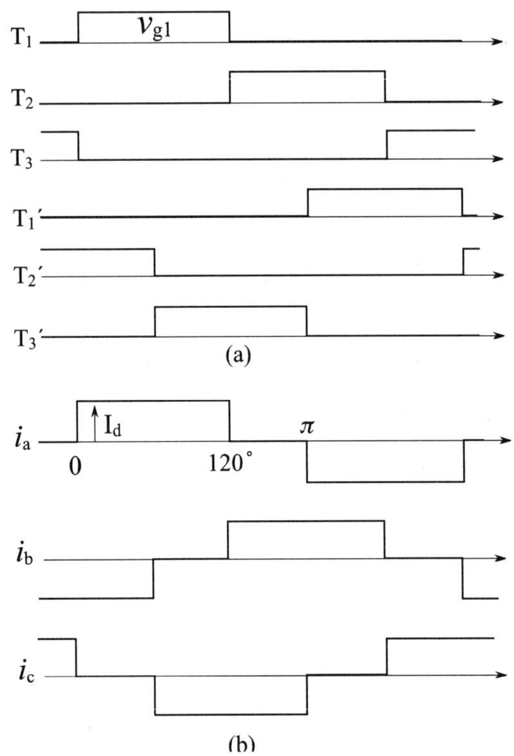

그림 5-17 스위칭 소자의 도통구간과 출력전류파형(120° 도통형)

연습문제

1. 인버터의 종류에 대해서 설명하라.

2. 전압형 단상 풀브리지 인버터 회로에서 구형파 및 준구형파 파형을 출력시킬 수 있도록 각 스위치의 온-오프 상태를 설명하고, 시뮬레이션을 통해 확인하라. 단, 입력전압은 100[V], 인덕터는 50[mH], 저항은 5[Ω]이며 스위칭 주기는 10[ms]이다.

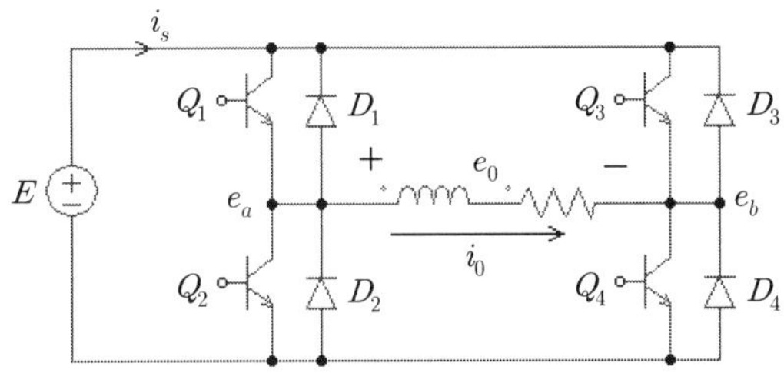

3. 반브리지 인버터에서 직류 입력전압이 200[V]이고, 부하로는 순저항인 경우 출력 기본파 전압의 실효값과 전력을 구하라. 단, $R=10[\Omega]$이다.

4. 6스텝으로 제어되는 3상 인버터에서 입력 직류전압이 300[V]일 때, 출력 선간전압의 실효값과 출력 선간전압의 기본파 실효값을 구하라.

5. 다음 회로도와 같은, 3상 자여식 전압형 인버터회로에서 저항만의 부하에서 1개의 스위칭 소자가 180° 도통할 때, 각 스위치의 도통 상태에 따른 부하의 출력전압(v_{an}, v_{bn}, v_{cn}, v_{uv}, v_{vw}, v_{wu})을 시뮬레이션을 통해 확인하라. 단, 입력전압은 100[V], 저항은 10[Ω], 스위칭 주기는 1[ms]이다.

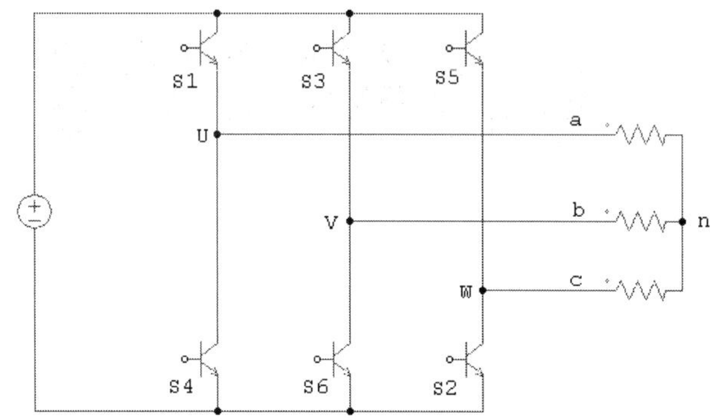
S1
S3
S5
U
V
W
a
b
c
n
S4
S6
S2

06 DC-DC 변환회로

직류 전압을 다른 크기의 직류전압으로 변환하여 사용하는 경우는 많다. 예를 들면 직류전동기의 가변속 운전, 인버터용 전원, 전해용 전원, 제어용 전원 등에 사용되고 있다. 직류전압을 실부하에 적합한 전압으로 변환 및 제어하는 장치는 마치 교류에서의 변압기와 같다.

이 DC-DC 변환은 대용량에서는 보통 쵸퍼 제어(chopper control) 또는 시비율제어(time ratio control)라고 불리고, 소용량에서는 파워서플라이(power-supply), 스위칭레귤레이터(switching mode regulator) 및 SMPS로 불리고 있다. 이 DC-DC 변환은 출력전압을 입력전압보다 작게도 할 수 있고, 크게도 할 수 있다.

6-1 직류쵸퍼

1 강압쵸퍼 (step-down chopper)

그림 6-1(a)는 출력전압이 입력전압보다 낮은 강압쵸퍼 (step-down chopper)방식으로, 동작원리를 설명하기 위한 기본회로이다. 그림 (b)~(d)는 순저항 부하시의 전압 파형을 표시한다. 스위치 S는 매초 1000회 이상 온·오프 할 수 있는 반도체 스위칭 소자를 사용한다. 부하전압의 크기는 스위치 S의 온시간 t_{on}과 오프시간 t_{off}에 의해 결정된다. 온·오프 기간 및 주기($T = t_{on} + t_{off}$)와의 관계는 그림 (b)~(d)에 표시한 것과 같이 세가지 방식으로 구별된다.

(1) 펄스폭변조 (PWM : Pulse Width Modulation)

(2) 펄스주파수 변조 (PFM : Pulse Freguency Modulation)

(3) 혼합변조 (PWM+PFM)

등이 있다. 펄스폭변조 방식은 그림 6-1(b)에 표시한 바와 같이 일정주기 T에서 온 시간 t_{on}을 가변시키는 방식이다. 그러므로 오프시간 t_{off}도 변화된다. 스위치의 온시간 t_{on}, 오프시간 t_{off}와의 합이 일정하므로, 출력전압의 평균치 E_2는 다음과 같이 된다.

$$E_2 = \frac{t_{on}}{T} E_1 = \alpha E_1 \tag{6-1}$$

여기에서 E_1은 직류 입력전압이고, 출력전압 E_2는 t_{on}에 비례하며 $t_{on}/T = \alpha$를 시비률(duty cycle)이라 한다.

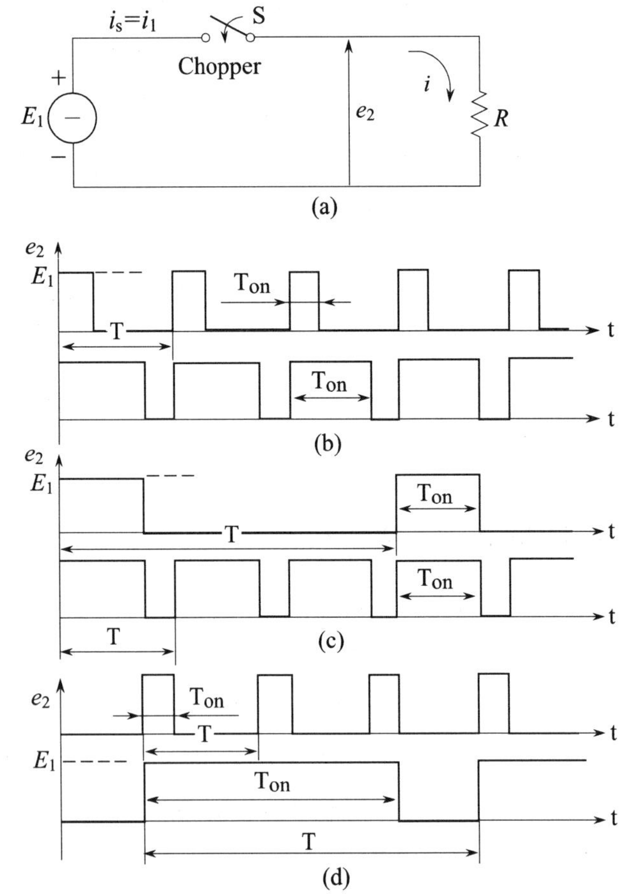

▌그림 6-1 강압쵸퍼 회로와 제어방식

펄스주파수 변조는 그림 6-1(c)와 같이 스위치의 온시간 t_{on}을 일정하게 하고, 펄스의 주기 T를 변화시키는 방법으로, 출력전압의 평균치는 식(6-1)과 동일하다.

$$E_2 = \frac{t_{on}}{t_{on} + t_{off}} E_1 = \frac{t_{on}}{T} E_1 = t_{on} \cdot f \cdot E_1 \tag{6-2}$$

여기에서 $f = \dfrac{1}{T}$이고, 출력전압은 주파수 f에 비례한다

혼합변조(PWM+PFM)방식은 그림 6-1(d)에 표시한 바와 같이 펄스폭과 펄스주기가 모두 변화하는 방식으로 출력전압을 섬세하게 대폭적으로 가변하는데에 적용된다.

출력전압의 실효치 E_{2r}은 다음과 같다.

$$E_{2r} = \sqrt{\frac{1}{T}\int_0^{\alpha T} {E_1}^2 dt} = E_1 \sqrt{\alpha} \tag{6-3}$$

또한 쵸퍼의 입력과 출력은 내부손실이 없는 경우

$$P_1 = P_2 = \frac{1}{T}\int_0^{\alpha T} E_1 i dt = \frac{1}{T}\int_0^{\alpha T} \frac{{E_1}^2}{R} dt = \alpha \frac{{E_1}^2}{R} \tag{6-4}$$

가 되고, 전원측에서 본 유효저항은

$$R_e = \frac{E_1}{I} = \frac{E_1}{\alpha E_1 / R} = \frac{R}{\alpha} \tag{6-5}$$

가 된다.

그림 6-1에서 고찰한 출력전압 및 전류 파형은 불연속이면서 구형파이다. 출력전압의 파형을 평활한 직류출력으로 하려면 그림 6-2(a)의 회로와 같이 환류다이오드 D_f와 리액터 L를 추가하여 얻을 수 있다. S를 오프할 때 L에 축적된 에너지에 의하여 D_f가 도통되어 부하전류가 환류하게 된다. 즉 간단한 필터용 리액터 L만으로도 충분히 평활한 직류출력 전류가 얻어진다. 평활용 콘덴서를 삽입하는 것도 생각되지만, 용량이 커서 콘덴서의 사용에는 한계가 있다.

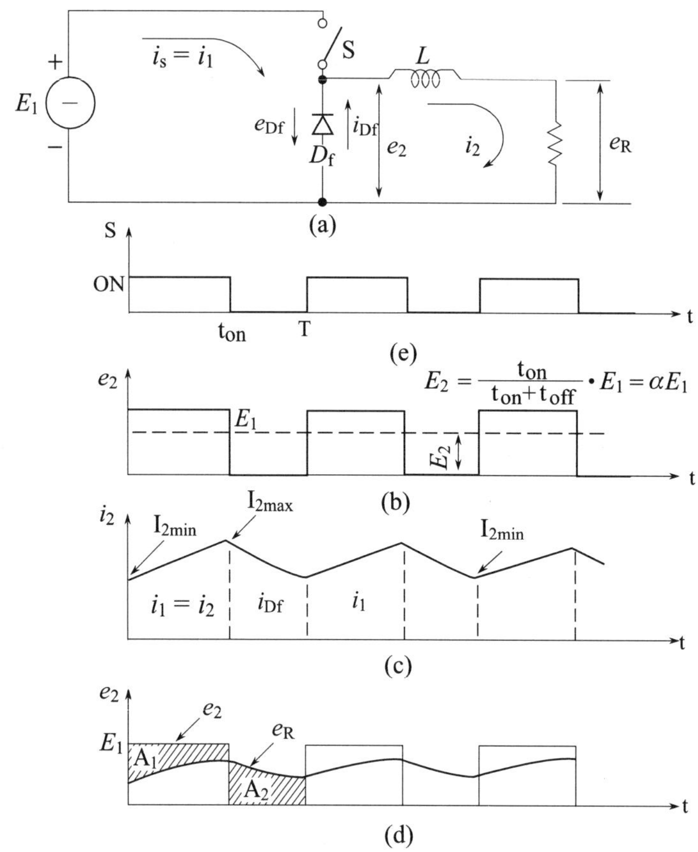

■그림 6-2 $R-L$부하를갖는 강압쵸퍼회로와 각부 파형

그림 6-2(b)는 이 경우의 출력전압 파형으로 스위치 S가 온 될 때 전류는 $L-R$를 통하여 흐른다. 이때 L에 에너지가 축적하게 되므로 부하 전류는 지수함수적으로 상승한다. L에 축적된 에너지는 S를 오프할 때 D_f를 통하여 방출하기 때문에 전류는 지수함수적으로 감소한다. S가 온 될 때의 전류를 i_s라 하면

$$L\frac{di_s}{dt} + Ri_s = E_1 \tag{6-6}$$

가 되며, 그림(c)로부터 $t=0$일 때 $i_s = I_{\min}$라는 초기조건을 적용하여 식 (6-6)을 풀면 다음 식과 같다.

$$i_s = \frac{E_1}{R}(1-e^{-\frac{R}{L}t}) + I_{\min}e^{-\frac{R}{L}t} \tag{6-7}$$

다음에 스위치 S가 턴 · 오프되면, 환류다이오드 D_f가 도통되고, 이때의 전압방정식은 다음과 같다.

$$L\frac{di_{Df}}{dt}+Ri_{Df}=0 \tag{6-8}$$

그림 6-2(c)로부터 $t=t_{on}$일 때 $i_{Df}=I_{\max}$의 초기조건을 적용하면

$$i_{Df}=I_{\max}e^{-\frac{R}{L}(t-t_{on})} \tag{6-9}$$

가 된다. 초기치 $I_{\min}$와 $I_{\max}$를 구하기 위하여 식 (6-7)과 식 (6-9)에 최종치 정리를 적용한다. 즉 식 (6-7)에서 $t=t_{on}$일 때 $i_s=I_{\max}$가 되고, 식 (6-9)에서 $t=T$일 때 $i_{Df}=I_{\min}$가 되므로

$$I_{\max}=\frac{E_1}{R}(1-e^{-\frac{R}{L}t_{on}})+I_{\min}e^{-\frac{R}{L}t_{on}} \tag{6-10}$$

$$I_{\min}=I_{\max}e^{-\frac{R}{L}(T-t_{on})} \tag{6-11}$$

가 되며, 이 두 식을 연립하여 풀면

$$I_{\max}=\frac{E_1}{R}\frac{1-e^{-\frac{R}{L}t_{on}}}{1-e^{-\frac{R}{L}T}} \tag{6-12}$$

$$I_{\min}=\frac{E_1}{R}\frac{e^{-\frac{R}{L}(T-t_{on})}-e^{-\frac{R}{L}T}}{1-e^{-\frac{R}{L}T}} \tag{6-13}$$

가 된다. 여기에서 부하회로의 시정수 L/R에 의해 $e^{-\frac{R}{L}t_{on}}$, $e^{-\frac{R}{L}T}$의 값이 결정된다. 만일 L/R을 t_{on}이나 T보다 충분히 크게 하면 식 (6-12)와 식 (6-13)의 전류는 거의 평균전류에 근사하게 되고 $I_{\min}\fallingdotseq I_{\max}$가 되므로, 부하전류 i_2의 파형은 그림 6-2(c)와 같이 비교적 평활한 직류가 된다. 그리고 정상상태에서 그림 6-2(d)에 표시한 바와 같이 면적 $A_1=$면적 A_2가 된다. A_1은 L에 축적된 자속레벨이 되고, A_2는 방출된 자속 레벨이다.

만일 펄스의 주기 T가 짧아지면, 즉 주파수가 높아지면 리액터의 용량도 감소된다.

이상 고찰한 강압쵸퍼회로는 그림 6-3과 같이 직류전동기를 가변속운전하는 경우, 예를 들면, 직류전동기로 구동되는 전철 등에 이용되어 왔다.

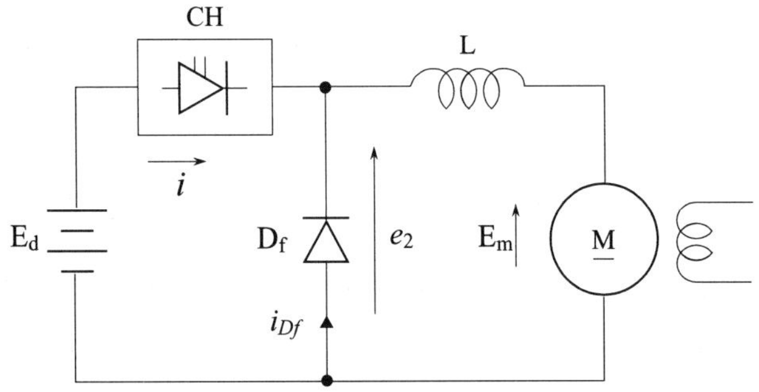

그림 6-3 강압쵸퍼에의한 직류전동기구동

쵸퍼부 CH가 온(on)될 때 D_f양단 부하에는 전원전압 E_d가 인가되고, 부하전류는 지수함수적으로 증가하게 된다. CH가 오프(off)되면 부하전류는 환류다이오드 D_f를 통하여 흐르게 되며, 지수함수적으로 감소하게 된다. 이회로의 동작에는 부하전류가 0(zero)으로 감소하기 이전에 다시 CH를 온 시키는 경우(부하전류가 연속)와, 부하전류가 0(zero)으로 된 후에 다시 CH를 온 시키는 경우(부하전류가 불연속)의 2가지 모드가 존재하지만, 일반적으로 부하전류의 리플(ripple)을 작게 하기 위해 부하와 직렬로 리액터를 삽입하여, 부하전류가 연속이 되도록 사용하고 있다. 이경우의 회로에 대하여 해석하기로 한다.

CH가 온되는 경우, 회로에 흐르는 전류를 i_1이라 할 때 회로방정식은

$$L\frac{di_1}{dt} + Ri_1 + E_m = E_d \tag{6-14}$$

이다. 여기에서 R은 직류기 및 직렬리액터를 포함한 부하측의 전 내부 저항 성분이다. 전류의 초기조건을 $I_{\min}$로 가정하여 식 (6-14)의 해를 구하면

$$i_1 = \frac{E_d - E_m}{R}(1 - e^{-t/\tau}) + I_{\min}e^{-t/\tau} \tag{6-15}$$

가 된다. 여기에서 $\tau = \frac{L}{R}$로 시정수이다.

다음에 CH가 오프되는 경우의 회로 방정식은 다음과 같다.

$$L\frac{di_{Df}}{dt}+Ri_{Df}+E_m=0 \tag{6-16}$$

전류의 초기조건으로 $t=t_{on}$일 때 $I_{\max}$로 가정하여 식 (6-16)의 해를 구하면

$$i_{Df}=\frac{-E_m}{R}(1-e^{-(t-t_{on})/\tau})+I_{\max}e^{-(t-t_{on})/\tau} \tag{6-17}$$

가 된다. $I_{\min}$와 $I_{\max}$는 각각 부하전류 순시치의 최소치 및 최대치로 이 값을 구하기 위하여 최종치 정리를 적용한다. 식 (6-15)에서 시간 $t=t_{on}$일 때 $i_1=I_{\max}$이고, 식 (6-17)에서 시간 $t=T$일 때 $i_{Df}=I_{\min}$이므로 다음의 두 식을 얻는다.

$$I_{\max}=\frac{E_d-E_m}{R}(1-e^{-t_{on}/\tau})+I_{\min}e^{-t_{on}/\tau} \tag{6-18}$$

$$I_{\min}=\frac{-E_m}{R}(1-e^{-t_{off}/\tau})+I_{\max}e^{-t_{off}/\tau} \tag{6-19}$$

상기 두 식으로부터 초기치 $I_{\min}$와 $I_{\max}$는 다음과 같다.

$$I_{\min}=\frac{E_d}{R}\cdot\frac{e^{-t_{off}/\tau}-e^{-T/\tau}}{1-e^{-T/\tau}}-\frac{E_m}{R} \tag{6-20}$$

$$I_{\max}=\frac{E_d}{R}\cdot\frac{1-e^{-t_{on}/\tau}}{1-e^{-T/\tau}}-\frac{E_m}{R} \tag{6-21}$$

여기에서 평활용리액터 L이 무한대로 부하전류가 완전히 평활하게 되는 경우를 고찰하기로 한다. L이 무한대이면, $\tau=\dfrac{L}{R}$(시정수)가 무한대가 되므로 $e^{-t_{on}/\tau}$, $e^{-t_{off}/\tau}$ 및 $e^{-T/\tau}$의 지수항 값은 0(zero)이 된다. 이와 같은 조건하에 식 (6-20)과 (6-21)를 테일러 급수의 1차식으로 근사화 하면

$$I_{\min}=I_{\max}\fallingdotseq\frac{E_d}{R}\alpha-\frac{E_m}{R} \tag{6-22}$$

가 된다. 이것은 부하전류가 완전히 평활화 되어 평균 부하전류 $I_2=I_{\min}=I_{\max}$가 되는 것이다. 식 (6-22)를 평균부하전류 I_2로 대치하여 정리하면 다음과 같다.

$$RI_2 + E_m = \alpha E_d \tag{6-23}$$

이것은 전원전압 E_d를 αE_d로 강압시켜 부하에 전력을 공급하는 것이다.

출력측 전압 e_2의 평균치 E_2는 그림 6-2(b)의 전압파형으로부터 구해지며, 저항 부하시와 동일식이 된다.

$$E_2 = E_d \frac{t_{on}}{T} = E_d \alpha \tag{6-24}$$

또한 식 (6-23)의 관계는 다음과 같이 간단히 구할 수도 있다. CH가 온되는 경우 전원으로부터 공급되는 에너지는 $E_d \cdot I_2 t_{on}$이고 부하측에서는 주기 T시간 동안 연속하여 전류가 흐르므로 부하측에서 공급받는 에너지는 $RI_2{}^2 T + E_m I_2 T$가 되며, 이 양자는 같아야 하므로 다음식이 성립된다.

$$E_d I_2 t_{on} = RI_2^2 T + E_m I_2 T \tag{6-25}$$

양변을 $I_2 T$로 나누면, 식 (6-23)과 같은 결과가 됨을 알 수 있다.

$$E_d \frac{t_{on}}{T} = RI_2 + E_m \tag{6-26}$$

다음에 전원 E_d로부터 유출되는 전류의 평균치 I_1은 주기 T동안 t_{on}기간만 흐르므로 다음과 같이 된다.

$$I_1 = I_2 \frac{t_{on}}{T} = I_2 \alpha \tag{6-27}$$

전원 E_d에서 공급한 입력 $P_1 = E_d \cdot I_1$과 부하측에서 공급받은 전력 $P_2 = E_2 \cdot I_2$는

$$P_1 = E_d I_1 = E_d I_2 \alpha \tag{6-28}$$

$$P_2 = E_2 I_2 = \alpha E_d I_2 \tag{6-29}$$

가 되어 다음 식이 성립된다.

$$P_1 = P_2 = E_d I_1 = E_2 I_2 \tag{6-30}$$

입력과 출력이 같게 되므로 강압쵸퍼는 직류 변압기로서 동작하게 된다.

2 승압쵸퍼(step-up chopper)

쵸퍼회로를 그림 6-4와 같이 구성하면 입력전압보다 높은 출력전압을 얻을수 있다. 즉 쵸퍼부 CH가 온(on)되면 리액터 L에는 에너지가 축적되고, CH가 오프(off)되면 L에 축적된 에너지와 전원의 에너지가 직렬로 연결되어 부하로 공급되므로 입력전압보다 높은 출력전압을 얻을 수 있다.

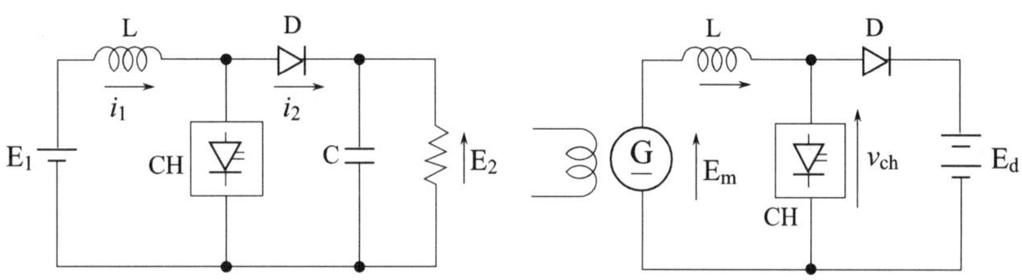

(a) 승압 쵸퍼기본회로 (b) 회생제어회로

그림 6-4 승압 쵸퍼기본회로와 회생제어회로

L이 충분히 큰 경우 L을 경유하여 흐르는 전류는 일정치 I_1으로 생각할 수 있으며, CH가 온(on)되는 시간을 t_{on}이라할 때 L에 축적되는 에너지는 $E_1I_1t_{on}$으로 된다. CH가 오프(off)되는 경우 L에서 부하로 방출되는 에너지는 C가 충분히 큰 경우 출력 전압이 일정하고, CH가 오프(off)되는 시간을 t_{off}라 한다면 $(E_2-E_1)I_1t_{off}$로 된다. 이것은 입력전원 E_1이 공급한 에너지$(E_1I_1t_{on}+E_1I_1t_{off})$는 출력측 E_2가 공급받은 에너지$(E_2I_1t_{off})$와 동일하다는 관계식으로부터 식 (6-31)이 성립한다.

$$E_1I_1t_{on}=(E_2-E_1)I_1t_{off} \tag{6-31}$$

식 (6-31)으로부터 E_2는 식 (6-32)로 표현된다.

$$E_2=\frac{t_{on}+t_{off}}{t_{off}}E_1=\frac{T}{t_{off}}E_1 \tag{6-32}$$

식 (6-32)에서 $T/t_{off}>1$이므로 출력 전압은 입력 전압보다 크게 된다. 즉 이 회로의 경우 입력 전압의 승압이 가능하게 되며, T/t_{off}를 승압비로 나타내면

$$\beta=t_{off}/T\ (\text{승압비의 역수}) \tag{6-33}$$

이다. 쵸퍼 시비율 α와의 사이에는 (6-34)의 관계가 성립된다.

$$\alpha+\beta=1 \tag{6-34}$$

따라서 식 (6-32)는

$$E_2=\frac{1}{\beta}E_1=\frac{1}{1-\alpha}E_1 \tag{6-35}$$

와 같이 표현할 수 있으며 그림 6-5는 식 (6-35)의 관계를 나타낸 것이다.

또한 이 경우 부하전류의 평균치 I_2는 그림 6-6의 전류파형에서 알 수 있듯이 식 (6-36)이 되므로 입·출력 관계는 식 (6-37)로 된다.

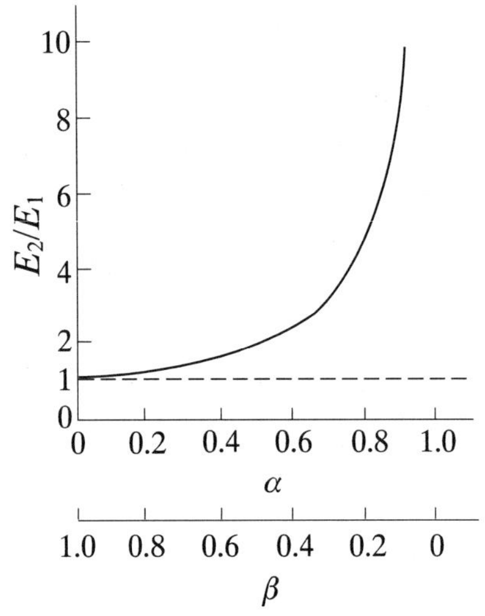

그림 6-5 승압쵸퍼 회로의 특성

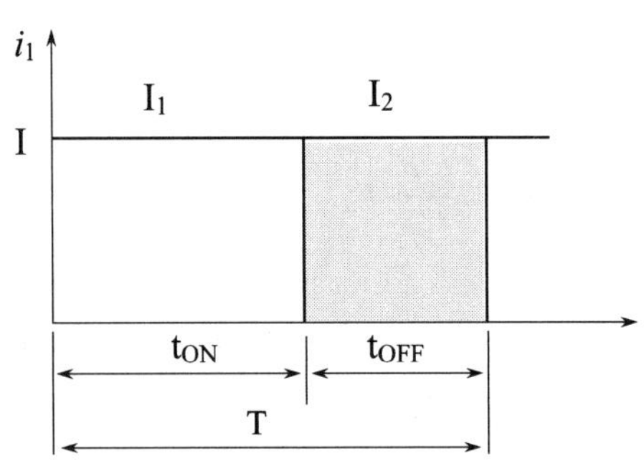

그림 6-6 승압쵸퍼 회로의 전류파형

$$I_2 = \frac{t_{off}}{T} I_1 = \beta I_1 \tag{6-36}$$

$$E_1 I_1 = E_2 I_2 \tag{6-37}$$

쵸퍼부 CH를 이상적인 스위치로 고려하여 스위칭 손실이 없다고 보면 입력과 출력은 같게 되고, 승압쵸퍼도 직류변압기로 동작하게 된다.

일반적으로 이 방식은 그림 6-4(b)에 나타낸 바와 같이 직류전동기의 회생제동시 에너지를 직류전원으로 회생시키기 위해, 직류기의 단자전압을 승압하는 데 이용된다.

승압쵸퍼의 해석에 있어서도 그림 6-4(b)의 회로를 예로 들기로 하자. 강압 초퍼회로와 마찬가지로 승압 쵸퍼회로에 있어서도 전기자전류 연속모드(모드 I)와 전기자전류 단속모드 (모드 II)의 2가지 모드가 존재한다. 먼저 쵸퍼 부 CH가 온(on)의 경우 등가회로는 그림 6-7과 같으며, 그림 6-8은 CH가 오프(off)인 경우의 등가회로를 나타낸다. 이로부터 아래의 식이 성립한다.

$$L\frac{di_1}{dt} + Ri_1 = E_m \tag{6-38}$$

전류의 초기조건을 I_{10}로 하고 식 (6-38)의 해를 구하면

$$i_1 = I_{10}e^{-t/\tau} + \frac{E_m}{R}(1 - e^{-t/\tau}) \tag{6-39}$$

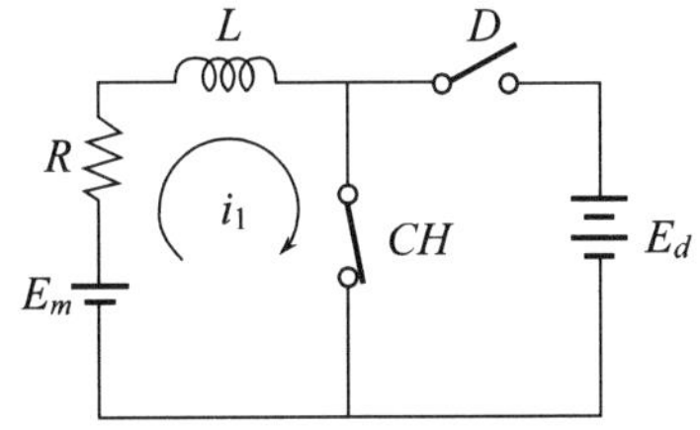

그림 6-7 승압 쵸퍼 회로(CH : on의 등가회로)

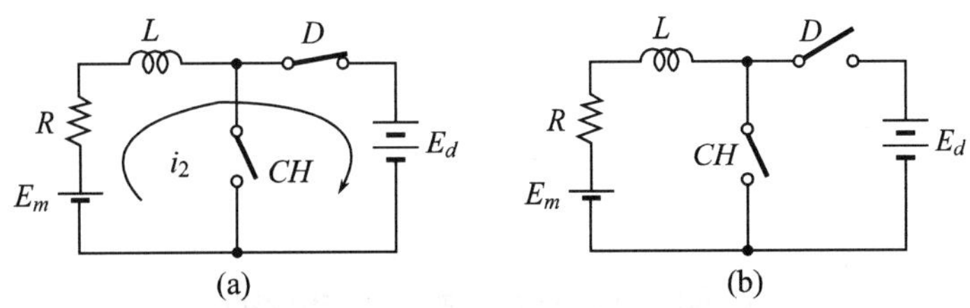

그림 6-8 승압 쵸퍼 회로 (CH : off의 등가회로)

로 된다. 여기에서 $\tau = L/R$(시정수)이다.

그림 6-9는 모드 Ⅰ의 파형을 나타내며, 모드 Ⅱ에서는 그림 6-10의 전류파형으로부터 아는 바와 같이 초기조건 $I_{10} = 0$가 된다. 다음에 CH가 오프(off)로 되면 그림 6-8(a)의 등가회로로부터

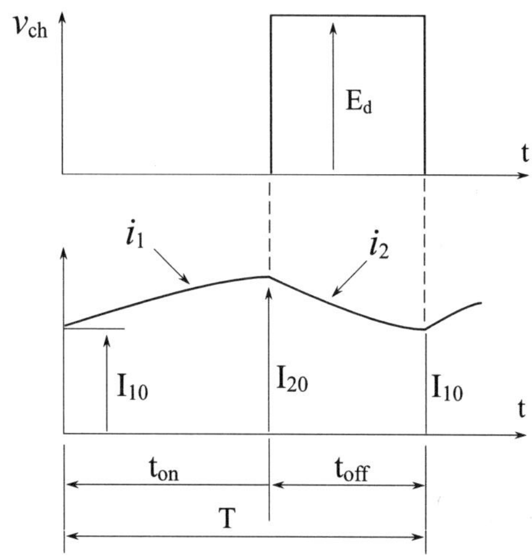

그림 6-9 모드 Ⅰ의 전압, 전류파형

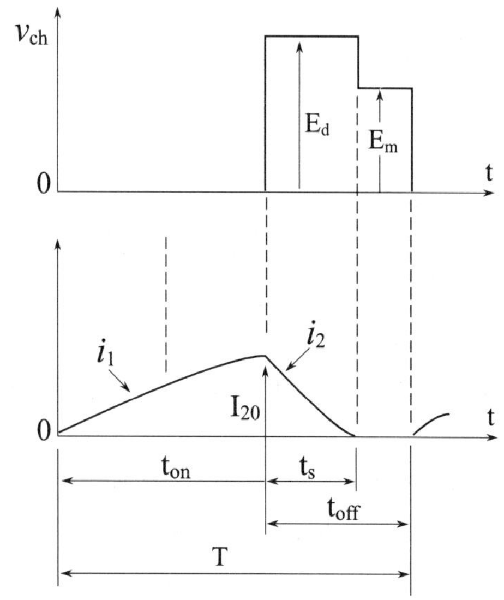

그림 6-10 모드 Ⅱ의 전압, 전류파형

$$L\frac{di_2}{dt}+Ri_2=E_m-E_d \tag{6-40}$$

가 성립되며, 전류의 초기조건을 I_{20}으로 하여 식 (6-40)의 해를 구하면

$$i_2=I_{20}e^{-t/\tau}-\frac{E_d-E_m}{R}(1-e^{-t/\tau}) \tag{6-41}$$

으로 된다.

(1) 모드 I : 전기자전류 연속 모드

강압쵸퍼회로에서 서술한 바와 마찬가지로 전기자전류 연속모드에서는 $t=t_{on}$의 경우 $i_1=I_{20}$, $t=t_{off}$의 경우 $i_2=I_{10}$으로 되므로

$$I_{20}=I_{10}e^{-t_{on}/\tau}+\frac{E_m}{R}(1-e^{-t_{on}/\tau}) \tag{6-42}$$

$$I_{10}=I_{20}e^{-t_{off}/\tau}-\frac{E_d-E_m}{R}(1-e^{-t_{off}/\tau}) \tag{6-43}$$

가 구해진다. 이로부터 식 (6-44), (6-45)를 얻을 수 있다.

$$I_{10}=\frac{E_m}{R}-\frac{(1-e^{-t_{off}/\tau})E_d}{(1-e^{-T/\tau})R}=\left(\xi-\frac{1-e^{-\beta\rho}}{1-e^{-\rho}}\right)\frac{E_d}{R} \tag{6-44}$$

$$I_{20}=\frac{E_m}{R}-\frac{(e^{-t_{on}/\tau}-e^{-T/\tau})}{(1-e^{-T/\tau})}\frac{E_d}{R}=\left(\xi-\frac{e^{-\alpha\rho}-e^{-\rho}}{1-e^{-\rho}}\right)\frac{E_d}{R} \tag{6-45}$$

여기에서 $\xi=\dfrac{E_m}{E_d}$, $\rho=\dfrac{T}{\tau}$이다.

강압 쵸퍼의 경우와 마찬가지로 식 (6-44) 및 (6-45)를 테일러 급수로 전개하여 1차 식으로 근사화하면

$$I_{10}=I_{20}=(\xi-\beta)\frac{E_d}{R} \tag{6-46}$$

로 되며, 이는 전기자전류의 평균치 I_a를 나타낸다. 즉

$$I_a = (\xi - \beta)\frac{E_d}{R} = \frac{E_m - \beta E_d}{R} = (E_m - \frac{t_{off}}{T}E_d)/R \qquad (6\text{-}47)$$

또는

$$\lambda = \xi - \beta \qquad (6\text{-}48)$$

로 된다. 식 (6-47)에서 평균치로 나타낸 승압 초퍼의 등가회로는 그림 6-11로

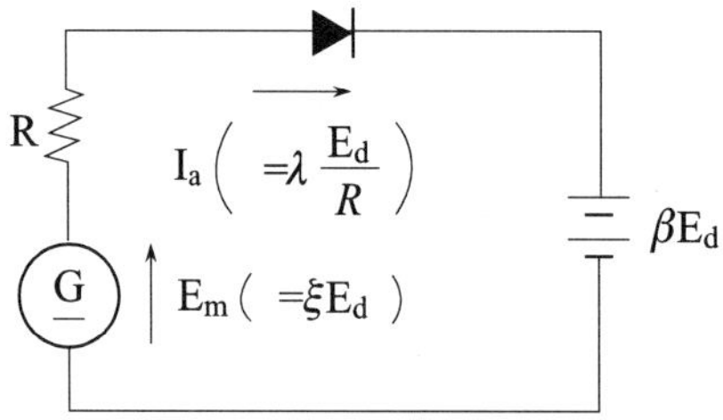

그림 6-11 평균치로 나타낸 승압 초퍼회로의 등가회로

표현될 수 있으며, 직류기측을 기준으로 보는 경우 전원 E_d는 초퍼에 의해 βE_d로 감소하게 된다.

한편 식 (6-47)의 관계는 다음과 같이 구할 수도 있다. 즉 전기자전류가 충분히 평활하다고 가정하면 초퍼 1주기 동안 직류기에서 방출되는 에너지는 $E_m I_a T$, 전기자회로의 저항에서 소비되는 에너지는 $RI_a^2 T$, 전원으로 회생되는 에너지는 $E_d I_a t_{off}$이므로

$$E_m I_a T = RI_a^2 T + E_d I_a t_{off} \qquad (6\text{-}49)$$

양변을 $I_a T_p$로 나누면

$$E_m = RI_a + \frac{t_{off}}{T}E_d \qquad (6\text{-}50)$$

로 되어 식 (6-47)과 같은 결과가 얻어진다.

(2) 전력의 관계

전기자 발생 전력 P_{em}, 회생 전력 P_{rg}, 저항손실 P_{dy}는 각각 다음과 같이 된다.

$$P_{em} = E_m I_a = \xi E_d I_a = \xi\lambda\frac{E_d^2}{R} = \xi(\xi - \beta)\frac{E_d^2}{R} \qquad (6\text{-}51)$$

$$P_{rg} = \beta E_d I_d = \beta\lambda\frac{E_d^{\ 2}}{R} = \beta(\xi - \beta)\frac{E_d^{\ 2}}{R} \tag{6-52}$$

$$P_{dy} = RI_a^{\ 2} = \lambda^2\frac{E_d^{\ 2}}{R} = (\xi - \beta)^2\frac{E_d^{\ 2}}{R} \tag{6-53}$$

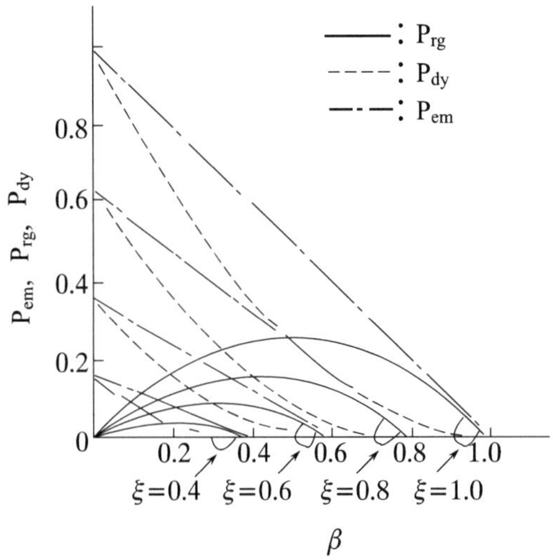

그림 6-12 β에 대한 P_{em}, P_{rg}, P_{dy}의 관계

이로부터 P_{em}, P_{rg}, P_{dy}사이에는 다음과 같은 관계가 성립한다.

$$P_{em} : P_{rg} : P_{dy} = \xi : \beta : (\xi - \beta) \tag{6-54}$$

또한 전원으로 회생되는 전력 P_{rg}는 $\beta = \frac{\xi}{2}$의 경우 다음과 같은 최대치를 갖는다.

$$\beta = \frac{\xi}{2}\text{의 경우 최대치 } P_{rgmax} = \frac{\xi^2}{4}\frac{E_d^{\ 2}}{R} \tag{6-55}$$

그림 6-12는 β에 대한 P_{em}, P_{rg}, P_{dy}의 관계를 나타낸 것이다.

지금까지는 평활리액터의 값이 무한대로서 부하전류에 리플이 포함되지 않는 경우에 대해 검토하였지만, 리플이 포함된 경우에는 강압 쵸퍼회로와 마찬가지로 평균전기자전류 I_a는 식 (6-56)로 구해지며, 이 결과는 식 (6-47)과 일치하게 된다.

$$I_a = \frac{1}{T_P}\left(\int_0^{t_{on}} i_1 dt + \int_0^{t_{off}} i_2 dt\right) \tag{6-56}$$

(3) 모드 Ⅱ : 전기자전류 단속모드

전기자전류가 단속으로 되는 모드 Ⅱ의 전압, 전류의 파형은 그림 6-10과 같이 되며, 식 (6-39)에서 $I_{10}=0$, $t=t_{on}$으로 함으로써 I_{20}을 구할 수 있다.

i_2의 단속시간 t_s는 식 (6-41)에서 $t=t_s$의 경우 $i_2=0$이므로 식 (6-57)으로 된다.

$$\frac{t_s}{\tau}=l_n\frac{1-\xi e^{-t_{on}/\tau}}{1-\xi} \tag{6-57}$$

그림 6-13은 이러한 관계를 나타낸 것으로 t_{on}/τ가 1보다 작은 범위에서 t_s는 t_{on}에 비례하며, t_{on}/τ가 1보다 충분히 큰 경우라면 t_{on}에 무관하게 되므로 ξ에 의해 정해지는 일정치로 하는 것이 가능하게 된다.

전기자전류가 단속으로 되는 모드 Ⅱ는 그림 6-10에서 확실하게 알 수 있는 바와 같이 $t_s < t_{off}$의 경우이다. 이제 $t_s=t_{off}$일 때 연속과 단속의 경계조건에 대해 고려하기로 하자. 즉 모드 Ⅰ, 모드 Ⅱ의 경계조건은 식 (6-58)로 된다.

$$\xi=\frac{1-e^{-\rho\beta}}{1-e^{-\rho}} \tag{6-58}$$

그림 6-14는 윗 식의 관계를 나타낸다.

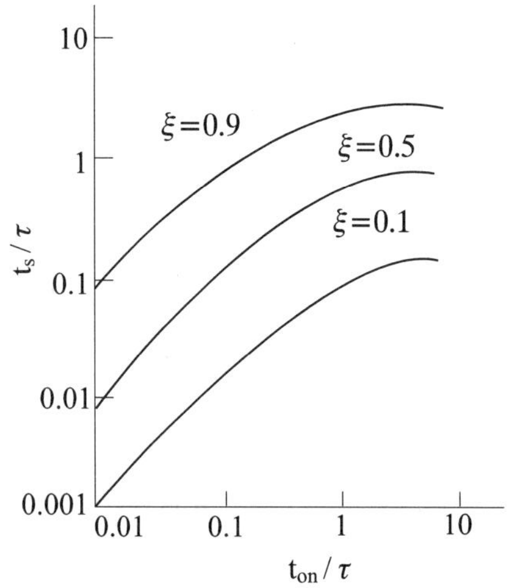

그림 6-13 쵸퍼 온 시간 t_{on}과 i_2의 단속시간 t_s의 관계

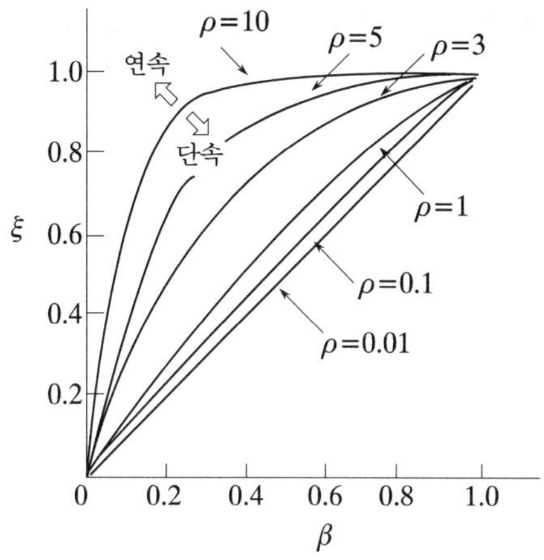

▌그림 6-14 전기자전류연속 및 단속의 경계조건

전기자전류가 단속인 경우 평균 전기자전류는 식 (6-59)로 된다.

$$
\begin{aligned}
I_a &= \frac{1}{T}\left(\int_0^{t_{on}} i_1 dt + \int_0^{t_s} i_2 dt\right) = \left\{\xi\alpha - (1-\xi)\frac{t_s}{T}\right\}\frac{E_d}{R} \\
&= \left\{\xi\alpha - \frac{1-\xi}{\rho} l_n \frac{1-\xi e^{-\alpha\rho}}{1-\xi}\right\}\frac{E_d}{R}
\end{aligned}
\tag{6-59}
$$

3 승·강압 쵸퍼회로(극성반전 쵸퍼 회로)

그림 6-15는 승·강압 혹은 극성반전 쵸퍼회로이다. 이 회로의 동작은 먼저 쵸퍼부 CH가 도통하면 $E_1 - CH - L$을 통하여 전류 i_1이 흐르며, 리액터 L에 에너지가 축적된다.

CH를 오프(off)시키면 L에 축적된 에너지는 부하로 방출된다. 이 경우 전류 i_2는 그림의 방향으로 흐르게 되어 출력 전압의 극성은 반전된다.

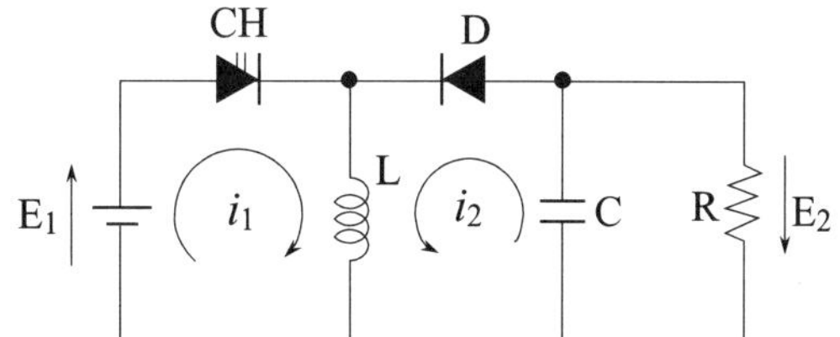

▌그림 6-15 승강압 쵸퍼 회로 (극성반전 쵸퍼 회로)

정상 상태에서 리액터 L에 걸리는 전압 v_L의 시간적($V\cdot S$)는 1주기 사이에 0으로 된다. 즉

$$\int \nu_L dt = 0 \tag{6-60}$$

이 된다. L이 충분히 크다면

$$E_1 t_{on} = E_2 t_{off} \tag{6-61}$$

의 관계가 성립하며, 이로부터 출력전압 E_2는 식 (6-62)로 된다.

$$E_2 = \frac{t_{on}}{t_{off}} E_1 = \frac{t_{on}}{T - t_{on}} E_1 = \frac{\alpha}{1-\alpha} E_1 \tag{6-62}$$

따라서 쵸퍼의 시비율 α를 변화시킴으로써 전원전압보다 크게 혹은 작게 하는 것이 가능하다. 그림 6-16은 α와 E_2/E_1사이의 관계를 나타낸다.

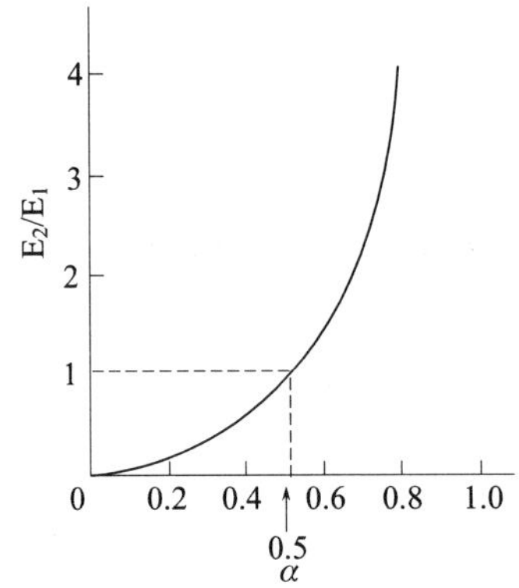

그림 6-16 승강압 쵸퍼 회로의 α와 E_2/E_1의 관계

한편 전원전류 및 부하전류의 평균치를 각각 I_1, I_2라 하고, 전류의 리플이 충분히 작다면 그림 6-17로 부터

$$\frac{I_1}{I_2} = \frac{t_{on}}{t_{off}} \tag{6-63}$$

로 되며, 이로부터 식 (6-64)가 구해진다.

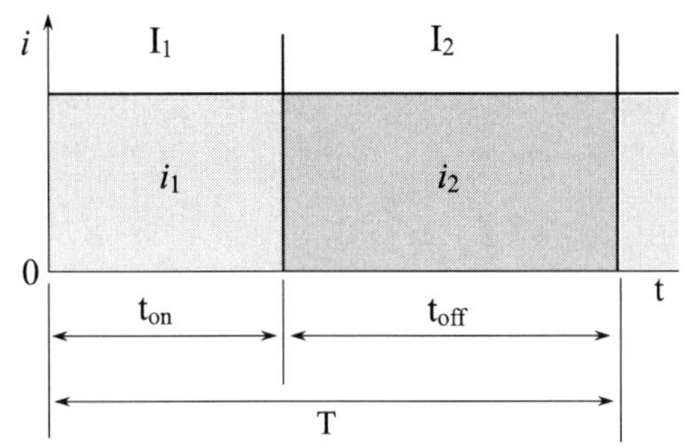

▌그림 6-17 승·강압 초퍼 회로의 전류파형 $(L \to \infty)$

$$I_2 = \frac{t_{off}}{t_{on}} I_1 = \frac{T - t_{on}}{t_{on}} I_1 = \frac{1-\alpha}{\alpha} I_1 \qquad (6-64)$$

따라서 CH의 손실이 없는 경우라 하면

$$E_2 I_2 = E_1 I_1 \qquad (6-65)$$

의 관계가 성립되어 입력과 출력은 같아지므로 직류변압기로 동작하게 된다.

그림 6-17은 L이 상당히 큰 경우의 전류파형을 표시한다.

4 사이리스터 쵸퍼회로

종래에는 고속 스위칭소자로서 SCR 쵸퍼가 사용되었다. 이 경우에는 사이리스터의 턴·오프를 위해 쵸퍼회로 내에 전류회로(Commutation circuit)가 반드시 필요하게 되고 따라서 회로가 복잡하게 된다. 그래서 트랜지스터, MOSFET, GTO 쵸퍼로 점차 대체되어 가고 있으나 대용량 쵸퍼로서는 SCR이 사용된다. 이 절에서는 주로 사이리스터(SCR)소자를 사용한 쵸퍼회로에 대하여 고찰한다.

(1) 펄스주파수변조

그림 6-18은 t_{on} 일정, T 가변회로이고, 사이리스터 T가 오프된 상태에서 $I_{Df} = I_2$이고, C_0는 $e_c = E_c \leq E_1$으로 충전되어 있다.

① **모드 1** : 이 상태에서 T가 턴·온되면 부하전류 I_2는 사이리스터를 통하여 부하에 공급되는 동시에 C_0의 전하는 T, L_0를 통하여 방전하면서 자유진동을 일으킨다.

이 때의 진동회로는 그림 6-19(a)와 같이 $C_0 - T - L_0$이고, 이 경로의 저항성분을 R_0로 하여 처음 반주기의 진동전압과 전류를 표시하면 다음과 같다.

$$L_0 \frac{di_c}{dt} + R_0 i_c + \frac{1}{C_0}\int i_c dt = 0 \tag{6-66}$$

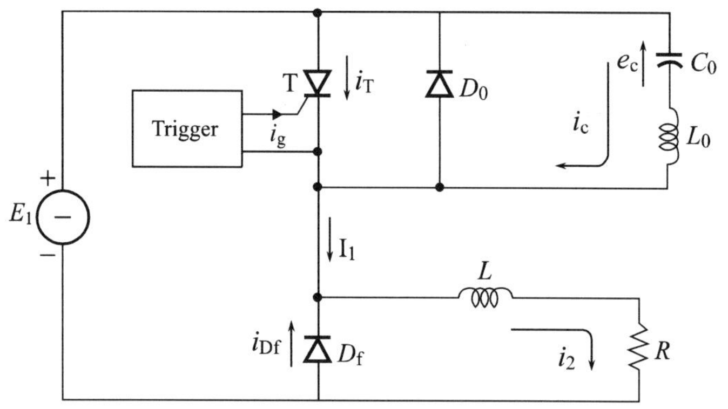

그림 6-18 LC에 의한 턴·오프회로

콘덴서의 초기전압 $e_c(0) = E_c$의 조건으로, 라플라스 변환하여 i_c를 구하면 다음과 같다.

$$i_c(t) = \frac{-E_c/L_0}{\sqrt{1/L_0C_0 - R_0^2/4L_0^2}} e^{-(R_0/2L_0)t} \cdot \sin\sqrt{\frac{1}{L_0C_0} - \frac{R_0^2}{4L_0^2}}\, t \tag{6-67}$$

그림 6-19(a)의 회로에서는 $R_0 = 0$인 경우로 전류 $i_c(t)$를 간단히 정리하면 다음과 같이 된다.

$$i_c(t) = -E_c\sqrt{\frac{C_0}{L_0}} \sin\frac{1}{\sqrt{C_0L_0}} t \tag{6-68}$$

인덕턴스 L_0의 전압은 $e_{L0}(t) = L_0 \frac{di_c}{dt}$이고, 식 (6-68)를 이 식에 대입하면

$$e_{L0}(t) = -E_c \cos\frac{1}{\sqrt{C_0L_0}} t \tag{6-69}$$

이고, 콘덴서전압 $e_{co}(t)$는 다음과 같이 된다.

$$e_{c0}(t) = E_c \cos\frac{1}{\sqrt{C_0 L_0}}t \tag{6-70}$$

또 사이리스터의 전류 i_T는 부하전류 $I_2(=I_1)$와 공진전류 i_c와의 합으로 되어 있고, 이 때의 전압과 전류의 시간적 변화를 도시하면 그림 6-20이 되고 $t=t_3$에서 $i_T = I_1 - i_c = 0$이 되므로 T는 오프된다.

② **모드 2** : 그림 6-19(b)에서 T가 오프되면 i_c의 일부는 $C_0 - L_0 - L - R - E_1 - C_0$를 통하여 부하전류 I와 합세하고, 나머지는 D_0를 통하여 흐르고 그림 6-20의 $t=t_4$에서 $i_{DO}=0$이 된다.

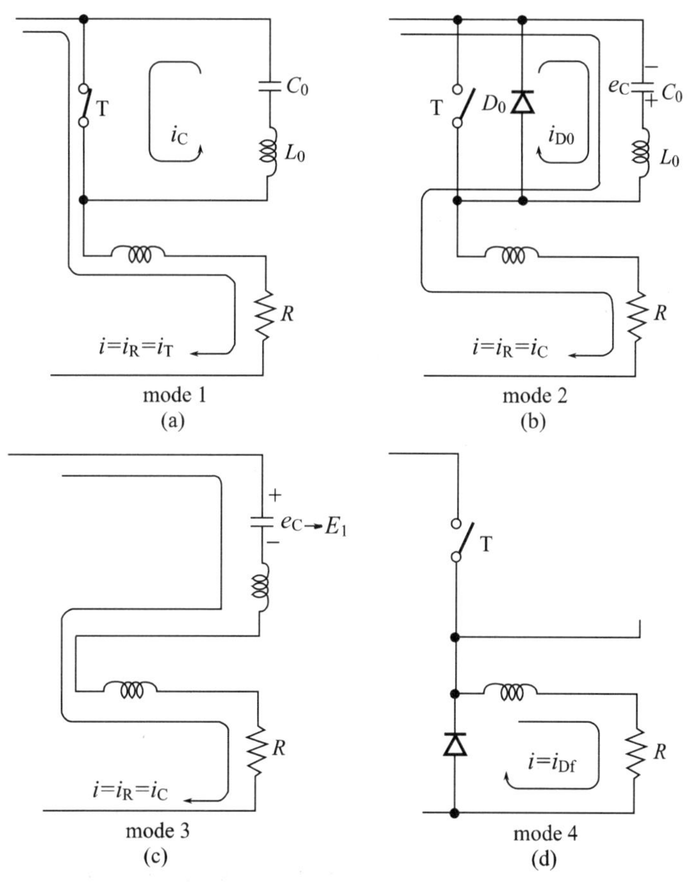

그림 6-19 그림 6-18 회로의 전류과정

③ **모드 3** : 다음 순간 그림 6-19(c)와 같이 D_0가 오프되고, 충전전류 즉 부하전류 I는 $E_1 - C_0 - L_0$를 통하여 전원에서 공급된다. 이것에 의해 e_c는 $(1/C_0)I_1$의 값을 가지고 그림 6-20과 같이 직선적으로 증가하여 $t = t_5$에서 $e_c = E_1$에 도달한다. 여기서 비로소 처음으로 D_f는 온되고 모드 4에 들어간다. 모드 4는 환류 전류가 된다.

모드 3의 기간은 극히 짧으므로 i_c가 D_0를 흐르는 모드 2의 기간$(t_3 \sim t_4)$에 T는 게이트의 제어능력을 회복하여야 한다(D_0의 순방향 전압강하 $e_{d0} = v_{AK}$가 T에 대해 역바이어스가 되고 전류(Commutation)가 이루어진다).

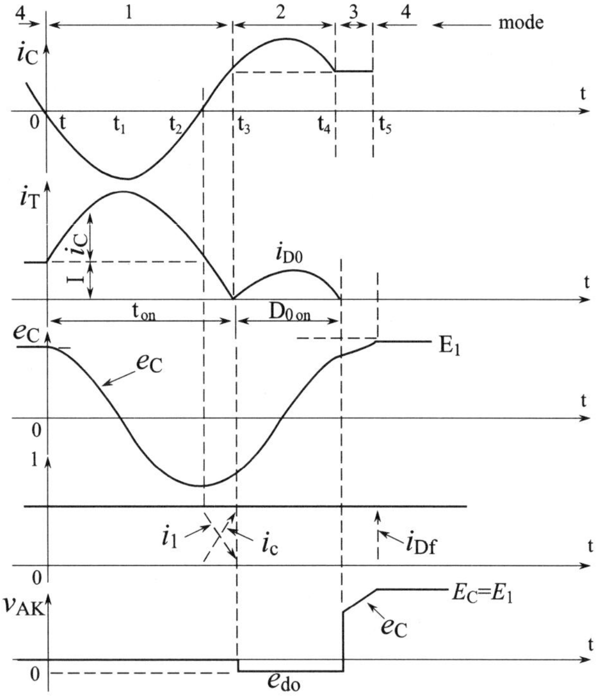

그림 6-20 그림 6-18 회로의 전류과정

(2) 혼합변조(PWM + PFM)

그림 6-21에서 주 사이리스터 T_1은 게이트 회로의 트리거 신호에 의해 온상태가 되고, 보조 사이리스터 T_2를 온하면 T_1은 오프상태가 된다. 따라서 시간 t_{on}, T의 양쪽을 자유로이 가감할수 있다. 여기서 T_2의 전류용량은 T_1에 비해 작고, T_2는 T_1을 턴·오프 시키기 위해 사용한 것이다.

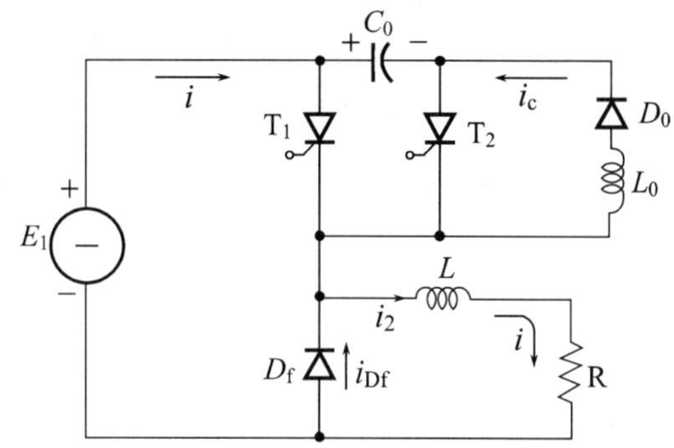

▌그림 6-21 혼합변조회로

T_2의 점호에 의해 $E_1 - C_0 - T_2 - L - R - E_1$의 회로에 전류가 흐르고 전류 콘덴서 C_0는 전원전압 E_1까지 충전된다. C_0의 충전전압 $e_{c0} = E_1$이 되면 T_2의 전류는 유지전류이하이고 자연적으로 오프된다. 그림 6-21에 표시된 각부의 전류의 흐름을 3개의 모드로 나누어 그림 6-22과 같이 표시하고, 쵸퍼의 동작을 설명한다. 이때 부하의 L은 $L = 0$이라고 한다.

① **모드 1(T_2가 온상태)** : T_2에 게이트 펄스가 걸리는 시점을 원점을 취하고, 이때 콘덴서 C_0에는 전하가 없다고 한다. 그러면 그림 6-22(a)에서 $E_1 - C_0 - T_2 - L - R$가 되는 폐회로가 구성되고 이때의 전압, 전류 방정식은

$$e_{c0} + Ri = \frac{1}{C_0}\int i dt + Ri = E_1 \tag{6-71}$$

이 된다. 또 윗식에 $i = C_0 \dfrac{de_{c0}}{dt}$와 $e_{c0(t=0)} = 0$이 되는 초기조건을 대입하면 콘덴서 전압 e_{c0} 및 충전전류 i는 다음과 같다.

$$e_{c0} = E_1\left(1 - e^{-\frac{t}{RC_0}}\right),\ \ i = \frac{E_1}{R} e^{-\frac{t}{RC_0}} \tag{6-72}$$

다음 T_1에 게이트 펄스가 걸릴때까지의 시간 T_{off}가 충분히 길면 ($T_{off} \gg C_0 R$) 식 (6-72)의 전류의 정상값은 0에 접근되어($i_{c0} < Holding$ 전류 $\fallingdotseq 0$) T_2는 자연적으로 턴 · 오프되며, 콘덴서 전압 $e_{c0} = E_1$이 된다. 모드 1에서는 $i = i_{c0} = i_{T2}$이다.

② 모드 2(T_1온, D_0 온상태) $t = T_{off}$되는 시점을 모드 2의 원점으로 취하고, $t' = 0$에서 T_1에 게이트 펄스가 걸리면 부하전류 $i = E_1/R$과 $C_0 - T_1 - L_0 - D_0 - C_0$의 폐회로를 흐르는 진동전류 i_{c0}가 T_1을 통하여 흐른다. 그림 6-22(b)의 폐회로에 대해 전압, 전류 방정식을 구하면

$$L_0 \frac{di_{c0}}{dt} + \frac{1}{C_0}\int i_{c0}dt = 0 \tag{6-73}$$

이 되고, 이 식에 $e_{c0}(0) = E_1$이 되는 초기조건을 대입하면 이 진동전류 i_{c0}는

$$i_{c0} = -E_1\sqrt{\frac{C_0}{L_0}}\sin\frac{1}{\sqrt{L_0 C_0}}t \tag{6-74}$$

가 된다. 한편, 콘덴서 전압 e_{c0}는 다음과 같이 된다.

$$e_{c0} = \frac{1}{C_0}\int i_{c0}dt = E_1\cos\frac{1}{\sqrt{L_0 C_0}}t \tag{6-75}$$

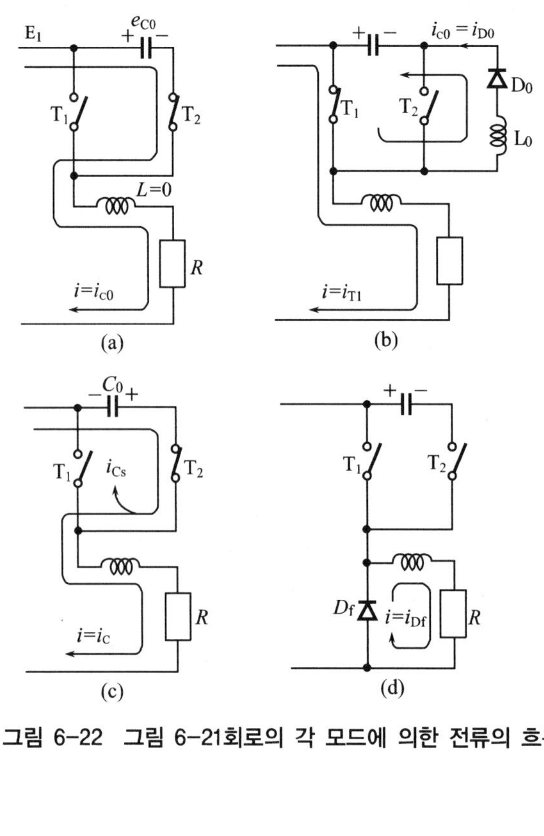

▌그림 6-22 그림 6-21회로의 각 모드에 의한 전류의 흐름

식 (6-74)에서 구해진 진동전류 i_{c0}는 $C_0 - L_0 - D_0$통하여 다이오드 D_0의 순방향으로 흐르나, 반사이클 후 그 방향이 반전하면 다이오드 D_0에 의해 저지되므로 전류는 흐르지 못한다. 진동전류의 반주기는 $t_0/\sqrt{C_0 L_0} = \pi$가 되므로 $t_0 = \sqrt{L_0 C_0}\pi$ [sec]로 주어진다. 한편, 이 t_0에 있어서 콘덴서 전압 e_{c0}는 식 (6-75)의 관계에서 $e_{c0(t=t_0)} = -E_1$으로 충전되고 그 극성은 반전된다. 실제 진동회로의 손실에 의해 $e_{c0(t=t_0)} < -E_1$이다. 모드 2에서는 다음과 같은 관계가 성립한다.

$$i_{D0} = i_{c0}, \quad i_{T1} = i_2 + i_{c0} = \frac{E_1}{R} + i_{D0} \tag{6-76}$$

③ 모드 3(T_2온, T_1오프상태) T_1을 턴·오프시키기 위해 T_2에 게이트 펄스를 주는 시각은 적어도 $t_0 = \sqrt{L_0 C_0} \cdot \pi[s] < T_{on}$을 만족하도록 T_1에 온 펄스를 가해서 T_{on}시간 이후에 해야 할 것이다. 그렇지 않으면 소호용 콘덴서 C_0가 충분히 충전되어 있지 않기 때문에 T_1의 전류(Commutation)실패를 가져오게 된다.

모드 3의 원점을 소호용 T_2에 펄스를 주는 시점으로 취하면 그림 6-22(c)와 같이 우선, $C_0 - T_2 - T_1$(역방향)$- C_0$로 되는 회로가 구성되고, 순간적으로 큰 단락전류가 흐른다(실제는 회로손실저항, 또 소자전류의 $\frac{di}{dt}$를 제한하는 인덕턴스 등 때문에 순간적이라고 말할 수 없다). 이 전류 i_{cs}는

$$i_{cs} \geq i = E_1/R \tag{6-77}$$

이 되는 시점($t=0$에서 대단히 짧고, 일반적으로 무시한다.)에서 T_1의 순방향 전류를 오프한다. 그후 $E_1 - C_0 - T_2 - R - E_1$으로 되는 회로의 전원에서 충전전류 i_{c0}가 흐르고, 콘덴서에서 또다시 역방향으로 충전된다. 이 상태에서 전압, 전류 방정식은(모드 1과 비슷하나 초기값만이 다르다.)

$$Ri_{c0} + \frac{1}{C_0}\int i_{c0}dt = E_1 \tag{6-78}$$

이 된다. 이식에 $e_{c0(0)} = -E_1$이 되는 초기 조건을 대입함으로써 콘덴서 전압 e_{c0} 및 i_{c0}는

$$e_{c0} = E_1(1-2e^{-\frac{1}{RC_0}t}) \qquad (6-79)$$

$$i_{c0} = \frac{2E_1}{R}e^{-\frac{1}{RC_0}t} = i_{T2} \qquad (6-80)$$

를 얻는다. 정상상태에서는 $i_{c0}=0$, $e_{c0}=E_1$이 되고, 모드 1의 최종상태와 같다. 이와 같이 쵸퍼의 반복현상은 T_1이 도통하는 기간이 되는 모드 2와 비도통인 모드 3으로 성립되고, 전자의 기간이 T_{on}, 후자가 T_{off}로서 그림 6-23에 표시되어 있다. 여기서 T_2는 자연전류이고, T_1은 강제전류이다. 모드 3에 있어서 그림 6-23의 콘덴서 전압 e_{c0}의 t_c기간의 사선부분은 T_1의 역바이어스 전압이다.

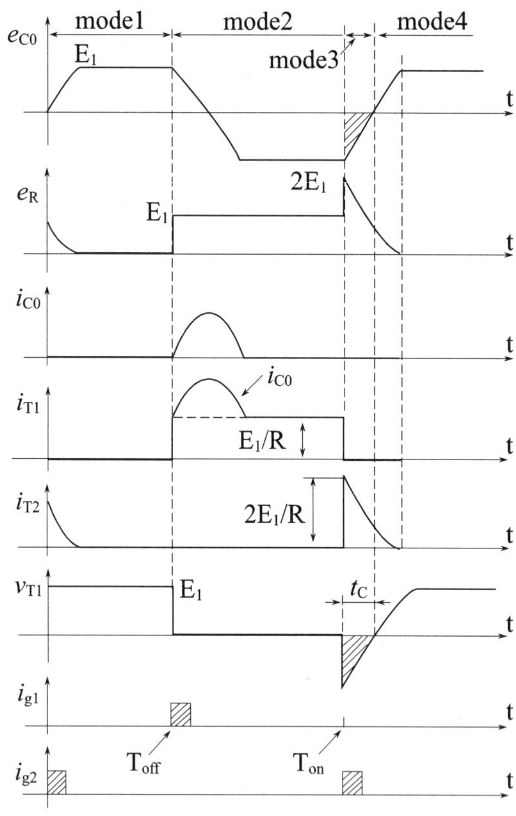

그림 6-23 그림 6-21의 동작전류와 전류파형

사이리스터를 오프시키는 방법에는 전압전류와 전류전류가 있다. 이것에 대해 고찰한다.

전압전류와 전류전류는 그림 6-24과 그림 6-25를 비교하여 그 차이를 알수 있다.

사이리스터가 도통되기 전에 그림 6-24에 표시한 극성으로 콘덴서가 충전되어 있다고 하자. 사이리스터가 턴·온되면 부하전류에 중첩하여 $C-L$의 진동전류가 흐른다. 이 진동전류는 $t=\pi\sqrt{LC}$ 시간후에 반전하고, 부하전류를 넘는 값에 도달하면 사이리스터에 역방향전압을 주어 이것을 턴·오프시킨다.

사이리스터에 역방향 전압이 인가되어(물론, 역전압이 인가되기 직전에 그 진동전류는 0이 된다.) 턴·오프하는 것이 전압전류이다.

한편, 그림 6-25에서도 같은 과정으로 $C-L$의 진동전류가 흐르는데 사이리스터에 역병렬로 다이오드가 있기 때문에 역방향의 방전전류가 다이오드에 흐르고, 그 동안 다이오드의 전압강하에 상당한 1~2[V]의 역방향 전압이 사이리스터에 인가되어 턴·오프 한다. 이것이 전류전류이다.

실제 Chopper 회로에서는 그림 6-18이 전류전류이고, 그림 6-20에 $e_{d0}(t_3 \sim t_4)$로 역바이어스 전압 v_{AK}을 표시하였다. 또 그림 6-21은 전압전류이고, 그림 6-23의 t_c기간의 역바이어스 전압은 v_{T1}이다.

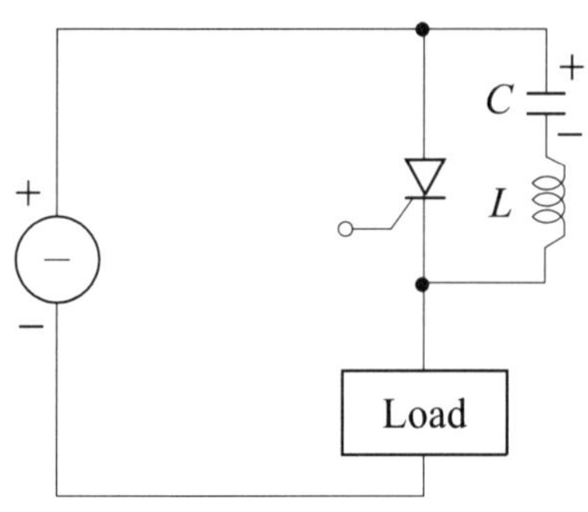

그림 6-24 전압전류

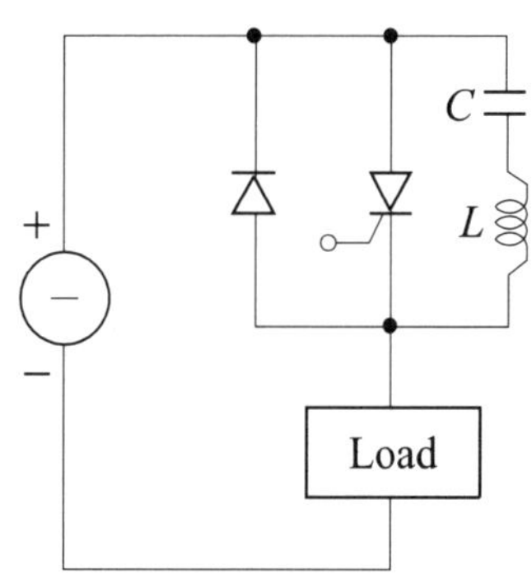

그림 6-25 전류전류

6-2 스위칭 레귤레이터

이 DC-DC 변환은 스위칭 모드 레귤레이터(Switching mode regulator), SMPS(Switched mode power supply), 또는 간단하게 파워 서플라이(Power supply)로서 불리고 있다. 주로 소용량의 직류전압을 가변하는데 사용된다.

가변장치는 높은 주파수의 PWM을 사용하고, 스위칭 소자로는 전력용 BJT, MOSFET, IGBT 소자가 사용된다. 그림 6-26은 높은 주파수의 쵸퍼와 출력에서는 $L-C$ 필터회로를 사용한 레귤레이터이다. 여기서 전원전압 E_1은 일반적으로 교류전원에서 정류기 및 필터를 사용하여 얻는다. 전원전압의 변동이나 부하변동이 있어도 항상 일정한 출력전압 E_2을 유지하기 위해 그림에서 피드백 회로를 사용한다.

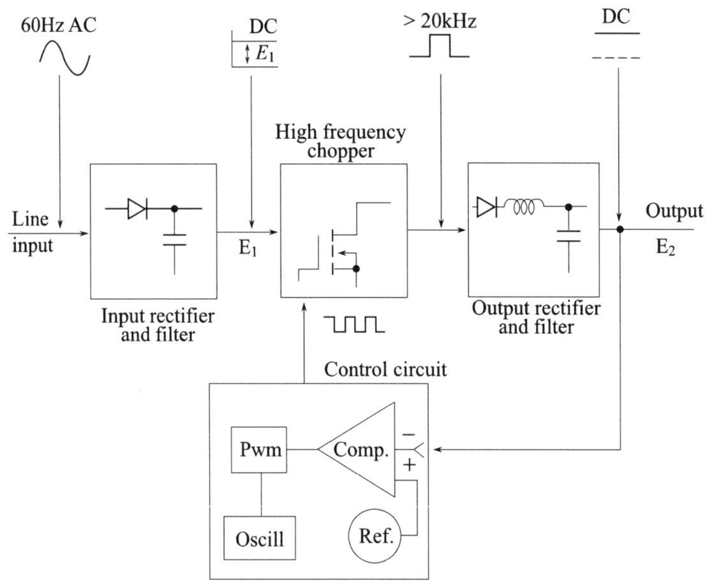

그림 6-26 스위칭 모드 레귤레이터의 블록선도

이 레귤레이터는 사용용도에 따라 여러 가지 종류가 있으나 여기서는

(1) 벅 레귤레이터(Buck regulator)

(2) 부스트 레귤레이터(Boost regulator)

(3) 벅 · 부스트 레귤레이터(Buck-Boost regulator)

에 대해 기술한다.

1 벅 레귤레이터

이 레귤레이터는 평균출력전압 E_2가 입력전압 E_1보다 낮은 전압으로 조정된다. 그래서 "벅(Buck)"이라고 한다. 그림 6-27(a)는 스위칭 소자로 BJT를 사용한 회로이고, 모드의 등가회로는 그림 6-27(b)와 같다. 이 장치는 앞에서 설명한 스텝 다운 쵸퍼와 같다.

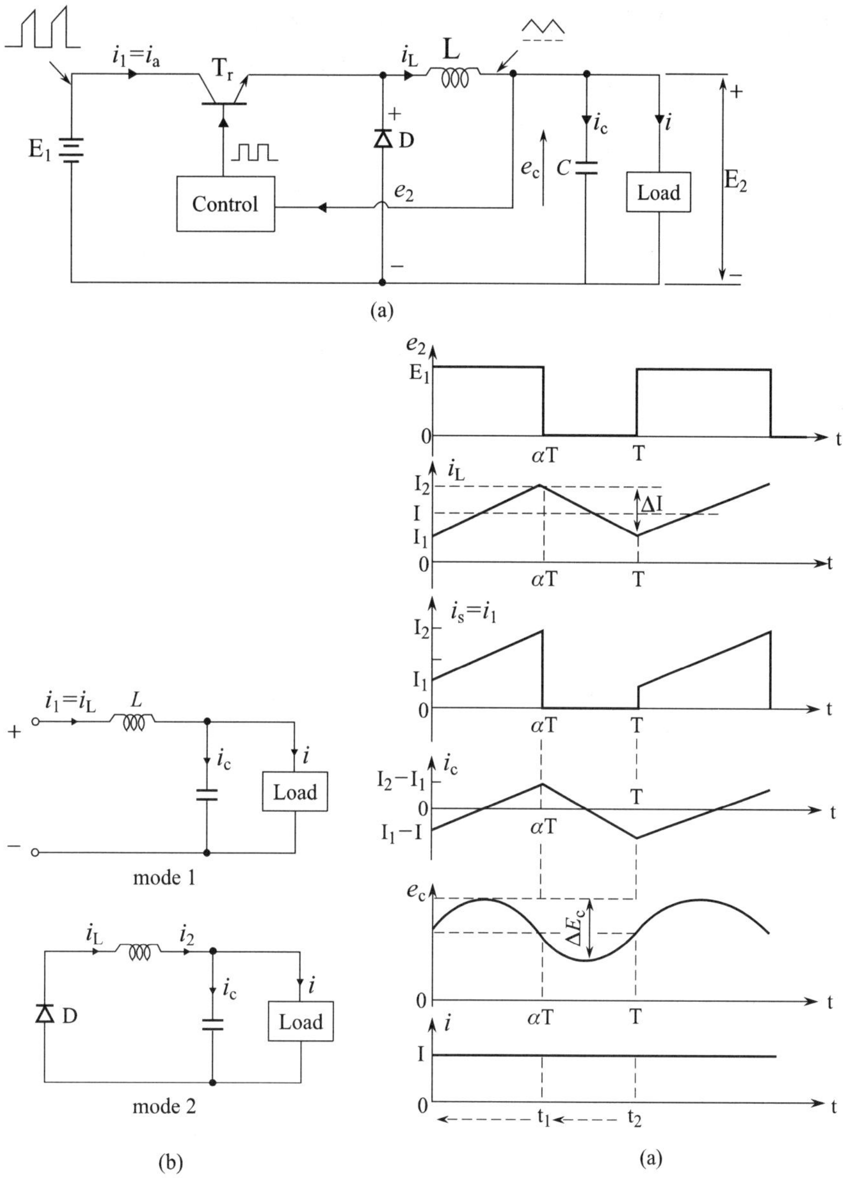

▌그림 6-27 (a), (b)벅 레귤레이터의 동작회로, (c)전압, 전류파형

이 회로의 전압, 전류파형은 그림 6-27(c)와 같고, 부하전류가 연속인 경우에만 표시하였다. 이 회로에서 T_r가 턴·온될 때 L에 걸린 전압은

$$e_L = L\frac{di_1}{dt} \tag{6-81}$$

이다. 지금 인덕터 L에 흐르는 전류가 그림 6-27(c)와 같이 t_1기간$(=\alpha T)$에 있어, I_1에서 I_2로 직선적으로 증가하였다고 하면 다음과 같은 식이 성립한다.

$$E_1 - E_2 = L\frac{I_2 - I_1}{t_1} = L\frac{\Delta I}{t_1} \tag{6-82}$$

$$t_1 = \frac{\Delta IL}{E_1 - E_2} \tag{6-83}$$

또 T_r가 턴 · 오프되는 t_2기간$(= T - \alpha T)$에 있어, 인덕터 전류가 I_2에서 I_1으로 직선적으로 감소한다고 하면 인덕터 전압은 다음과 같다.

$$E_2 = L\frac{\Delta I}{t_2} \tag{6-84}$$

$$t_2 = \frac{\Delta IL}{E_2} \tag{6-85}$$

ΔI의 맥동전류가 인덕터 내에 계속 흐른다고 하면, 식 (6-82)와 식 (6-84)에 의해

$$\Delta I = \frac{(E_1 - E_2)t_1}{L} = \frac{E_2 t_2}{L} \tag{6-86}$$

가 된다. 이식에 $t_1 = \alpha T$, $t_2 = (1-\alpha)T$를 대입하면

$$E_2 = \alpha E_1 \tag{6-87}$$

이 된다. 여기서 듀티 사이클 α를 가변하면 E_2전압이 가변되고, $\alpha < 1$이므로 출력전압은 스텝다운전압이 된다.

또 스위칭 소자가 손실이 없다고 하면 $E_1 I_s = E_2 I = \alpha E_1 I$가 되고 평균 입력전류는 다음과 같다.

$$I_s = \alpha I \tag{6-88}$$

다음에 스위칭 주기 T는 식 (6-83)과 식 (6-85)를 이용하여

$$T = \frac{1}{f} = t_1 + t_2 = \frac{\Delta IL}{E_1 - E_2} + \frac{\Delta IL}{E_2} = \frac{\Delta ILE_1}{E_2(E_1 - E_2)} \tag{6-89}$$

이 되고, 맥동전류는 다음과 같이 표시된다.

$$\Delta I = \frac{E_2(E_1 - E_2)}{fLE_1} = \frac{E_1\alpha(1-\alpha)}{fL} \qquad (6-90)$$

회로에서 L에 흐르는 전류 i_L은 $i_c + i$이고 부하 맥동전류 Δi가 대단히 적다고 할 때 평균 콘덴서 전류 I_c는 그림 6-27(c)에서 $t_1/2 + t_2/2 = T/2$기간에 흐르므로 $I_c = \Delta I/4$이다. 또 콘덴서 전압은 다음과 같이 표시된다.

$$e_c = \frac{1}{C}\int i_c dt + e_c(t=0)$$

따라서 피크 맥동전압 ΔE_c는 다음과 같다.

$$\begin{aligned}\Delta E_c &= e_c - e_c(t=0) = \frac{1}{C}\int_0^{T/2} \frac{\Delta I}{4} dt \\ &= \frac{\Delta I T}{8C} = \frac{\Delta I}{8fC}\end{aligned} \qquad (6-91)$$

식 (6-90)을 식 (6-91)에 대입하면 다음과 같이 된다.

$$\Delta E_c = \frac{E_2(E_1 - E_2)}{8LCf^2E_1} \qquad (6-92)$$

$$= \frac{E_1\alpha(1-\alpha)}{8LCf^2} \qquad (6-93)$$

벅 레귤레이터(Buck regulator)는 1개의 스위칭 소자이고 회로가 간단하고 효율이 좋다. 또 L의 사용에서 부하의 $\frac{di}{dt}$가 제한 된다. 그러나 그림 6-27(c)와 같이 입력전류의 불연속으로 1차 평활필터가 필요하다.

2 부스트 레귤레이터

부스트 레귤레이터는 출력전압이 입력전압보다 커진다. 그래서 "부스트(Boost)"라고 부른다. 전력용 MOSFET 스위칭 소자를 사용한 부스트 레귤레이터를 그림 6-28에 표시하였다. 그리고 이것은 앞에서 기술한 스텝업 초퍼와 같다. MOSFET 가 턴·온되었을 때 공급전압 E_1은 인덕터 L에 걸린다. 그리고 다이오드 D는 출력전압 E_2에 의해 역바이어스 된다. 스위칭 소자가 턴·오프 될 때에는 인덕터 L에 저장되었던 에너지는 부하와 콘덴서 C에 전달된다. 인덕터가 저장 에너지를 C에 전달하는 동안에 입력전원에서도 에너지를 공급받는다. 이 레귤레이터는 그림 6-28(c)에 표시한 바와 같이 항상 출력전류 i_2는 불연속이 된다. 그러나 입력전류는 경우에 따라 불연속이 되는 때가 있다. 여기서는 입력전압 E_1이 일정하다고 한다.

t_1기간에 인덕터 전류가 I_1에서 I_2로 직선적으로 증가하였다고 하면 다음과 같은 식이 성립한다.

$$E_1 = L\frac{I_2 - I_1}{t_1} = L\frac{\Delta I}{t_1} \tag{6-94}$$

$$t_1 = \frac{\Delta IL}{E_1} \tag{6-95}$$

또 t_2기간에 인덕터 전류가 I_2에서 I_1으로 직선적으로 감소할 때는

$$E_2 - E_1 = L\frac{\Delta I}{t_2} \tag{6-96}$$

$$t_2 = \frac{\Delta IL}{E_2 - E_1} \tag{6-97}$$

이 된다.

인덕터 내의 맥동전류 ΔI는 식 (6-94)과 식 (6-96)에서 다음과 같다.

$$\Delta I = \frac{E_1 t_1}{L} = \frac{(E_2 - E_1)t_2}{L} \tag{6-98}$$

$t_1 = \alpha T$와 $t_2 = (1-\alpha)T$를 위의 식에 대입하면

$$E_2 = \frac{E_1}{1-\alpha} \tag{6-99}$$

이 된다. 트랜지스터에 손실에 없다고 하면 $E_1 I_s = E_2 I = E_1 I/(1-\alpha)$이고, 평균 입력전류는

$$I_s = \frac{I}{1-\alpha} \tag{6-100}$$

이다.

식 (6-99)과 식 (6-100)에서 살펴본 바와 같이 듀티 사이클 $\alpha < 1$에 따라 전압 E_2는 스텝업 된다. 즉 $E_2 > E_1$이 된다. 반면 전류는 $I_1 > I_2$가 되고, 마치 교류에서 변압기 역할을 하는 것과 같다.

스위칭 주기는 식 (6-95)와 식 (6-97)을 이용하여 다음과 같이 구해진다.

$$T = \frac{1}{f} = t_1 + t_2 = \frac{\Delta IL}{E_1} + \frac{\Delta IL}{E_2 - E_1} = \frac{\Delta ILE_2}{E_1(E_2 - E_1)} \qquad (6\text{-}101)$$

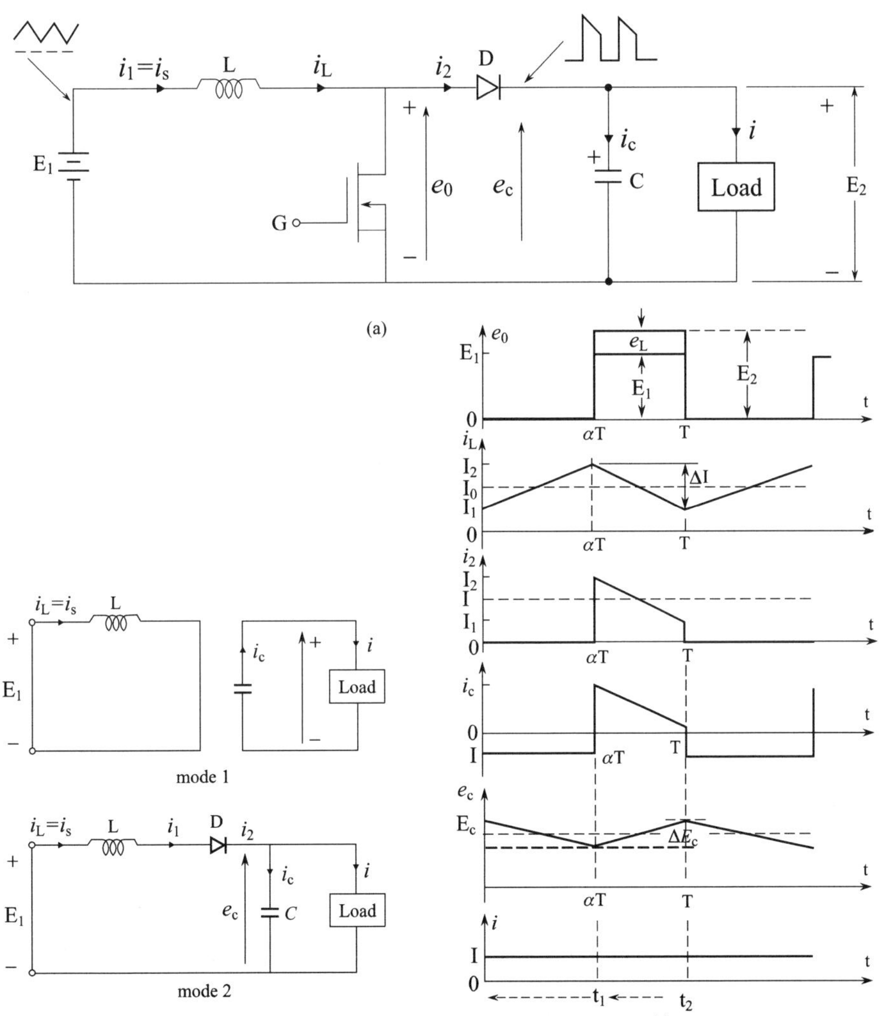

그림 6-28 (a), (b)부스트 레귤레이터 회로, (c)전압, 전류파형

맥동분 전류 ΔI는 다음과 같이 된다.

$$\Delta I = \frac{E_1(E_2 - E_1)}{fLE_2} = \frac{E_1\alpha}{fL} \tag{6-102}$$

MOSFET가 온 되었을 때 콘덴서는 $t = t_1$기간 부하전류를 공급한다. t_1시간 동안 평균 콘덴서 방전전류는 $I_c = I$이고 콘덴서의 맥동분의 전압은 다음과 같다.

$$\begin{aligned}\Delta E_c &= e_c - e_{c0}(t=0) \\ &= \frac{1}{C}\int_0^{t_1} i_c dt = \frac{1}{C}\int_0^{t_1} I dt = \frac{It_1}{C}\end{aligned} \tag{6-103}$$

식 (6-95)와 (6-102)에서 $t_1 = (E_2 - E_1)/(E_2 f)$이 얻어지고, 이것을 식 (6-103)에 대입하면

$$\Delta E_c = \frac{I(E_2 - E_1)}{E_2 f C} = \frac{I\alpha}{fC} \tag{6-104}$$

를 얻는다.

부스트 레귤레이터는 변압기없이 승압된 출력전압을 얻을 수 있고, 단일 스위칭 소자이므로 효율이 좋다. 입력전압은 연속이다. 그러나 높은 피크전류가 전력용 MOSFET를 통하여 흘러야 하고, 출력전압은 듀티 사이클 α의 변동에 따라 대단히 예민하여서 레귤레이터를 안전하게 운전하는 것이 힘들다.

3 벅 · 부스트 레귤레이터

이 레귤레이터는 출력전압을 입력전압보다 작게 또는 크게 할 수 있다. 그래서 "벅 · 부스트 (Buck-Boost)"라는 명칭이 붙었다. 이것은 또 인버팅(Inverting) 혹은 플라이 백 레귤레이터(Fly back regulator)로 알려지고 있다. 이 회로는 그림 6-29(a)와 같이 표시된다.

회로동작은 그림 6-29(b)표시한 것과 같이 2개의 모드(mode)로 나눌 수 있다. 모드 1의 기간에는 T_r가 턴 · 온되고 D가 역바이어스가 된다. 입력전류는 증가하면서 인덕터 L과 트랜지스터 T_r를 통하여 흐른다.

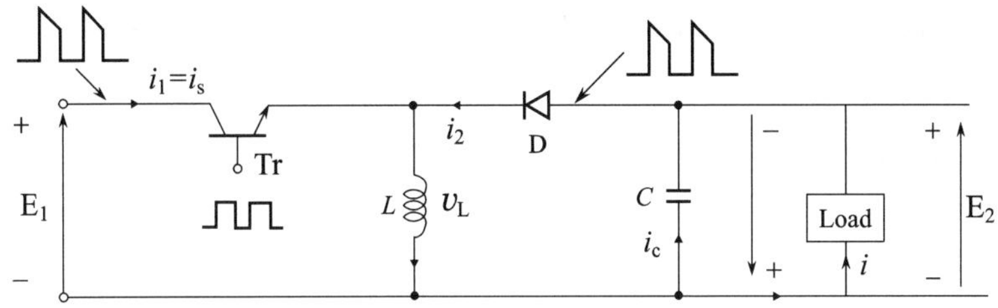

(a) 벅-부스트 레귤레이터 회로

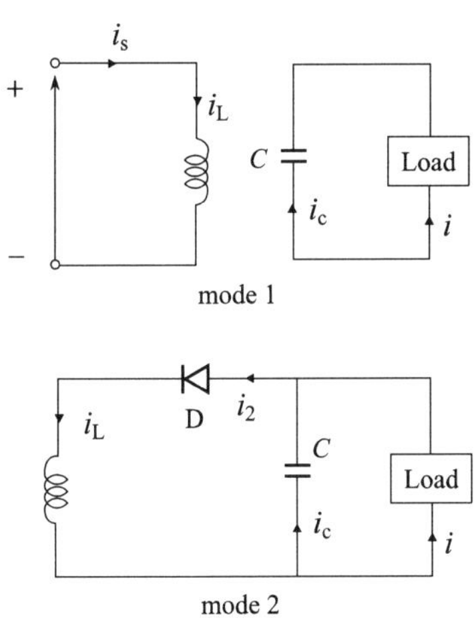

(b) 벅-부스트 레귤레이터 회로

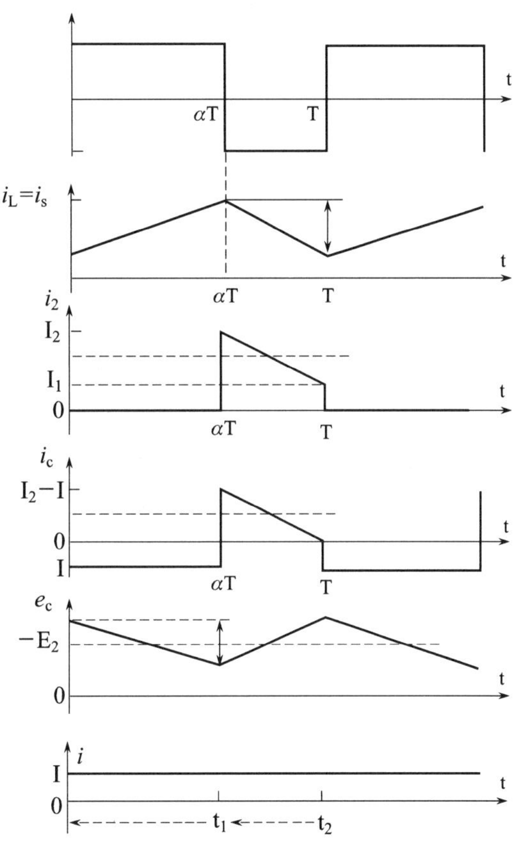

(c)전압, 전류의 파형

그림 6-29 벅-부스트 레귤레이터 회로와 전압, 전류의 파형

모드 2 기간에는 T_r는 오프되고 L에 흐르던 전류는 계속하여 $L-C-D$를 통해 흐른다. 즉, L에 저장되었던 에너지는 부하에 전달된다.

위의 전류는 T_r가 다시 온으로 될 때까지 흐른다고 한다. 이 레귤레이터의 정상상태에서 전압, 전류파형을 표시하면 그림 6-29(c)와 같다.

지금 인덕터 전류가 I_1에서 I_2로 직선적으로 상승한다고 하면 다음식이 성립된다.

$$E_1 = L\frac{I_2 - I_1}{t_1} = L\frac{\Delta I}{t_1} \qquad (6-105)$$

또는

$$t_1 = \frac{\Delta IL}{E_1} \qquad (6-106)$$

또, 인덕터 전류가 모드 2에서 직선적으로 감쇠한다고 하면

$$E_2 = -L\frac{\Delta I}{t_2} \qquad (6-107)$$

또는

$$t_2 = -\frac{\Delta IL}{E_2} \qquad (6-108)$$

여기서 ΔI는 인덕터 L의 피크에서 피크간의 전류이다. 식 (6-105), 식(6-107)에서 다음과 같이 된다.

$$\Delta I = \frac{E_1 t_1}{L} = \frac{-E_2 t_2}{L} \qquad (6-109)$$

이 식에서 $t_1 = \alpha T,\ t_2 = (1-\alpha)T$를 대입하면 평균 출력전압은

$$E_2 = -\frac{E_1 \alpha}{1-\alpha} \qquad (6-110)$$

이고, 회로에 손실이 없다고 하면 $E_1 I_S = E_2 I = E_1 I\alpha/(1-\alpha)$와 평균 입력전류 I_1은 I와 다음과 같은 관계가 있다.

$$I_s = I_1 = \frac{\alpha}{1-\alpha} I \qquad (6-111)$$

식 (6-110)에서 살펴본 바와 같이, 듀티 사이클 α의 가감에 따라 출력전압 E_2를 E_1보다 크게 또는 작게 할 수 있다.

또, 이 출력전압 E_2는 전원전압 E_1에 대해 역방향 전압이 된다. 이 경우의 전류는 식

(6-111)과 같이 전류는 전압에 대해 반비례한다.

또, 주기 T는 식 (6-106)과 식 (6-108)을 이용하여 다음과 같이 구해진다.

$$\begin{aligned} T &= \frac{1}{f} = t_1 + t_2 = \frac{\Delta IL}{E_1} - \frac{\Delta IL}{E_2} \\ &= \frac{\Delta IL(E_2 - E_1)}{E_1 E_2} \end{aligned} \tag{6-112}$$

또, 피크-피크간의 맥동전류 ΔI는 다음과 같다.

$$\Delta I = \frac{E_1 E_2}{fL(E_2 - E_1)} \tag{6-113}$$

또는

$$\Delta I = \frac{E_1 \alpha}{fL} \tag{6-114}$$

그림 6-29(a)에서 트랜지스터 T_r가 온으로 될 때, 필터 커패시터는 $t = t_1$기간 동안 부하전류를 공급하게 된다. 커패시터의 평균 방전전류는 $I_c = I$이고 커패시터의 피크-피크 맥동전압은 다음과 같다.

$$\Delta E_c = \frac{1}{C}\int_0^{t_1} i_c dt = \frac{1}{C}\int_0^{t_1} I dt = \frac{It_1}{C} \tag{6-115}$$

식 (6-106)과 (6-113)에서의 $t_1 = E_2/(E_2 - E_1)f$를 식 (6-115)에 대입하면 다음 식이 성립한다.

$$\Delta E_c = \frac{IE_2}{(E_2 - E_1)fC} \tag{6-116}$$

또는

$$\Delta E_c = \frac{I\alpha}{fC} \tag{6-117}$$

로 표현된다.

연습문제

1. 다음과 같은 강압 쵸퍼 회로의 원리도에서 제어방식인 펄스폭 변조, 펄스 주파수 변조 및 혼합변조 방식에 대해서 설명하고, 그 때의 입력전압에 대한 출력전압을 구하라.

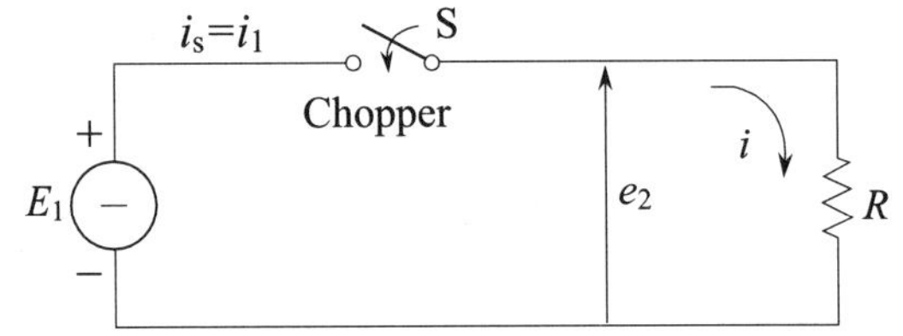

2. 위의 회로에서 펄스폭 변조 방식으로 제어할 때, 다음 문제에 답하라. 단 입력전압은 100[V]로 일정하고, 스위치의 스위칭 주기는 1[ms], 시비율 0.3, 저항은 10[Ω]이다.

(1) 평균 출력전압 E_2

(2) 평균 출력전력 P_2

(3) 출력전압 및 출력전류의 파형

3. 다음과 같은 강압쵸퍼회로도에서 전원전압 100[V], 인덕터 100[μH], 저항 10[Ω]일 때 시뮬레이션을 통해 e_2, i_2, e_R을 확인하라. 단 시비율 $\alpha = 0.4$, 스위칭 주파수는 100[kHz]이다.

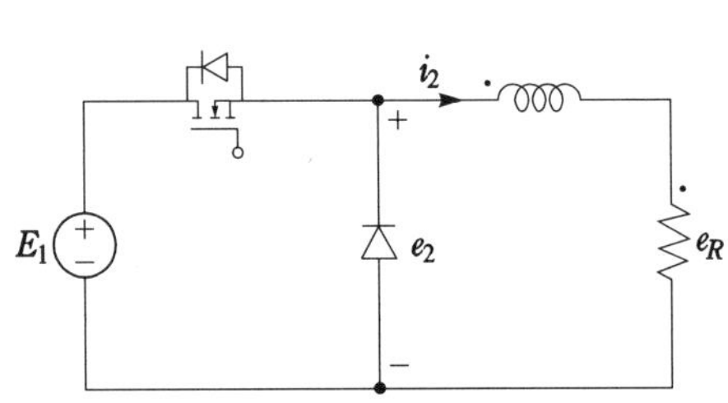

4. 벅레귤레이터 회로에서 입력전압 100[V], 스위칭 주파수 10[kHz], 시비율 0.5일 때, 다음을 구하라. 단 필터용 인덕터는 1[mH], 콘덴서는 50[μF] 저항은 10[Ω]이다.

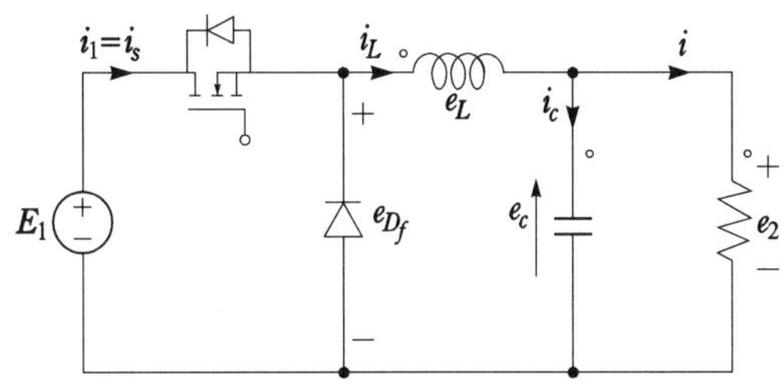

(1) 출력평균전압 E_0 및 출력평균전류 I_0

(2) 인덕터에 흐르는 전류의 최대값 $I_{\max}$, 최소값 $I_{\min}$

(3) 피크 맥동성분전압 ΔE_C

(4) 인덕터 전류 i_L

(5) 다이오드 양단 전압 e_{D_f}, 인덕터 전류 i_L, 입력전류 $i_s = i_1$, 콘덴서 전류 i_C, 콘덴서 전압 e_C 및 저항 양단의 출력전압 e_2의 파형을 시뮬레이션을 통해 확인하라.

5. 부스트레귤레이터 회로에서 입력전압 50[V], 스위칭 주파수 10[kHz], 시비율 0.4일 때, 다음을 구하라. 단 인덕터는 100[μH], 저항은 10[Ω]이고, 콘덴서는 50[μF]으로 한다.

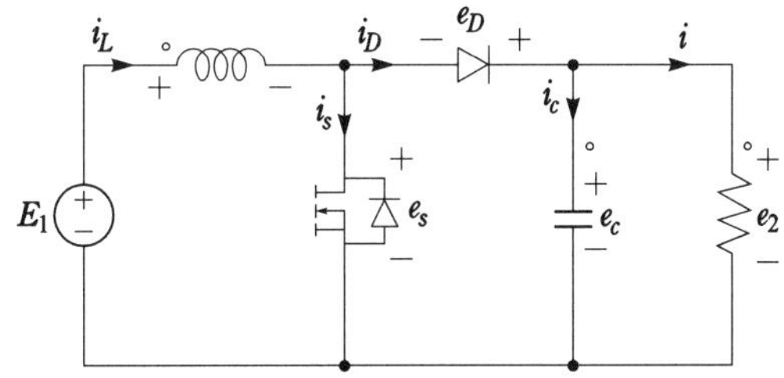

(1) 출력평균전압 E_0

(2) 출력평균전류 I_0

(3) 부하전력 P_0

(4) 인덕터 평균전류 I_L

(5) 인덕터에 흐르는 전류의 최대값 I_{max}, 최소값 I_{min}

(6) 인덕터 전류 i_L, 스위치 양단전압 e_s, 스위치전류 i_s, 다이오드 양단전압 e_D, 다이오드 전류 i_D, 콘덴서 전류 i_C 파형을 시뮬레이션을 통해 확인하라.

6. 체강쵸퍼방식에서 시비율이 0.3이며 직류 공급전압 $V_s = 72[V]$, 부하저항 $R = 20[\Omega]$, 인덕터 $L = 1[mH]$, 커패시터 $C = 20[\mu F]$이다. 정상상태시 인덕터가 연속동작을 하기 위한 전력변환소자의 스위칭주파수는 얼마가 되어야하는가? 또한 이때의 맥동전압의 크기는 얼마인가?

7. 체승쵸퍼방식에서 시비율이 0.6이며 직류 공급전압 $V_s = 48[V]$, 부하저항 $R = 20[\Omega]$, 스위칭주파수가 10[kHz]이며 $C = 100[\mu F]$일 때 맥동전압 및 인덕터 값을 설계하라.

연습문제 해답

제1장 서론

1. 평균값 : $I_{av}=\frac{1}{2\pi}\int_0^{2\pi} I_m\sin\theta d\theta=\frac{1}{2\pi}\int_0^{\pi} I_m\sin\theta d\theta=\frac{I_m}{2\pi}\,|-\cos\theta\,|_0^{\pi}=\frac{I_m}{\pi}$

   실효값 : $I_r=\sqrt{\frac{1}{2\pi}\int_0^{2\pi}(I_m\sin\theta)^2 d\theta}=\sqrt{\frac{1}{2\pi}\int_0^{\pi}(I_m\sin\theta)^2 d\theta}=\sqrt{\frac{I_m^{\ 2}}{2\pi}\int_0^{\pi}\sin^2\theta d\theta}$

   $=\sqrt{\frac{I_m^{\ 2}}{2\pi}\int_0^{\pi}\frac{1-\cos 2\theta}{2}d\theta}=\sqrt{\frac{I_m^{\ 2}}{4\pi}\left|\theta-\frac{\sin 2\theta}{2}\right|_0^{\pi}}=\frac{I_m}{2}$

2. 평균값 : $V_{av}=\frac{1}{2\pi}\int_0^{2\pi} V_m\sin\theta d\theta=\frac{1}{\pi}\int_0^{\pi} V_m\sin\theta d\theta=\frac{V_m}{\pi}\,|-\cos\theta\,|_0^{\pi}=\frac{2V_m}{\pi}$

   실효값 : $V_r=\sqrt{\frac{1}{2\pi}\int_0^{2\pi}(V_m\sin\theta)^2 d\theta}=\sqrt{\frac{1}{\pi}\int_0^{\pi}(V_m\sin\theta)^2 d\theta}=\sqrt{\frac{V_m^{\ 2}}{\pi}\int_0^{\pi}\sin^2\theta d\theta}$

   $=\sqrt{\frac{V_m^{\ 2}}{\pi}\int_0^{\pi}\frac{1-\cos 2\theta}{2}d\theta}=\sqrt{\frac{V_m^{\ 2}}{2\pi}\left|\theta-\frac{\sin 2\theta}{2}\right|_0^{\pi}}=\frac{V_m}{\sqrt{2}}$

3. 파형이 대칭이므로 $T/4$까지만 값을 구하면 된다. 먼저 시간에 대한 전압의 식을 구하면 다음과 같다.

   $v=\frac{4V_m}{T}t$

   평균값 : $V_{av}=\frac{1}{T/4}\int_0^{T/4} v dt=\frac{4}{T}\int_0^{T/4}\frac{4V_m}{T}t dt=\frac{V_m}{2}$

   실효값 : $V_r=\sqrt{\frac{1}{T/4}\int_0^{T/4} v^2 dt}=\sqrt{\frac{4}{T}\int_0^{T/4}\frac{16V_m^{\ 2}}{T^2}t^2 dt}=\frac{V_m}{\sqrt{3}}$

4. 평균값 : $I_{av}=\frac{2}{\pi}I_m=\frac{2}{3.14}\times 10\sqrt{2}\fallingdotseq 9[\mathrm{A}]$

   실효값 : $I_r=\frac{I_m}{\sqrt{2}}=10[\mathrm{A}]$

5. 임피던스의 크기 : $|Z|=\sqrt{3^2+4^2}=5[\Omega]$

   회로전류 : $I=\frac{V}{Z}=\frac{220}{5}=44[\mathrm{A}]$

역　　률 : $\cos\theta = \dfrac{R}{Z} = \dfrac{3}{5} = 0.6$

유효전력 : $P = VI\cos\theta = 220 \times 44 \times 0.6 = 5{,}808[\text{W}]$

무효전력 : $Q = VI\sin\theta = 220 \times 44 \times 0.8 = 7{,}744[\text{Var}]$

피상전력 : $S = VI = 220 \times 44 = 9{,}680[\text{VA}]$

6. Y결선이므로 부하 한 상의 상전압 V는 $V = \dfrac{V_l(\text{선간전압})}{\sqrt{3}}$ 이므로 $V = 220[\text{V}]$가 된다.

이 때 선전류 I는 $I = \dfrac{V}{|Z|}[\text{A}]$이므로 $I = \dfrac{220}{5} = 44[\text{A}]$ 이다.

유효전력 : $P_3 = 3P_{\text{단상}} = 3I^2R = 3 \times 44^2 \times 3 = 17{,}424[\text{W}]$

무효전력 : $Q_3 = 3Q_{\text{단상}} = 3I^2X = 3 \times 44^2 \times 4 = 23{,}232[\text{Var}]$

피상전력 : $S_3 = 3S_{\text{단상}} = 3VI = 3 \times 220 \times 44 = 29{,}040[\text{VI}]$

역　　률 : $p.f = \cos\theta = \dfrac{R}{|Z|} = 0.6$

7. $i(\theta)$를 푸리에 급수로 전개했을 때의 각 계수 a_0, a_n, b_n을 구하면 다음과 같다.

$$i(\theta) = \begin{cases} I_m\sin\theta & (0 < \theta < \pi) \\ 0 & (\pi < \theta < 2\pi) \end{cases}$$

$$a_0 = \frac{1}{2\pi}\int_0^{2\pi} i(\theta)d\theta = \frac{1}{2\pi}\int_0^{\pi} I_m\sin\theta d\theta = \frac{I_m}{\pi}$$

$$\begin{aligned} a_n &= \frac{1}{\pi}\int_0^{2\pi} i(\theta)\cos n\theta d\theta = \frac{1}{\pi}\int_0^{\pi} I_m\sin\theta\cos n\theta d\theta \\ &= \frac{I_m}{2\pi}\int_0^{\pi}[\sin(n+1)\theta - \sin(n-1)\theta]d\theta \\ &= \frac{I_m}{2\pi}\left| -\frac{\cos(n+1)\theta}{n+1} + \frac{\cos(n-1)\theta}{n-1} \right|_0^{\pi} \\ &= \frac{I_m}{2\pi}\left[-\frac{(-1)^{n+1}-1}{n+1} + \frac{(-1)^{n-1}-1}{n-1} \right] \end{aligned}$$

$$= \begin{cases} 0 & (n\text{이 홀수일 때}) \\ \dfrac{-2I_m}{\pi(n^2-1)} & (n\text{이 짝수일 때}) \end{cases}$$

$$b_n = \frac{1}{\pi}\int_0^{2\pi} i(\theta)\sin n\theta d\theta = \frac{1}{\pi}\int_0^{\pi} I_m\sin\theta\sin n\theta d\theta \text{에서}$$

(1) $n = 1$이면

$$b_n = \frac{I_m}{\pi}\int_0^{\pi}\sin^2\theta d\theta = \frac{I_m}{2}$$

(2) $n \neq 1$이면

$$\begin{aligned} b_n &= \frac{I_m}{\pi}\int_0^{\pi}\frac{\cos(n-1)\theta - \cos(n+1)\theta}{2}d\theta \\ &= \frac{I_m}{2\pi}\left| \frac{\sin(n-1)\theta}{n-1} - \frac{\sin(n+1)\theta}{n+1} \right|_0^{\pi} = 0 \end{aligned}$$

따라서

$$i(\theta) = a_0 + \sum_{n=1}^{\infty} a_n \cos n\theta + \sum_{n=1}^{\infty} b_n \sin n\theta$$
$$= \frac{I_m}{\pi} - \frac{2I_m}{\pi}\left(\frac{\cos 2\theta}{3} + \frac{\cos 4\theta}{15} + \frac{\cos 6\theta}{35} + \cdots\right) + \frac{I_m}{2}\sin\theta$$
$$= I_m\left[\frac{1}{\pi} - \frac{2}{\pi}\left(\frac{\cos 2\theta}{3} + \frac{\cos 4\theta}{15} + \frac{\cos 6\theta}{35} + \cdots\right) + \frac{1}{2}\sin\theta\right]$$

8. 기함수인 동시에 반파 대칭함수이므로 n이 홀수일 때의 b_n항만을 갖는다. 계수 b_n은 1/4주기에 대해서 계산하고 4배하면 된다. 먼저 시간에 대한 전압의 식을 구한다.

$$v(t) = \frac{2V}{\pi}t \quad (0 \le t \le \frac{T}{4})$$
$$b_n = 4 \times \frac{2}{T}\int_0^{T/4} v(t)\sin n\omega t\, dt \quad (\text{단, } n\text{은 홀수})$$
$$= \frac{4}{\pi}\int_0^{\pi/2} v(\theta)\sin n\theta\, d\theta = \frac{4}{\pi}\int_0^{\pi/2} \frac{2V}{\pi}\theta \sin n\theta d\theta$$
$$= \frac{8V}{\pi^2}\left[-\frac{1}{n}\left(\frac{\pi}{2}\cdot\cos\frac{\pi}{2}\right) + \frac{1}{n^2}\left(\sin\pi\cdot\frac{\pi}{2}\right)\right]$$
$$= \begin{cases} \dfrac{8V}{n^2\pi^2} & (n = 1, 5, 9, 13, \cdots) \\ \dfrac{-8V}{n^2\pi^2} & (n = 3, 7, 11, 15, \cdots) \end{cases}$$

따라서

$$v(\theta) = \frac{8V}{\pi^2}\left(\sin\theta - \frac{1}{3^2}\sin 3\theta + \frac{1}{5^2}\sin 5\theta - \frac{1}{7^2}\sin 7\theta + \cdots\right)$$
$$v(t) = \frac{8V}{\pi^2}\left(\sin\omega t - \frac{1}{3^2}\sin 3\omega t + \frac{1}{5^2}\sin 5\omega t - \frac{1}{7^2}\sin 7\omega t + \cdots\right)$$

9. 직류분 전류 $I_0 = 3[\text{A}]$

기본파 전류 실효값 $I_1 = \dfrac{6\sqrt{2}}{\sqrt{2}} = 6[\text{A}]$

2고조파 전류 실효값 $I_2 = \dfrac{9\sqrt{2}}{\sqrt{2}} = 9[\text{A}]$

전류의 실효값 $I = \sqrt{I_0^2 + I_1^2 + I_2^2} \fallingdotseq 11.2[\text{A}]$

전력 $P = I^2R = 11.2^2 \times 10 \fallingdotseq 1{,}254[\text{W}]$

10. 전압 및 전류의 실효값을 구하면

전압의 실효값 $V = \sqrt{110^2 + (\dfrac{30}{\sqrt{2}})^2 + (\dfrac{40}{\sqrt{2}})^2} \fallingdotseq 115.5[\text{V}]$

전류의 실효값 $I = \sqrt{6^2 + 8^2} = 10[\text{A}]$
따라서 피상전력 $S = VI = 1{,}155[\text{VA}]$

제2장 반도체 소자

1. • 진성반도체 : 공유결합이 되어 있는 공유결정 중에서 다른 원자 즉 불순물을 포함하지 않은 반도체
   • 불순물반도체 : 진성반도체에 불순물의 첨가 즉 도핑을 하면 재료의 전기적 특성이 몹시 변화하는 반도체

2. 반도체에 있어서 가전자는 원자핵에 흡인되기 때문에 전기전도는 쉽게 일어나지 않는다. 그러나 가열, 광 또는 X-ray의 조사, 전계, 자계 등 외부에서 에너지를 주면, 가전자 중의 몇 개의 전자가 원자핵의 속박에서 빠져 나온다. 이것을 자유전자(Free electron)라 한다.

3. 반도체에 있어서 외부에서 에너지를 주면, 가전자 중의 몇 개의 전자는 원자핵의 속박에서 빠져나와 자유전자(Free electron)가 된다. 자유전자는 가전자 보다 높은 에너지에 있고, 이 반도체에 전기 전도성을 부여하는 전자가 되며, 이것이 존재하는 에너지대를 전도대(Conduction band)라 한다.

4. • 정공 : 진성 반도체에서는 아무런 에너지 작용이 없으면 전자는 모두 충만대에 있게 된다. 에너지 작용 때문에 일부 전자는 튀어나와 전도대에 있게 되고, 전도대의 전자의 수와 충만대의 전자의 공석수는 같다. 이 공석을 정공(Hole)이라 한다.
   • 도너 : 진성 반도체에 P(Phosphorus), Sb(Antimony), Au(Aurum) (5가의 원자) 등의 원자를 불순물로서 약간 첨가하면, 서로 인접된 원자와 각각 4개의 전자까지는 결합이 되나 1개의 전자는 남게 된다. 이렇게 남게 된 전자는 다른 결합궤도 전자보다 불순물 원자에 훨씬 가볍게 구속되어 있기 때문에, 낮은 전계가 가해져도 전자는 쉽게 전계와 역방향으로 결정 내부에서 움직인다. 즉, (−)의 전하가 이동하게 된다. 이와 같은 반도체를 N형 반도체(N-type semiconductor)라 하고, 투입된 불순물을 도너(Donor)라고 한다.
   • 억셉터 : B(Boron), Ga(Gallium), Al(Aluminium), In(Indium) 등의 3가의 원자를 진성 반도체에 도핑하면, N형과는 달리 최외각 궤도 전자의 좌석에 공석이 1개 생긴다. 이 공석을 정공(Hole)이라 한다. 결정 중에 공석이 생기면 옆에 있는 전자가 공석에 들어오고, 전자가 떠난 장소에 또 공석이 생긴다. 이 결정에 전계가 약간 가해지면 전계의 방향으로 이 공석이 이동하고, (+)의 전하가 운반되는 셈이 된다. 이와 같은 반도체를 P형 반도체(P-type semiconductor)라 하고, 투입 불순물을 억셉터(Acceptor)라고 한다.

5. P형 반도체는 정공(Hole)이 전류를 흘려주는 운반자가 되고, N형 반도체는 전자(electron)가 전류를 흘려주는 운반자가 되므로 P-N접합 다이오드는 문제에 있는 그림과 같이 된다. 여기에 애노드에 (+), 캐소드에 (−)의 순전압이 인가되면 P형 반도체의 정공은 N형 반도체로 이동하고, N형 반도체의 전자는 P형 반도체로 유입된다. 즉 정공, 전자의 흐름이 전류가 된다. 다음에 애노드에 (−), 캐소드에 (+)의 역전압이 인가되면 정공은 애노드 측으로, 전자는 캐소드 측으로 몰리게 되어 PN 접합점에 공핍층이 형성되어 전류가 흐르지 못하게 된다. 그러므로 한쪽 방향으로는 전류가 흐르고, 반대 방향으로는 전류가 흐르지 못하는 정류작용을 하게 되는 것이다.

6. 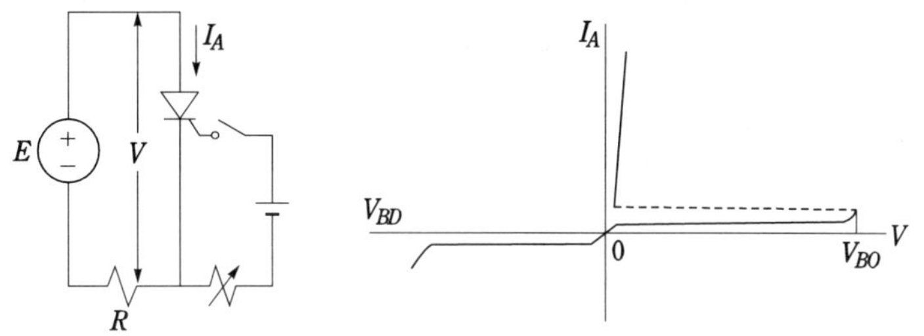

- 브레이크 오버 전압 : 위의 그림 회로와 같이, 사이리스터에서 게이트를 개방하고, 애노드에 (+), 캐소드에 (-)의 전압 E를 인가한 순방향 저지상태에서 인가 전압 E를 0에서 서서히 올려 가면서 사이리스터의 애노드-캐소드 간 전압 V와 순방향의 누설전류 I_A와의 관계를 기록하면 위의 그림 왼쪽의 곡선이 된다. 즉, V의 상승에 따라 전류가 약간 증가하나, 전압 V_{BO}에서 양극전류는 갑자기 증가하기 시작한다. 이것은 그림 2-24(교재 p.52)의 접합 J_2가 절연성을 소실하기 때문이다. 이 현상을 브레이크 오버(Break-over)라 하고, V_{BO}를 브레이크 오버 전압(Break-over voltage)이라고 한다.
- 브레이크 다운 전압 : 게이트를 개방한 상태로 직류전압 E를 위의 그림과 반대방향, 즉, 사이리스터의 애노드에 (-), 캐소드에 (+)의 역방향으로 전압을 인가할 때 역방향으로 턴·온하는 최소의 역방향 전압을 브레이크다운 전압(Break-down voltage)이라 한다. 이 값은 브레이크 오버 전압과 거의 같은 값이다.

7. ON 상태에 있는 사이리스터의 게이트 전류를 제거하여 양극 전류를 감소시키면 어느 전류값에서 사이리스터는 OFF 상태로 된다. 이와 같이 온 상태의 사이리스터를 유지하는 최소 양극(anode)의 전류를 유지전류라 하고, 소자에 따라 수 [mA]에서 수백[mA] 정도이다.

8. 사이리스터는 게이트 전류를 흘리지 않을 경우는 실리콘 정류기의 역방향 특성과 같으며, 어느 정도의 게이트 전류를 흐르게 하면 턴온하여 도통 상태로 된다. 또한 소호시키기 위해서는 순방향 전류를 유지전류 이하로 하여 역전압을 가하면 된다.

9. 전도대 및 가전자대

10. 전자는 전도대에 남아 있는 정공을 열로 발생하게 한다.

11. 가전자대와 전도대 사이의 간격을 부도체보다 반도체에서 더 좁기 때문이다.

12. 순방향과 역방향

13. 순방향

14. 충분한 역바이어스가 다이오드에 인가될 때 전류는 빠르게 생겨난다.

15. n형은 5가 불순물을, p형은 3가 불순물을 반도체 물질에 혼합하여 만든다.

16. 0.7[V]

17. 순방향 바이어스 및 역방향 바이어스

18. pn접합이 전류를 전도하는 상태

19. 다수 캐리어가 없는 양쪽면에서 pn접합 근처 영역

20. V_E는 접지이므로 $V_B = 0.7[V]$이다. R_B의 전압강하는 $V_{BB} - V_B$이며 I_B는 다음과 같이 계산된다.

$$I_B = \frac{V_{BB} - V_B}{R_B} = \frac{3-0.7}{10,000} = 0.23[\text{mA}]$$

$$I_C = \beta I_B = 50 \times 0.23[\text{mA}] = 11.5[\text{mA}]$$

$$I_E = I_C + I_B = 11.73[\text{mA}]$$

$$V_C = V_{CC} - I_C R_C = 20 - 0.0115 \times 1000 = 8.5[\text{V}]$$

21. 이미터, 베이스, 컬렉터

22. 바이폴라 접합 트랜지스터에서 베이스 전류에 대한 컬렉터 전류의 비

23. 이미터 전류가 평소 흐르는 방향을 정의하며, 따라서 다른 전류의 방향도 알 수 있다.

24. 0.7[V]

25. Ge 소자는 순방향에서의 전류 입상과 순방향 전압 강하 특성이 Si보다 좋으나, 역방향 브레이크 전압이 낮은 단점이 있다. 또한 진성 캐리어 농도가 상온 부근에서 Si보다 상당히 커서 누설전류가 훨씬 크기 때문이다. 사용 온도는 Si은 한계가 150[℃]인 것에 비해 Ge은 85[℃]로 전력용으로는 불가능하다.

26. Ge은 저전압 장치, Si은 고전압, 대전류 밀도로 사용할 수 있어 대용량 전력장치에 적합하다.

27. 도전율이 도체와 절연물의 중간에 있는 물질로 예를 들어 Si 및 Ge 반도체는 실온에서 $10^{-12} \sim 10^{1}$[℧/m]의 도전율을 갖고 있다.

제3장 AC-DC 변환 회로

1. PSIM을 이용한 정류작용의 설명 및 시뮬레이션 회로도와 결과 파형 : 아래 그림의 회로에서 입력교류전압으로 $e=\sqrt{2}\,E\sin\theta$[V]의 정현파전압을 인가하면, $0 \le \theta \le \pi$의 정의 반주기에서 다이오드는 도통되어 저항 R에 전력을 공급하고, $\pi \le \theta \le 2\pi$의 부의 반주기에서 다이오드는 오프(off)되어 전력을 공급하지 않게 된다. 이와 같이 직류 출력전압의 파형은 교류 입력전압 e의 정(+)의 반주기에서만 출력되고, 음(−)의 반주기에서는 0(Zero)이 된다.

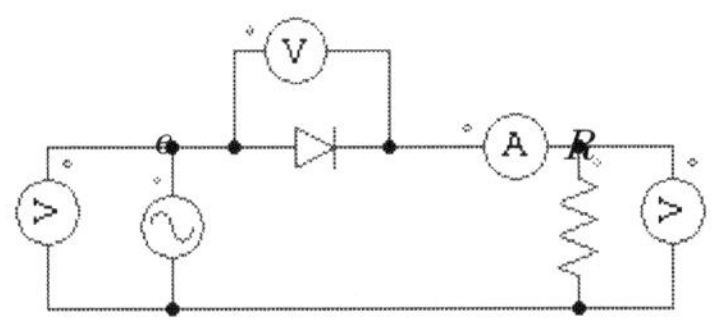

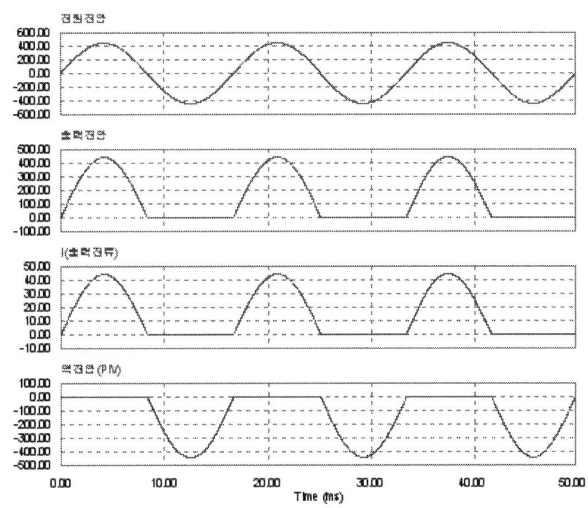

(1) 출력전압의 평균값 $E_a = \dfrac{314\sqrt{2}}{\pi} = 141.4$[V]

(2) 출력전류의 평균값 $I_a = \dfrac{E_a}{R} = 14.14$[A]

(3) 출력전류의 실효값 $I_r = \dfrac{314\sqrt{2}}{2R} = 22.2$[A]

(4) 다이오드 최대역전압 $PIV = -314\sqrt{2} = -444$[V]

(5) 교류 입력측 전력 $P_{ac} = I_r^2 R = 4928.4$[W]

(6) 직류 출력측 전력 $P_{dc} = I_a^2 R = 1999.4$[W]

(7) 정류효율 $\eta = \dfrac{P_{dc}}{P_{ac}} \times 100 = 40.6$[%]

2. (1) 단상반파정류회로에서 R-L 부하시의 출력파형은 저항 부하만의 출력파형과 상당한 차이가 있다. 즉 전류 i는 π에서 0(Zero)이 되지 않고 $\pi+\beta$에서 0 (Zero)이 된다. 그러므로 출력전압 e_2는 $\pi \le \theta \le \pi+\beta$의 구간에서 전원전압의 부(−)의 값이 나타난다. 이러한 현상은 에너지를 소비하지 않고 축적하는 성질을 갖고 있는 인덕터에 의한 것이다. 인덕터 L의 역할을 고찰한다. 그림 3-2 (b)의 첫 번째 파형에서 다이오드가 on하면 전류(그림에서 e_R의 파형)가 증가하여 인덕터에 에너지를 축적한다(이때 인덕터 양단전압은 $e_L = L\dfrac{di}{d\theta} > 0$이다). 이후 $\theta=\theta_m$에서 전류가 최대로 된 후 감소하기 시작한다. 전류가 감소하기 시작하면 인덕터 양단의 전압은 $e_L < 0$이 되고 축적한 에너지를 방출한다. $\theta=\pi$에서 전원전압이 부(−)로 되면, 저항만의 부하에서는 다이오드가 바로 off 되지만, $R-L$ 부하에서는 부(−)의 인덕터 전압으로 인해서 다이오드는 계속 순방향 바이어스 상태를 유지하게 되어 전류가 계속 흐르므로 부하에는 전원과 같은 부(−)의 전압이 나타난다. 이후 전원전압과 인덕터 전압이 같게 되는 순간 즉 $-e_1 = -e_L$인 $\theta=\pi+\beta$에서 다이오드는 역방향 바이어스 되어 off 된다.

(2) $E_{2a} = \dfrac{\sqrt{2}\,E}{2\pi}(1+\cos\beta) = 106.05\,[\mathrm{V}]$

(3) 인덕터의 값 L이 클수록 부하 양단의 출력전압에는 부(−)의 전압이 많이 나타나게 되어 출력전압의 평균값이 점점 감소하게 된다. $L \fallingdotseq \infty$이 되면 다이오드는 $\theta=2\pi(\beta=\pi)$까지 on 되어 출력전압의 파형은 전원전압과 같게 되어 평균값은 0(zero)이 되므로 전류도 $i=\dfrac{E_{2a}}{R}=0$가 되어, 회로는 전기적인 작용을 하지 못하게 되어 정류회로로서 실용화될 수 없다.

3. $R-L$ 부하에서 인덕터로 인해 출력전압에 부(−)의 전압이 나타나는 것을 방지하기 위해서는 부하에 병렬로 환류다이오드를 연결하면 된다. 이 때의 회로 동작은 전원전압의 정(+)의 반주기에서는 정류 다이오드가 온(on), 환류다이오드가 오프(off)되어 출력측에 전원전압의 정(+)의 반주기($0 \le \theta \le \pi$)전압이 출력되고, 전원전압의 부(−)의 반주기($\pi \le \theta \le 2\pi$)에서는 정류 다이오드가 오프(off)되고, 환류다이오드가 온이 되어(환류다이오드는 반드시 정(+)의 반주기에서는 온(on) 되지는 않는다) 출력전압은 0(Zero)이 되어 저항만의 부하시의 반파출력전압과 동일하게 된다. 또한 전류는 환류다이오드를 통하여 출력측에서 환류(環流)하므로 전원에 에너지를 공급하지 않고 저항에서 소모하므로 β는 더 커지게 되어 $\beta \ge \pi$ (L이 어느 정도 크면)인 조건이 되면 전류는 연속하게 된다.

이때의 출력전압의 평균값은 저항만의 부하일 때와 같은 $\dfrac{\sqrt{2}\,E}{\pi}$가 된다.

4. PSIM을 이용한 정류작용의 설명 및 시뮬레이션 회로도와 결과 파형 : 사이리스터는 전원전압 e의 정(+)(그림의 극성)의 반주기에서 애노드에 (+), 캐소드에 (−)의 순방향 전압이 인가되면 순방향저지상태가 되어, 게이트에 신호(전류)가 인가되는 순간 도통되며, 턴·온 시점을 임의로 제어할 수 있다. $\theta=\alpha$에서 게이트 전류를 인가하면 사이리스터는 턴온되어 $\theta=\pi$까지 온상태가 지속되고, 전원전압 e의 극성이 $\theta=\pi$에서 부(−)로 바뀌면 사이리스터는 턴오프하게 되어, 출력전압은 0(Zero)이 된다. 여기에서 사이리스터가 턴온되는 각 α는 $0 \sim \pi(180°)$[radian]의 범위 내에서 제어가 가능하므로 직류 출력전압의 평균치는 0에서 최대치까지 제어된다.

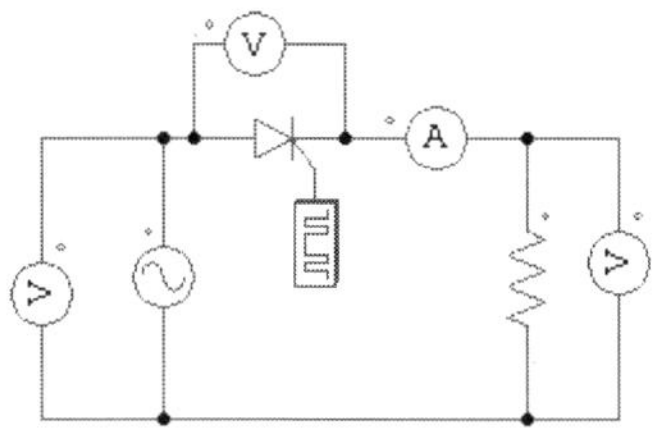

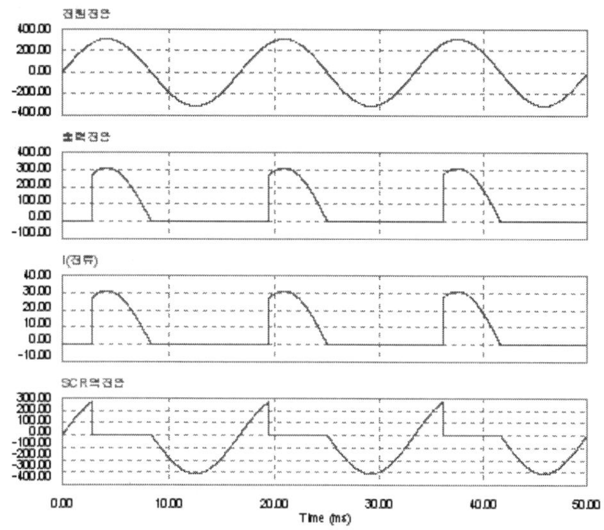

(1) 사이리스터는 애노드에 (+), 캐소드에 (-)의 전압이 인가되어 순방향 저지상태에 있을 때 게이트에 신호를 가하면 턴온되고, 애노드에 (-), 캐소드에 (+)의 전압이 인가되어 역방향 저지상태에 놓이면 턴오프 되는 반도체 스위치이다. 즉 사이리스터는 전원전압이 정(+)이 되는 순간인 0°에서부터 부(-)의 전압이 되기 직전인 180°까지 순방향 저지상태에 놓이게 된다. 이 기간 동안에 게이트에 신호를 가하면 사이리스터 턴온된다. 점호각은 사이리스터가 순방향 저지상태가 되는 순간부터 게이트에 신호를 가하는 순간까지의 사이각의 크기이다. 따라서 점호각의 변화 범위는, 사이리스터가 순방향 저지상태에 놓여 있는, $0° \sim 180°(0 \sim \pi)$가 된다.

(2) $E_a = \dfrac{\sqrt{2}E}{2\pi}(1+\cos\alpha) \fallingdotseq 74.3[\text{V}]$

(3) $E_r = \dfrac{E}{\sqrt{2}}\sqrt{1-\dfrac{\alpha}{\pi}+\dfrac{\sin 2\alpha}{2\pi}} = \dfrac{220}{\sqrt{2}}\sqrt{1-\dfrac{60°}{180°}+\dfrac{\sin 120°}{2\times 180°}} = 127.27[\text{V}]$

(4) $p = \dfrac{E_a^2}{R} = \dfrac{74.3^2}{10} = 552.05[\text{W}]$

(5) $pf = \dfrac{P}{E\times \dfrac{E_r}{R}} = \dfrac{552.05}{220\times\dfrac{127.72}{10}} = 0.2$

(6) 사이리스터의 점호각이 90° 이하이므로 전원전압의 최대가 사이리스터의 양단에 인가되는 역방향 전압의 최대값이 된다.
$PIV = -220\sqrt{2} = -311[\text{V}]$

5. 출력전압의 평균값은 $E_d = \dfrac{\sqrt{2}E}{2\pi}(1+\cos\alpha)$이므로 $E=220[\text{V}]$, $E_d = 80[\text{V}]$를 이용한다.

$$\alpha = \cos^{-1}\left(\frac{2\pi E_d}{\sqrt{2}E}-1\right) = \cos^{-1}\left(\frac{2\pi\times 220}{\sqrt{2}\times 80}-1\right) = 47.6°$$

6. 브리지 방식의 단상전파 정류회로의 시뮬레이션 회로 및 각부의 파형은 다음과 같다.

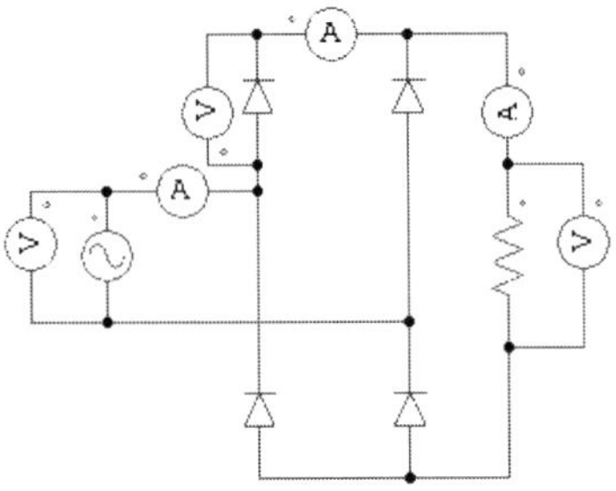

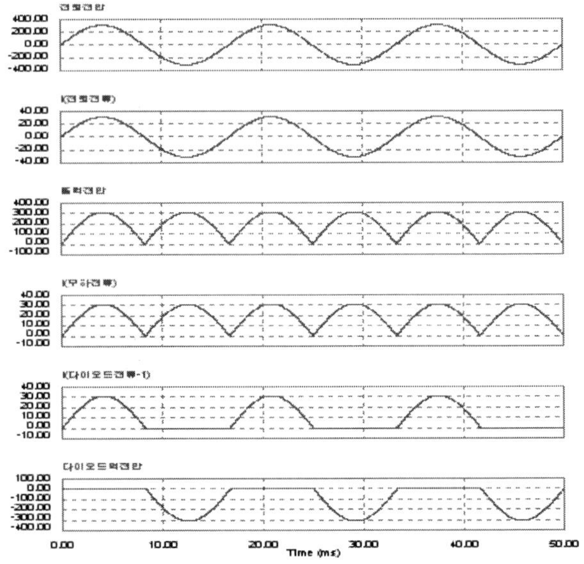

(1) $E_a = \dfrac{2\sqrt{2}\,E}{\pi} = \dfrac{2 \times 311}{3.14} = 198[\mathrm{V}]$

(2) $I_a = \dfrac{E_a}{R} = \dfrac{198}{10} = 19.8[\mathrm{A}]$

(3) $I_r = \dfrac{E}{R} = \dfrac{311/\sqrt{2}}{10} = 22[\mathrm{A}]$

(4) $PIV = -311[\mathrm{V}]$

(5) $P_{dc} = E_a I_a = 198 \times 19.8 = 3920.4[\mathrm{W}]$

(6) $P_{ac} = EI_r = 220 \times 22 = 4{,}840[\mathrm{W}]$

(7) $\eta = \dfrac{P_{dc}}{P_{ac}} = \dfrac{3920.4}{4840} = 0.81$

7. 변압기 중간탭 방식에서 off 상태에 있는 다이오드의 양단에 인가되는 역전압은 전원전압 최대값의 2배의 전압이 인가된다.

$PIV = -2 \times 311 = -622[\mathrm{W}]$

8. R-L 부하의 시뮬레이션 회로도 및 인덕터가 매우 클 때의 각부 파형의 결과는 아래와 같다.

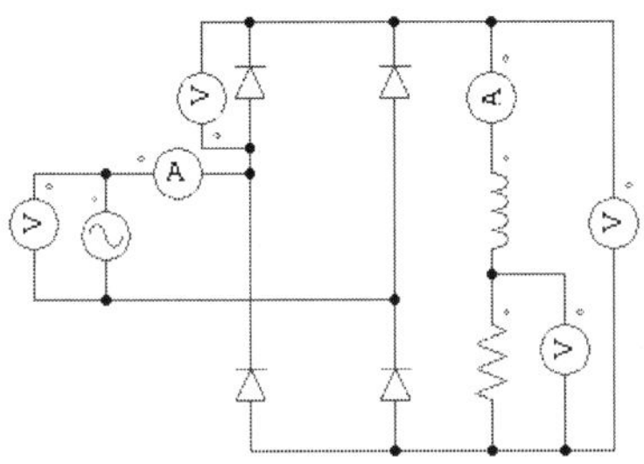

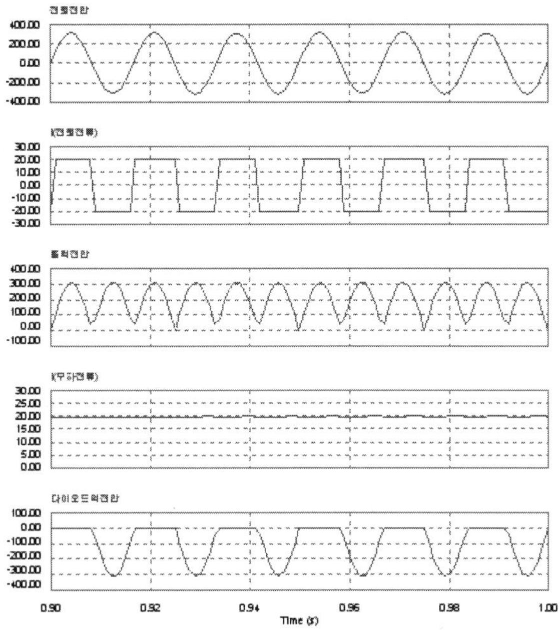

(1) $E_a = \dfrac{2\sqrt{2}\,E}{\pi} = \dfrac{2 \times 311}{3.14} = 198[\mathrm{V}]$

(2) $I_a = \dfrac{E_a}{R} = \dfrac{198}{10} = 19.8[\mathrm{A}]$

(3) 인덕터가 매우 커서 출력전류가 맥동이 없는 일정한 전류일 경우에는 출력전류의 실효값은 출력전류의 평균값과 같다.

9. (1) $E_a = \dfrac{\sqrt{2}\,E}{\pi}(1+\cos\alpha) = \dfrac{311}{3.14}(1+\cos 45°) = 169[\mathrm{V}]$

(2) $I_a = \dfrac{E_a}{R} = \dfrac{169}{10} = 16.9[\mathrm{A}]$

(3) $I_r = \dfrac{E}{R}\sqrt{1-\dfrac{\alpha}{\pi}-\dfrac{\sin 2\alpha}{2\pi}} = \dfrac{220}{10}\sqrt{1-\dfrac{45°}{180°}-\dfrac{\sin 90°}{2\times 180°}} = 19[\mathrm{A}]$

(4) 점호각이 90°보다 작으므로 전원전압의 최대가 사이리스터에 인가된다.

$PIV = -311[\mathrm{V}]$

(5) $P = E_a I_a = 169 \times 16.9 = 2{,}856.1[\mathrm{W}]$

10. (1) $E_a = \dfrac{2\sqrt{2}\,E}{\pi}\cos\alpha = \dfrac{2\times 311}{3.14} \times \dfrac{1}{\sqrt{2}} = 140.1[\mathrm{V}]$

(2) 점호각이 90°보다 작으므로 전원전압의 최대값이 출력전압의 최대값이 된다.

$E_m = 311[\mathrm{V}]$

(3) $I_a = \dfrac{E_a}{R} = \dfrac{140.1}{10} = 14.01[\mathrm{A}]$

(4) 인덕터가 매우 커서 출력전류가 맥동이 없는 일정한 전류일 경우에는 출력전류의 최대값은 출력전류의 평균값과 같다.

$I_m = 14.01[\mathrm{A}]$

(5) 인덕터가 매우 커서 출력전류가 맥동이 없는 일정한 전류일 경우에는 출력전류의 실효값은 출력전류의 평균값과 같다.

$I_r = 14.01[\text{A}]$

(6) $P = E_a I_a = 140.1 \times 14.01 = 1{,}962.8[\text{W}]$

(7) 각 사이리스터에 흐르는 전류는 출력전류가 반주기씩 흐른다.

$$I_T = \frac{I_a}{2} = \frac{14.01}{2} = 7[\text{A}]$$

11. 인덕터가 매우 커서 출력전류가 맥동이 없는 일정 전류가 흐를 때의 출력전류의 평균값은 $\dfrac{2\sqrt{2}\,E}{\pi R}\cos\alpha$이다. 이때 출력 전류의 평균값은 점호각이 $\alpha > 90°$이면 부(−)의 값을 갖게 된다. 부(−)의 전류라 하는 것은 제어 정류회로에서 출력전류의 방향이 전원에서 부하로 향하는 방향이 아니고 그 반대, 즉 부하에서 전원으로 향하는 방향을 의미한다. 이것은 사이리스터의 구조상 역방향으로는 흐를 수 없다. 따라서 점호각이 90°보다 큰 구간에서는 출력전압 및 출력전류의 평균값은 0(Zero)이다.

이 회로를 타여식 인버터로 동작시키기 위해서는 점호각을 $\alpha > 90°$로 유지하면서 R-L 부하측에 출력전압의 평균값과 같은 크기의 직류전원을 삽입하면 부하측의 직류전원으로부터 교류 입력측으로 에너지가 흐르게 되어 인버터로 동작한다.

12. 저항만의 부하에서 3상 반파 정류회로의 시뮬레이션 회로도 및 각부의 파형은 다음과 같다.

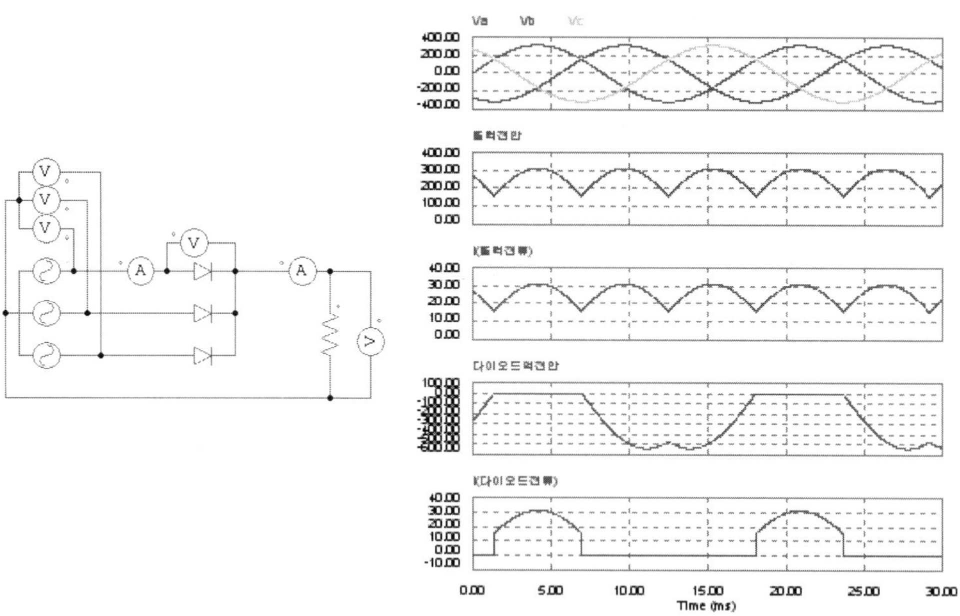

(1) $E_a = \dfrac{3\sqrt{6}\,E}{2\pi} = \dfrac{3 \times 2.45 \times 220}{2 \times 3.14} = 257.48[\text{V}]$

(2) $I_a = \dfrac{E_a}{R} = \dfrac{257.48}{10} = 25.75[\text{A}]$

(3) $I_r = \sqrt{\dfrac{3}{2\pi}\displaystyle\int_{\pi/6}^{5\pi/6}\left(\frac{v_a}{R}\right)^2 d\theta} = \dfrac{\sqrt{2}\,E}{R}\sqrt{\dfrac{1}{2} + \dfrac{3\sqrt{3}}{8\pi}}$

$$= \frac{311.13}{10}\sqrt{0.5 + \frac{3\sqrt{3}}{8 \times 3.14}} = 26.16[\text{A}]$$

(4) 출력 전압의 최대값은 위의 시뮬레이션 파형에서 알 수 있듯이 각 상전압의 최대값과 동일하므로 $e_{\max} = \sqrt{2} \times 220 = 311.13[\text{V}]$ 이다.

(5) 출력 전류의 최대값도 시뮬레이션 파형에서 알 수 있듯이 출력 전압의 최대값을 저항 값으로 나눈 값이 된다.

$$i_{\max} = \frac{311.13}{10} = 31.11[\text{A}]$$

(6) 다이오드에 흐르는 전류는 부하에 흐르는 전류와 동일하므로 최대값은 출력 전류의 최대값과 동일하다.

$$i_{D,\max} = 31.11[\text{A}]$$

(7) 다이오드에 흐르는 전류의 평균값은 출력 전류 평균값의 1/3이다.

$$I_D = \frac{I_a}{3} = 8.58[\text{A}]$$

(8) 다이오드 역전압은 선간 전압의 최대값이 인가된다.

$$PIV = \sqrt{3} \times 220\sqrt{2} = 539[\text{V}]$$

(9) $P = E_a I_a = 257.48 \times 25.75 = 6{,}630.11[\text{W}]$

(10) $\nu = \sqrt{\left(\frac{I_r}{I_a}\right)^2 - 1} = \sqrt{\left(\frac{26.16}{25.75}\right)^2 - 1} = 0.18$

13. 저항만의 부하에서 3상 반파 제어 정류회로의 시뮬레이션 회로도 및 각부의 파형은 다음과 같다.

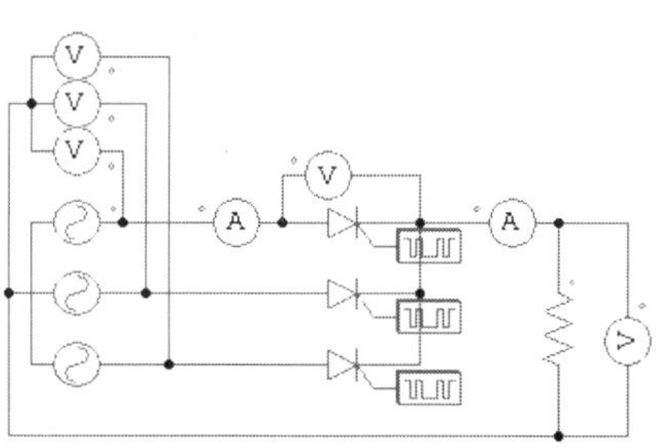

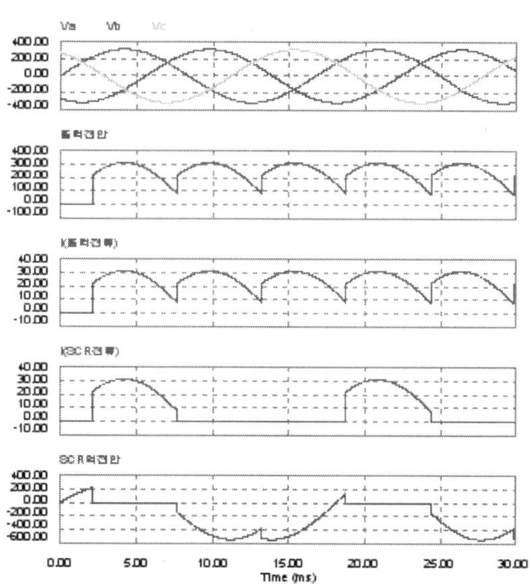

$\alpha = 15°$

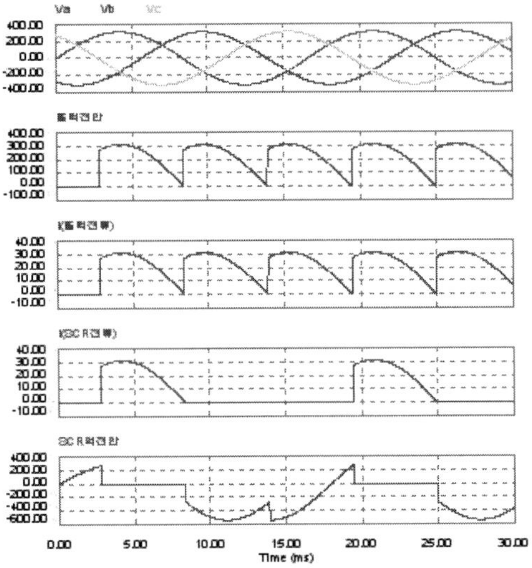

$\alpha = 30^\circ$

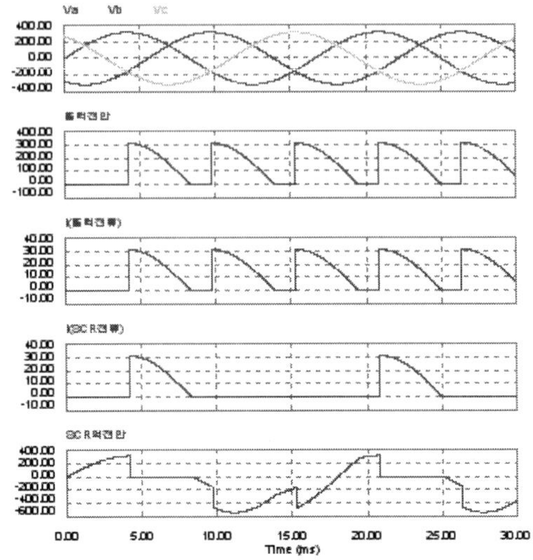

$\alpha = 60^\circ$

(1) $E_{a,15} = \dfrac{3\sqrt{6}\,E}{2\pi}\cos\alpha = \dfrac{3\times 2.45\times 220}{2\times 3.14}\times 0.966 = 248.73[\mathrm{V}]$

$E_{a,30} = \dfrac{3\sqrt{6}\,E}{2\pi}\cos\alpha = \dfrac{3\times 2.45\times 220}{2\times 3.14}\times\dfrac{\sqrt{3}}{2} = 223[\mathrm{V}]$

$E_{a,60} = \dfrac{3\sqrt{2}\,E}{2\pi}[1+\cos(\alpha+30^\circ)] = \dfrac{3\times 1.414\times 220}{2\times 3.14}(1+0) = 148.61[\mathrm{V}]$

(2) 출력 전류의 평균값은 출력 전압의 평균값을 저항값으로 나눈 것이므로 다음과 같다.

$I_{a,15} = \dfrac{248.73}{10} = 24.87[\mathrm{A}],\quad I_{a,30} = \dfrac{223}{10} = 22.3[\mathrm{A}],\quad I_{a,60} = \dfrac{148.61}{10} = 14.86[\mathrm{A}]$

(3) 사이리스터에 인가되는 최대 역전압은 3가지의 점호각 공히 선간 전압의 최대값이 인가되므로 $PIV = \sqrt{3}\times 220\sqrt{2} = 539[\mathrm{V}]$ 이다.

(4) 부하에 공급되는 전력은 출력 전압의 평균값과 출력 전류의 평균값의 곱이므로 다음과 같다.

$P_{15} = 248.73\times 24.87 = 6{,}185.92[\mathrm{W}]$

$P_{30} = 223\times 22.3 = 4{,}972.9[\mathrm{W}]$

$P_{60} = 148.61\times 14.86 = 2{,}208.34[\mathrm{W}]$

14. 인덕터가 매우 커서 출력전류가 맥동이 없는 일정 전류가 흐를 때의 출력전류의 평균값은 $I_a = \dfrac{3\sqrt{6}\,E}{2\pi R}\cos\alpha$ 이다. 이때 출력 전류의 평균값은 점호각이 $\alpha > 90^\circ$ 이면 부(-)의 값을 갖게 된다. 부(-)의 전류라 하는 것은 제어 정류회로에서 출력전류의 방향이 전원에서 부하로 향하는 방향이 아니고 그 반대, 즉 부하에서 전원으로 향하는 방향을 의미한다. 이것은 사이리스터의 구조상 역방향으로는 흐를 수 없다. 따라서 점호각이 90° 보다 큰 구간에서는 출력전압 및 출력전류의 평균값은 0(Zero)이다. 따라서 전력도 0이다.

15. 저항만의 부하에서 3상 전파 정류회로의 시뮬레이션 회로도 및 각부의 파형은 다음과 같다.

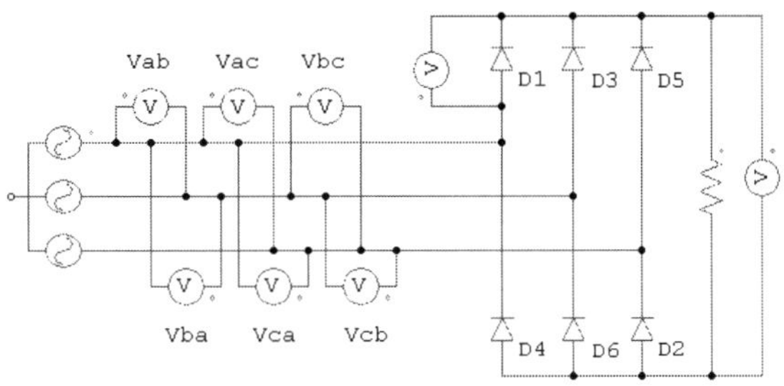

출력전압 시뮬레이션 회로

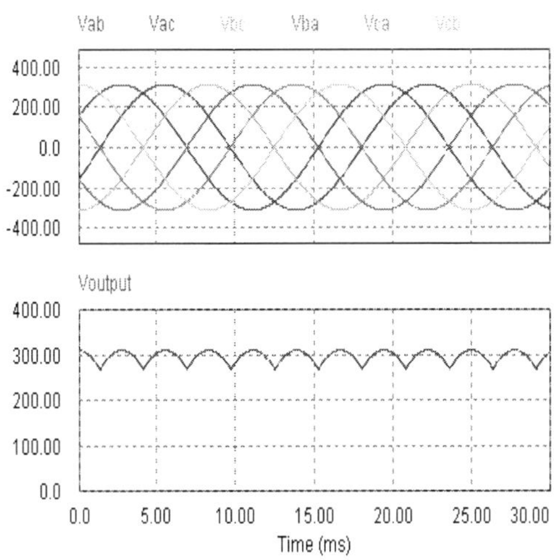

출력전압

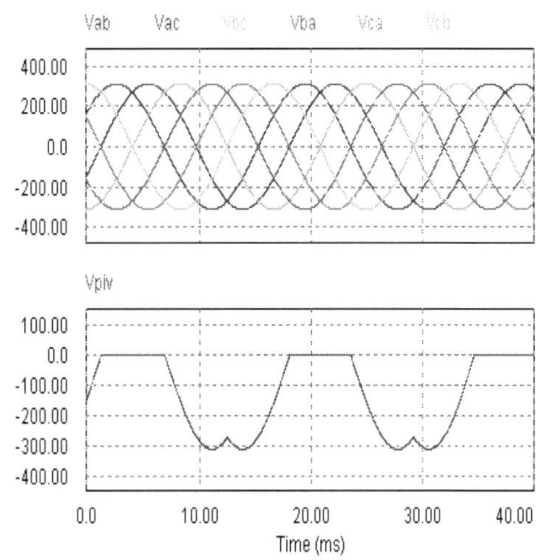

다이오드 역전압

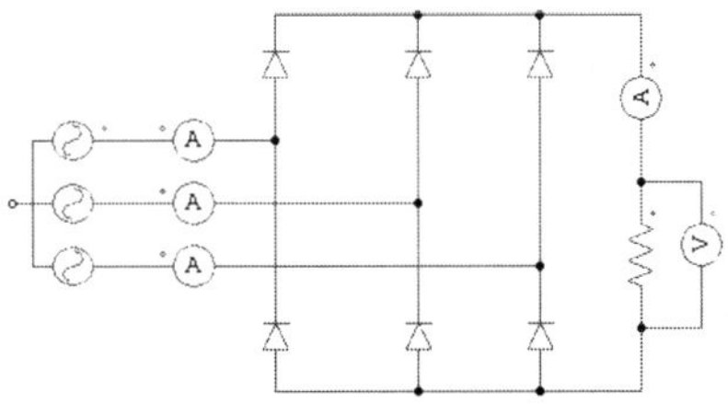

각 상전류 측정 회로

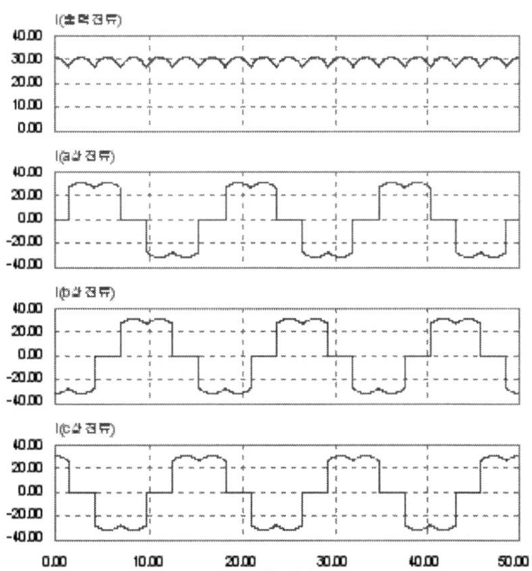

각 상의 전류

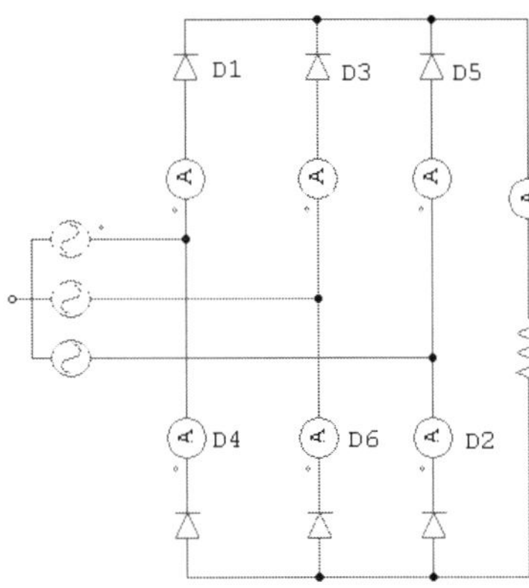

다이오드 전류 측정 회로

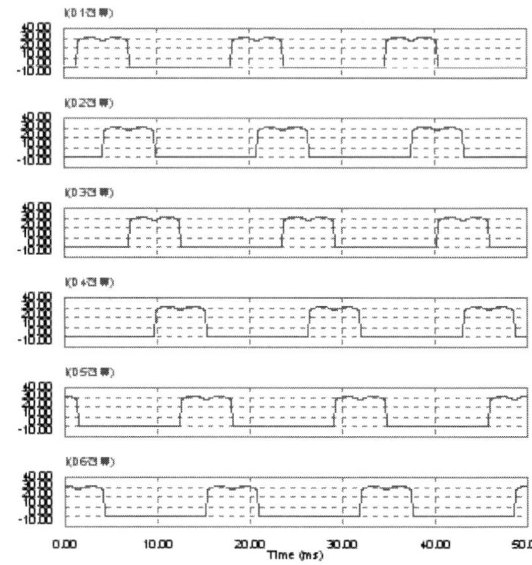

다이오드 전류

(1) $E_a = 1.35E_l = 1.35 \times 220 = 297[\text{V}]$

(2) $I_a = \dfrac{E_a}{R} = \dfrac{297}{10} = 29.7[\text{A}]$

(3) $PIV = \sqrt{2}\,E_l = \sqrt{2} \times 220 = 311[\text{V}]$

(4) $P = E_a \times I_a = 297 \times 29.7 = 8{,}820.9[\text{W}]$

16. 저항만의 부하에서 사이리스터를 이용한 3상 전파 제어 정류회로의 시뮬레이션을 위한 회로도 및 각 부의 파형은 다음과 같다.

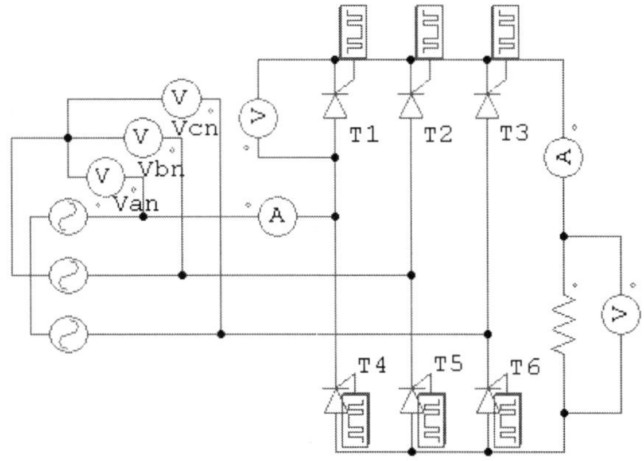

시뮬레이션 회로도

회로도에서 전원전압을 측정하기 위한 전압계는 3개 설치하였으나, 전압은 다이오드를 이용한 전파 정류회로에서와 같이 v_{ab}, v_{ac}, v_{bc}, v_{ba}, v_{ca}, v_{cb}의 순으로 출력되는 것으로 한다. 회로도에서, 현재 턴온 상태에 있는 사이리스터에 의해 출력되는 전압보다 높은 순시전압인 상에 연결된 사이리스터가 순방향 저지상태가 된다. 이때 게이트 신호를 가하여 제어정류기를 구동하여야 한다. 이때의 사이리스터에 가하는 게이트 신호의 순서를 표시한다.

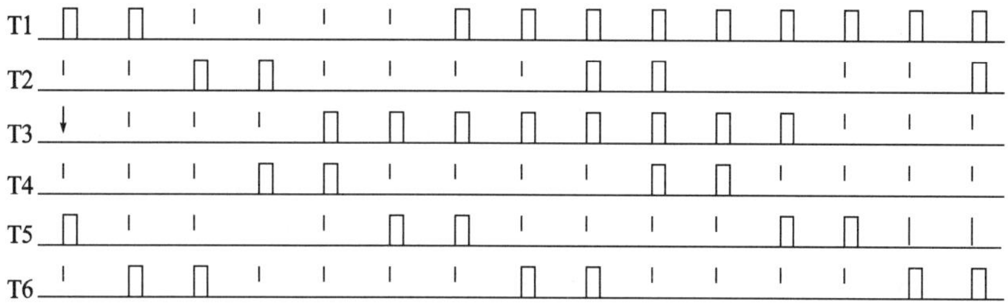

전원의 선간 전압이 주기적으로 반복하므로 턴온되어야 할 사이리스터는 파형의 순서인 v_{ab}, v_{ac}, v_{bc}, v_{ba}, v_{cb}, v_{ca}의 전압이 출력되도록 게이트 신호를 인가하여야 한다. 이때의 게이트 신호는 위의 그림과 같이 6개의 사이리스터에 전기각 $\pi/3$[rad] 마다 바뀌어 인가되고, 2개씩의 사이리스터가 동시에 턴온되어야 하므로 2중 펄스 형태가 되어야 한다. 이때 중요한 것은 각 선간전압이 전기각으로 $\pi/3$[rad] 동안 제일 크게 되므로 점호각 $\alpha = 0$의 기준이 되는 것은 $\pi/3$[rad] 이다. 또한 이 회로는 점호각의 크기에 따라 출력전압이 연속과 불연속으로 나뉘어 진다. 즉 점호각 $\alpha < 60°$이면 출력전압이 연속이고, $\alpha > 60°$이면 불연속이다.

$\alpha = 10°$(출력전압 연속)인 경우와 $\alpha = 80°$(출력전압 불연속)인 경우의 각 부의 파형을 표시한다.

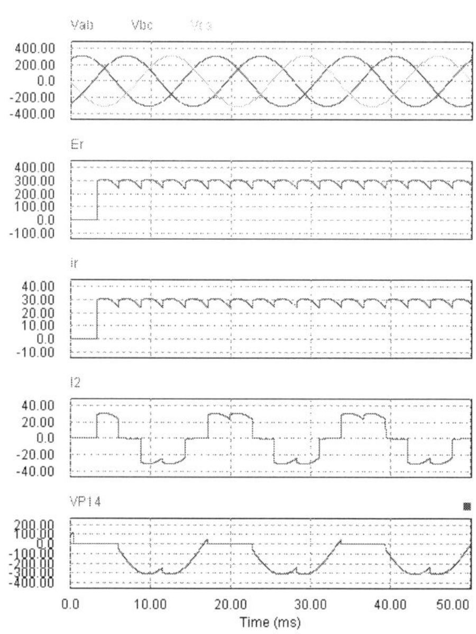

$\alpha = 10°$

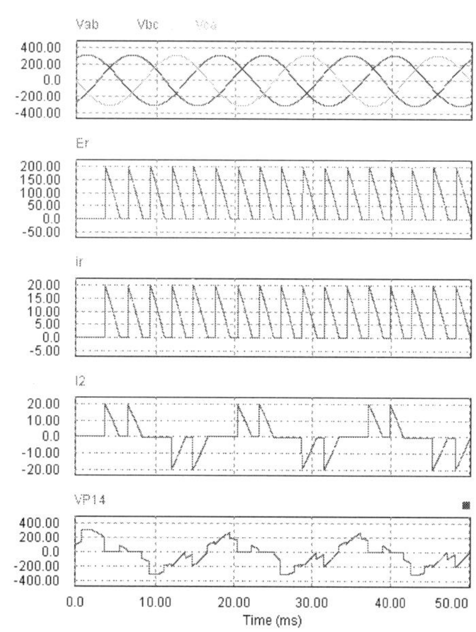

$\alpha = 80°$

(1) 점호각의 크기 α가 10°일 때는 출력전압이 연속이고, 80°일 때는 불연속이므로, 각각 구한다.

- 연속인 경우

$$E_a = \frac{3}{\pi}\int_{\alpha+60°}^{\alpha+120°} v_{ab} d\theta = \frac{3\sqrt{2}E}{\pi}\cos\alpha$$

$$= \frac{3\times 1.414\times 220}{3.14}\times\cos 10° = 292.7[\mathrm{V}]$$

- 불연속인 경우

$$E_a = \frac{3}{\pi}\int_{\alpha+60°}^{180°} v_{ab} d\theta = \frac{3\sqrt{2}E}{\pi}[1+\cos(\alpha+60°)]$$

$$= \frac{3\times 1.414\times 220}{3.14}\times[1+\cos 140°] = 69.5[\mathrm{V}]$$

(2) 사이리스터에 인가되는 역전압의 최대값은, 출력전압이 연속 또는 불연속 관계없이 선간전압의 최대값이 된다.

$$PIV = -220\sqrt{2} = -311.1[\mathrm{V}]$$

(3) $P = E_a \times I_a = 292.7\times\frac{292.7}{10} = 8{,}567.3[\mathrm{W}]$

제4장 AC-AC 변환 회로

1. (1) 시뮬레이션을 위한 회로도 및 결과 파형을 표시한다.

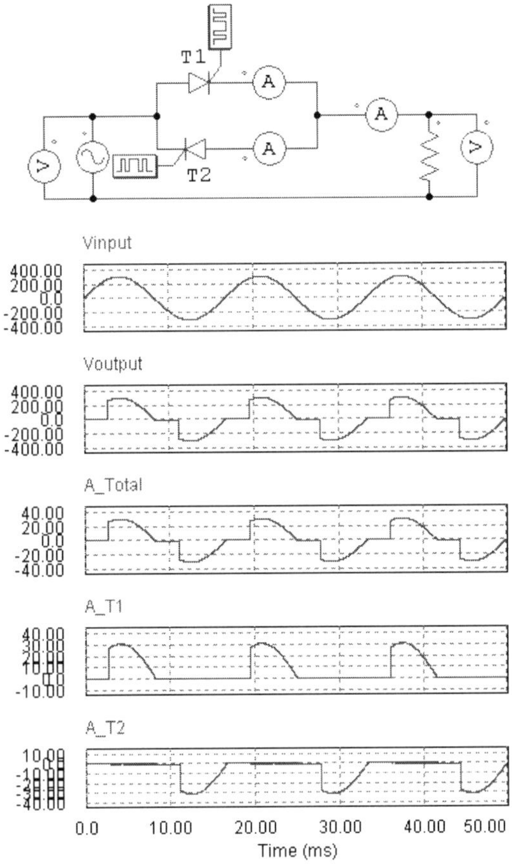

(2) - 반파 평균값 V_a

$$Va = \frac{\sqrt{2}\,V}{\pi}(1+\cos\alpha) = \frac{220\times 1.414}{3.14}(1+\cos 60°) = 148.6[\text{V}]$$

- 반파 실효값 V_r

$$V_r = V\sqrt{\frac{1}{\pi}\left[(\pi-\alpha)+\frac{1}{2}\sin 2\alpha\right]}$$

$$= 220\times\sqrt{1-\frac{60°}{180°}+\frac{1}{2\times 3.14}\sin 120°} = 197.3[\text{V}]$$

(3) $P = \frac{V_r^{\,2}}{R} = \frac{197.3^2}{10} = 3{,}892.7[\text{W}]$

(4) $I_r = \frac{V}{R}\sqrt{\frac{1}{\pi}[(\pi-\alpha)+\frac{1}{2}\sin 2\alpha]}$

$= \frac{220}{10}\times\sqrt{1-\frac{60°}{180°}+\frac{1}{2\times 3.14}\sin 120°} = 19.7[A]$

(5) $I_{Ta} = \frac{\sqrt{2}\,V}{2\pi R}(1+\cos\alpha) = \frac{220\times 3.14}{2\times 3.14\times 10}(1+\cos 120°) = 7.43[A]$

$I_{Tr} = \frac{V}{R}\sqrt{\frac{1}{\pi}(\frac{\pi-\alpha}{2}+\frac{1}{4}\sin 2\alpha)} = \frac{220}{10}\sqrt{\frac{1}{2}-\frac{60°}{2\times 180°}+\frac{1}{4}\sin 120°} = 16.3[A]$

(6) $p.f = \sqrt{\frac{1}{\pi}(\pi-\alpha+\frac{1}{2}\sin 2\alpha)} = \sqrt{1-\frac{60°}{180°}+\frac{1}{2\times 3.14}\sin 120°} = 0.897$

2. 교류전력을 제어할 수 있는 점호각의 범위는 "점호각 α > 부하임피던스각 ϕ"이다. 즉 $\phi = \tan^{-1}\frac{\omega L}{R} = \tan^{-1}\frac{377\times 0.05}{10} = 62.05°$이므로 점호각 α는 62.05°보다 크면 교류전력을 제어할 수 있다. 이 각 전후 60°및 70°에서 행한 시뮬레이션 회로도 및 결과 파형을 표시한다.

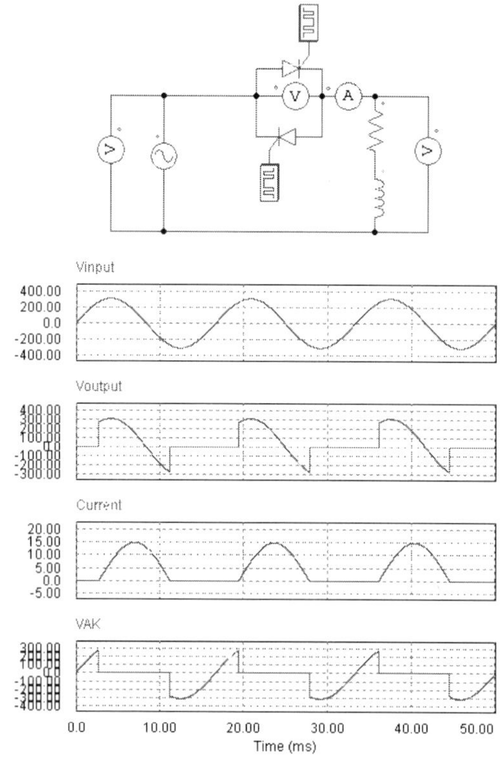

$\alpha = 60°$(제어 불가능)

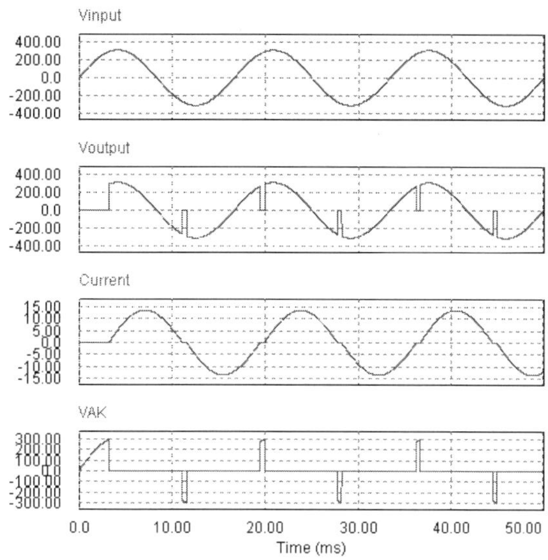

$\alpha = 70°$(제어가능)

3. 시뮬레이션을 위한 회로도 및 출력파형을 표시한다.

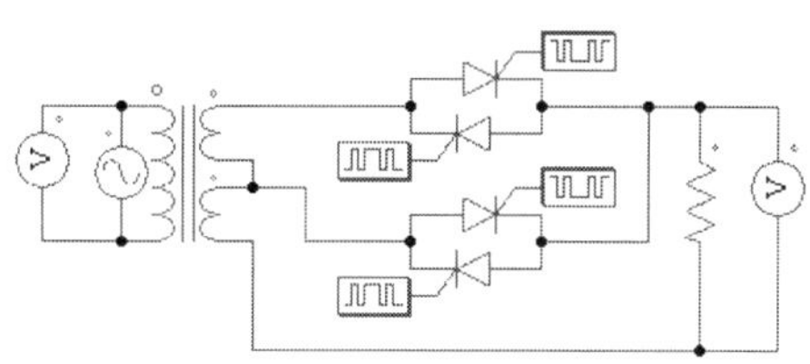

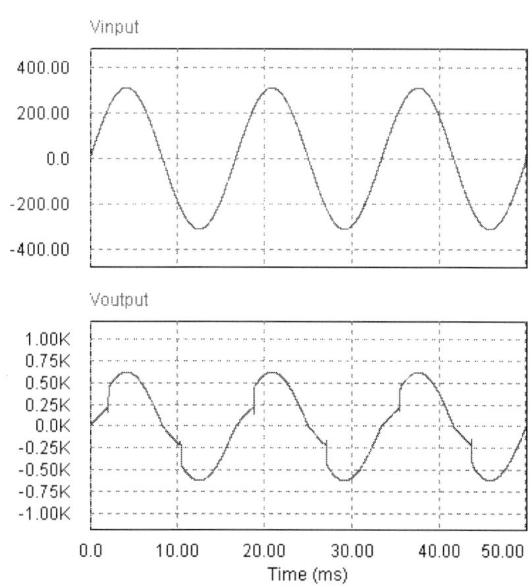

$$\text{실효값 } V_a = \sqrt{\frac{{V_{s2}}^2}{\pi}\left(\alpha - \frac{\sin 2\alpha}{2}\right) + \frac{(V_{s1}+V_{s2})^2}{\pi}\left(\pi - \alpha + \frac{\sin 2\alpha}{2}\right)}$$

$$= \sqrt{220^2\left(\frac{45°}{180°} - \frac{\sin 90°}{2\times 3.14}\right) + 440^2\left(1 - \frac{45°}{180°} + \frac{\sin 90°}{2\times 3.14}\right)} = 424.76[\text{V}]$$

4. 시뮬레이션을 위한 회로도 및 각 점호각에서의 파형을 표시한다.

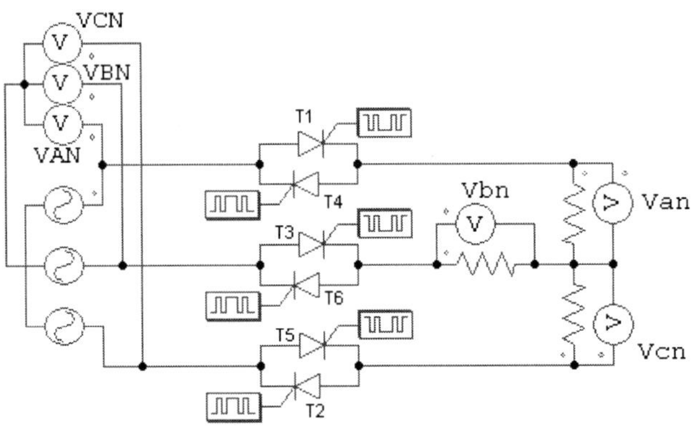

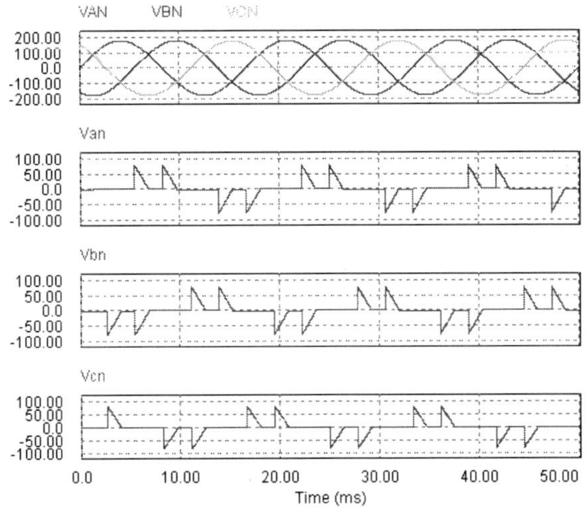

$\alpha = 120°$

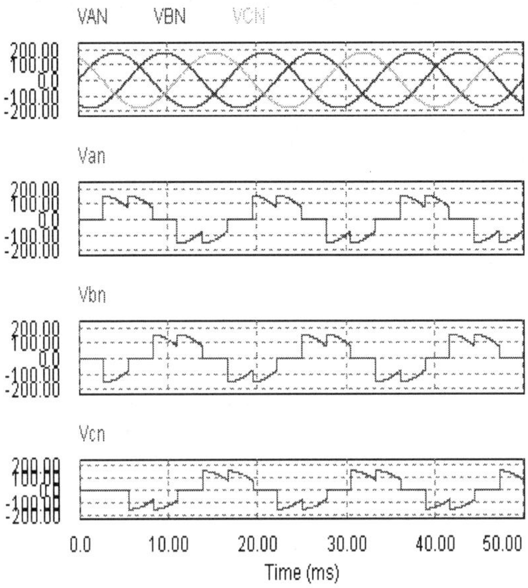

$\alpha = 60°$

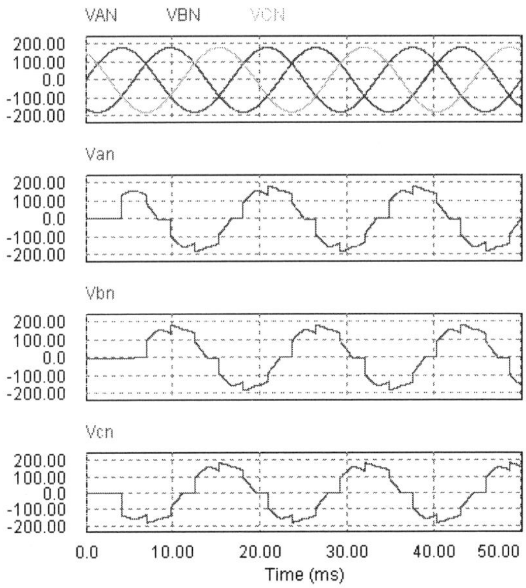

$\alpha = 30°$

5. 시뮬레이션을 위한 회로도 및 각 경우의 파형을 표시한다.

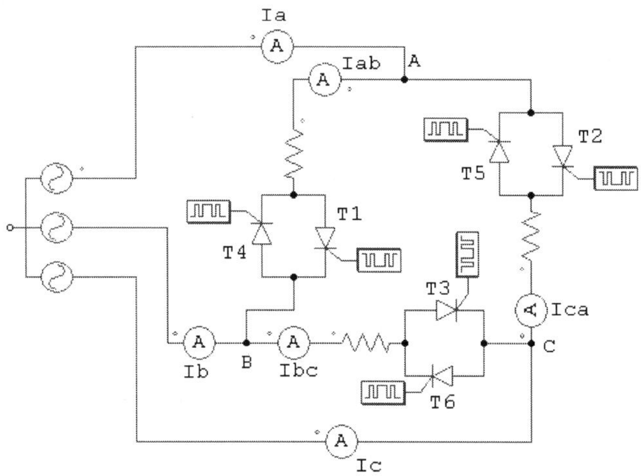

$$V_{a,120} = V\sqrt{\frac{1}{\pi}\left(\pi - \alpha + \frac{\sin 2\alpha}{2}\right)} = 220 \times \sqrt{1 - \frac{120°}{180°} + \frac{\sin 240°}{2 \times 3.14}} = 97.3[\mathrm{V}]$$

$$V_{a,60} = 220 \times \sqrt{1 - \frac{60°}{180°} + \frac{\sin 120°}{2 \times 3.14}} = 197.3[\mathrm{V}]$$

$$V_{a,30} = 220 \times \sqrt{1 - \frac{30°}{180°} + \frac{\sin 60°}{2 \times 3.14}} = 216.8[\mathrm{V}]$$

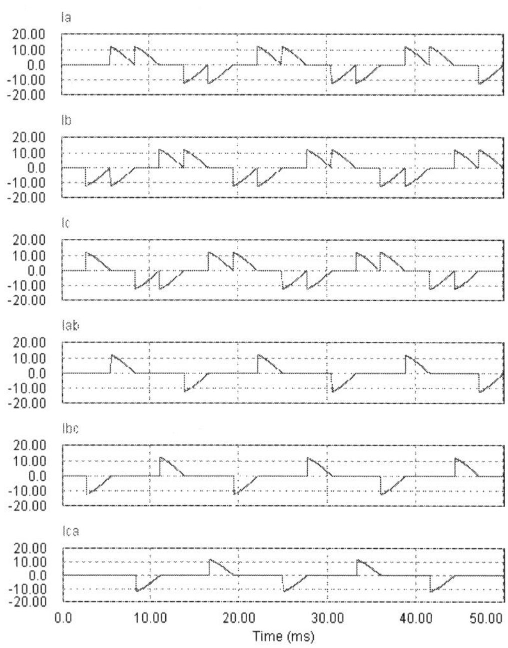

$\alpha = 120°$

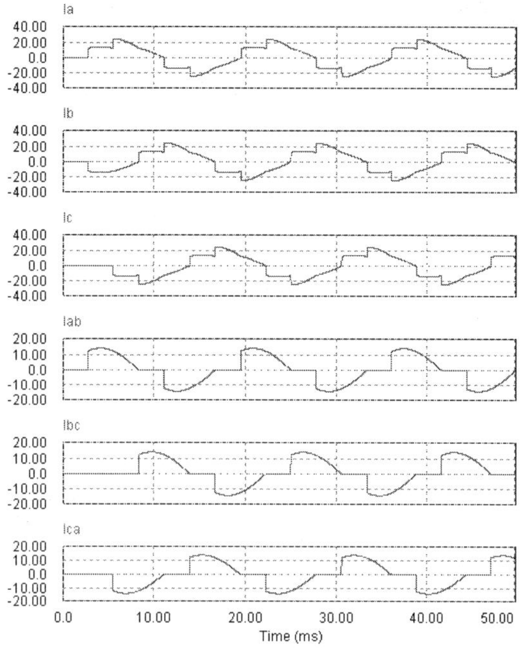

$\alpha = 60°$

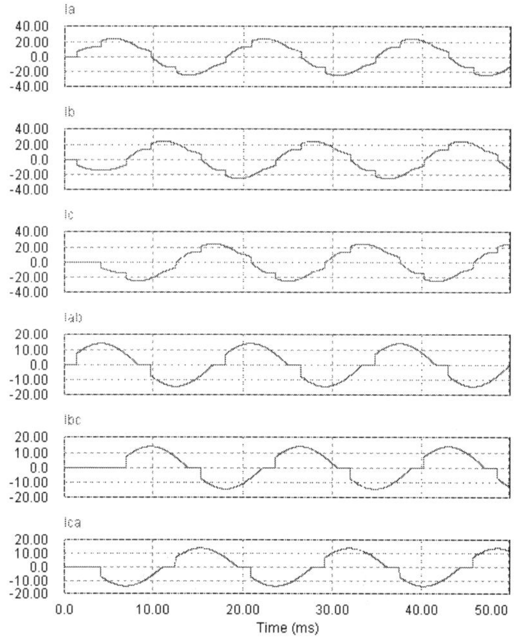

$\alpha = 30°$

6. 시뮬레이션을 위한 회로도 및 파형을 표시한다.

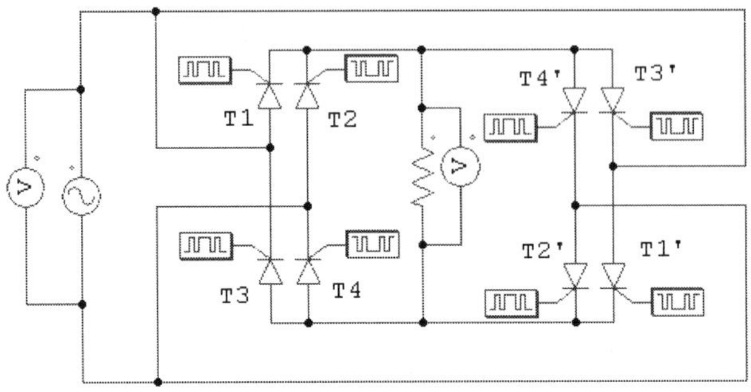

위의 회로도에서 전원전압의 주파수가 60[Hz]이므로 각 사이리스터의 스위칭 주파수는 20[Hz]가 된다. 그러므로 점호각을 60°로 하기위해서는 각 사이리스터에 가하는 턴온의 각도 1/3로 하여야 한다. 즉 다음과 같이 각 사이리스터의 게이트에 신호를 가하여야 한다.

사이리스터 번호	게이트 신호각
T1, T4	20, 140
T2, T3	80
T1', T4'	260
T2', T3'	200, 320

이때의 전원전압 및 출력파형을 표시한다.

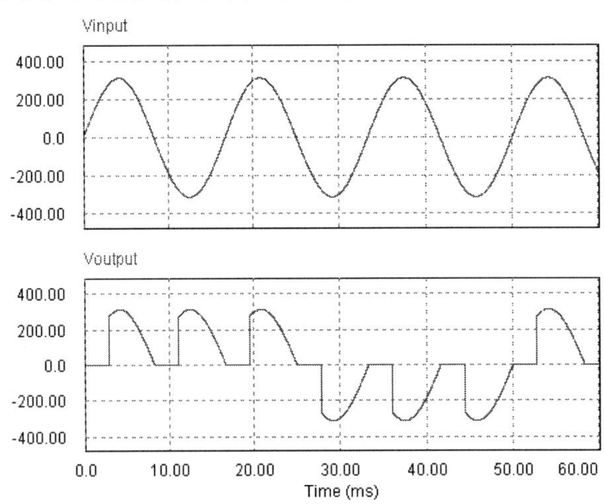

- 출력전압의 실효값

$$V_r = \sqrt{\frac{1}{3\pi}\left[\int_{\alpha}^{\pi}(\sqrt{2}\,V\sin\theta)^2 d\theta + \int_{\pi+\alpha}^{2\pi}(\sqrt{2}\,V\sin\theta)^2 d\theta + \int_{2\pi+\alpha}^{3\pi}(\sqrt{2}\,V\sin\theta)^2 d\theta\right]}$$

$$= \sqrt{\frac{1}{\pi}\int_{\alpha}^{\pi}(\sqrt{2}\,V\sin\theta)^2 d\theta} = V\sqrt{1-\frac{\alpha}{\pi}+\frac{\sin 2\alpha}{2\pi}}$$

$$= 220\sqrt{1-\frac{60°}{180°}+\frac{\sin 120°}{2\times 3.14}} = 197.3[\text{V}]$$

제5장 DC-AC 변환 회로

1. 인버터는 크게 두 종류로 분류할 수 있다. 하나는 교류전원에 의해 轉流되는 타려식 인버터와, 다른 하나는 회로 자체 또는 소자 자체로 轉流 능력을 갖는 독립된 교류를 발생하는 자려식 인버터가 있다.

(1) 인버터의 분류

<table>
<tr><td rowspan="2">타려식 인버터</td><td colspan="2">전원 轉流형 인버터</td></tr>
<tr><td colspan="2">부하 轉流형 인버터</td></tr>
<tr><td rowspan="4">자려식 인버터</td><td rowspan="2">공진형 인버터</td><td>직렬형 인버터</td></tr>
<tr><td>병렬형 인버터</td></tr>
<tr><td rowspan="2">구형파 인버터</td><td>전압형 인버터</td></tr>
<tr><td>전류형 인버터</td></tr>
</table>

(2) 轉流 방식에 의한 분류

轉流방식	구 분	동 작
타려식 인버터	전원 轉流	교류 상용전원을 입력으로 하는 전력변환장치에서 교류 전원전압에 의해 轉流
	부하 轉流	상용전원에는 상관없이, 전력변환장치의 부하가 발생하는 전압에 의해 轉流
자려식 인버터	디바이스 轉流	자기 소호 능력을 갖는 디바이스에 의한 轉流
	임펄스 轉流	자기 소호 능력이 없는 사이리스터를 강제로 소호하기 위해 轉流회로를 사용

(3)전압 및 전류형 인버터의 특징

	전압형 인버터	전류형 인버터
출력 파형의 특징	전압 파형이 구형파	전류 파형이 구형파
회로 구성상에 따른 특징	- 주소자와 피드백 다이오드가 있다 - 직류 전원은 저임피던스의 전압원(평활용 콘덴서를 갖는다)	- 주소자는 한 방향으로만 전류를 흘리며, 피드백 다이오드가 없다 - 직류 전원은 고임피던스 전류원(직렬 리액터를 갖는다)
특성에 대한 특징	- 부하 단락시에는 과전류가 흐른다 - 개루-프에서도 안정한 전동기 구동이 가능하다	- 부하 단락시에도 과전류 억제 가능 - 전동기 구동에서는 불안정성이 있어 피드백 제어 필요

2. (1) 구형파 출력 : 전압형 단상 풀브리지 인버터 회로에서 구형파를 출력시키기 위해서는, 문제의 회로도에서 스위치 Q_1과 Q_4를 동시에 $0 \sim 180°$동안 온시키고, 스위치 Q_2와 Q_3를 동시에 $180 \sim 360°$ 동안 온시키면 된다. 이때의 구형파인 출력전압 e_0, 출력전류 i_0 및 전원전류 i_s의 시뮬레이션 파형을 표시한다.

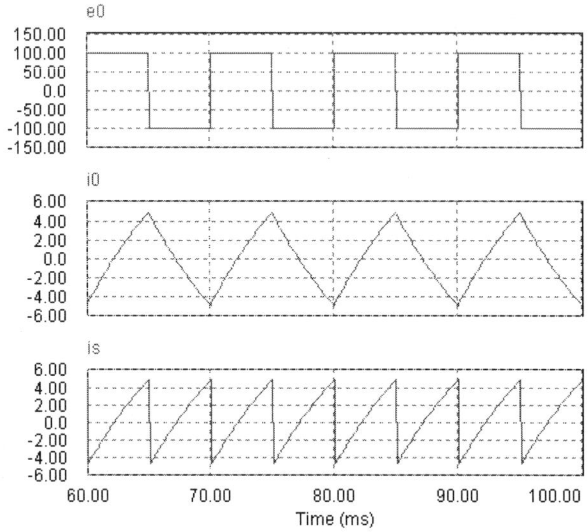

(2) 준구형파 출력 : 준구형파를 출력시키기 위해서는 회로도에서, 두 폴전압인 e_a와 e_b의 위상차가 발생하도록 스위치를 제어하면 된다. 즉, 예를 들어 60°의 위상차가 발생하도록 하기 위해서는 Q_1은 0 ~ 180°, Q_4는 0 ~ 120°, Q_3는 180 ~ 360°, Q_2는 180 ~ 300° 동안 온되도록 제어하면 된다. 이때의 시뮬레이션 파형을 표시한다.

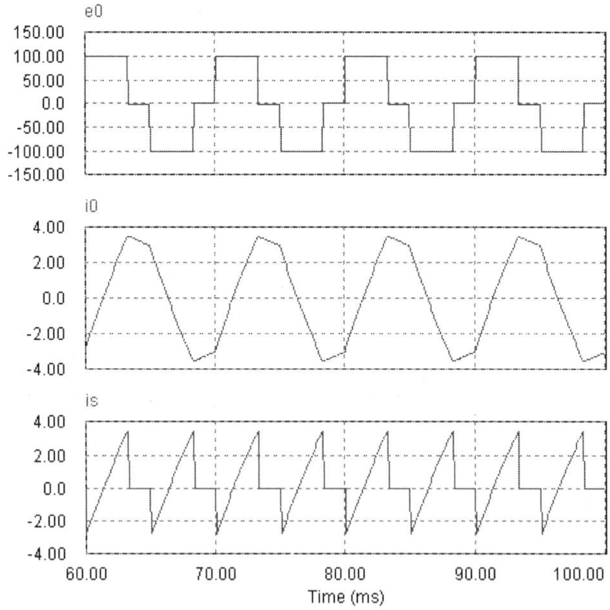

3. 기본파 전압의 실효값 $V_1 = \dfrac{4V}{\sqrt{2}\,\pi} = \dfrac{4 \times 200}{1.414 \times 3.14} \fallingdotseq 180[\mathrm{V}]$

출력 $P = \dfrac{1}{T}\displaystyle\int_0^T \dfrac{v_0^2}{R}dt = \dfrac{V^2}{R} = \dfrac{200^2}{10} = 4[\mathrm{kW}]$

4. 출력 선간전압의 실효값 $V_{LL}=\sqrt{\frac{2}{3}}\,V=\sqrt{\frac{2}{3}}\times 300=245[\mathrm{V}]$

출력 선간전압의 기본파 실효값 $V_{LL(\text{기본파 실효값})}=\frac{\sqrt{6}}{\pi}\,V=\frac{\sqrt{6}}{3.14}\times 300=234[\mathrm{V}]$

5. 3상 자여식 전압형 인버터의 각 스위치가 180° 도통할 때의 출력전압을 표시한다.

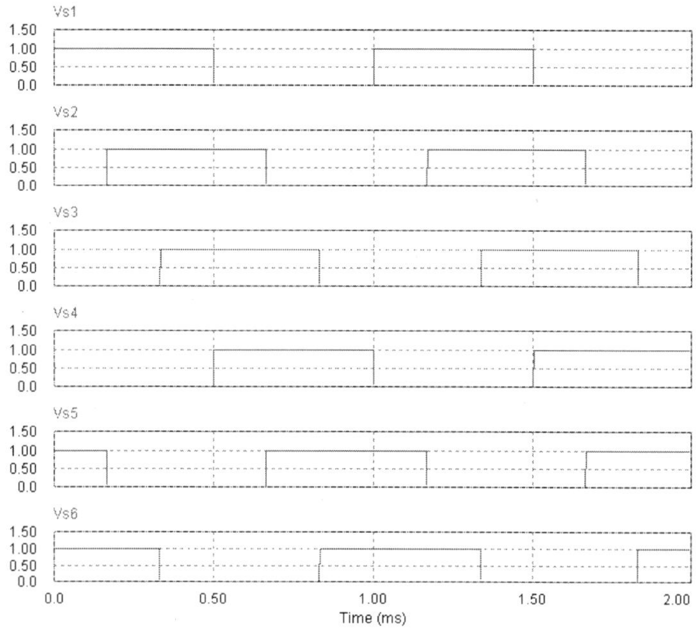

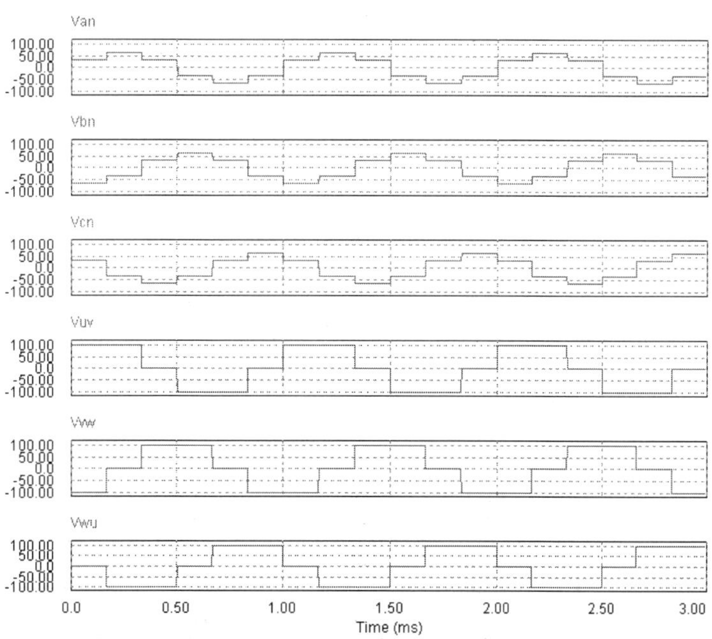

제6장 DC-DC 변환 회로

1. (1) 펄스폭 변조 방식(PWM : Pulse Width modulation) : 이 제어법의 방식을 표시한다.

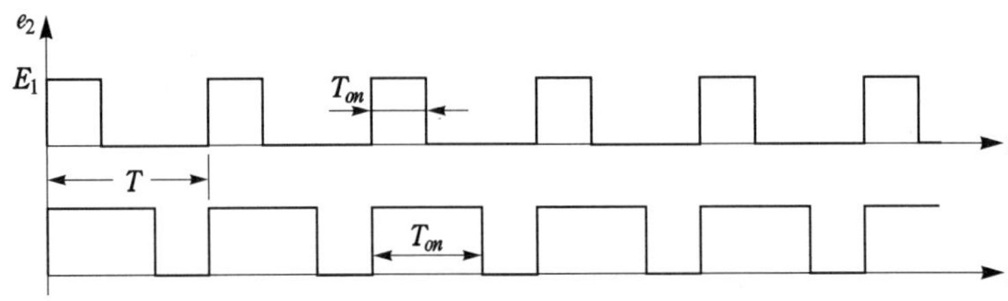

위의 그림과 같이 일정 주기 T에서 온 시간 T_{on}을 가변시키는 방식이다. 그러므로 오프 시간 T_{off}도 변화된다. 스위치의 온시간 T_{on}, 오프 시간 T_{off}와의 합이 일정하므로, 출력전압의 평균값 E_2는 다음과 같다.

$$E_2 = \frac{T_{on}}{T} E_1 = \alpha E_1$$

여기에서 E_1은 직류입력전압이고, α는 시비율(duty cycle)이라 한다. 따라서 출력전압은 스위치의 온 시간 T_{on}에 즉 시비율 α에 비례한다.

(2) 펄스 주파수 변조 방식(PFM : Pulse Frequency Modulation) : 이 제어의 방식을 표시한다.

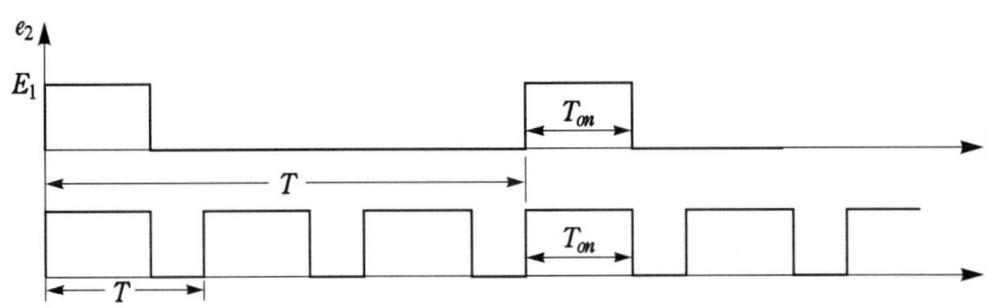

위의 그림과 같이 스위치의 온 시간 T_{on}을 일정하게 하고, 펄스의 주기 T를 변화시키는 방식이다. 이때의 출력전압은 다음과 같다.

$$E_2 = \frac{T_{on}}{T_{on} + T_{off}} E_1 = \frac{T_{on}}{T} E_1 = T_{on} \cdot f \cdot E_1 \text{ (단 } f = \frac{1}{T}\text{)}$$

즉 출력전압은 제어 주파수 f에 비례한다.

(3) 혼합 변조 방식(PWM + PFM) : dl 방식은 펄스폭 변조와 펄스 주파수 변조 방식을 혼합하는 것으로, 출력전압을 섬세하게 대폭적으로 가변하는 데에 적용된다. 이 제어법의 방식을 표시한다.

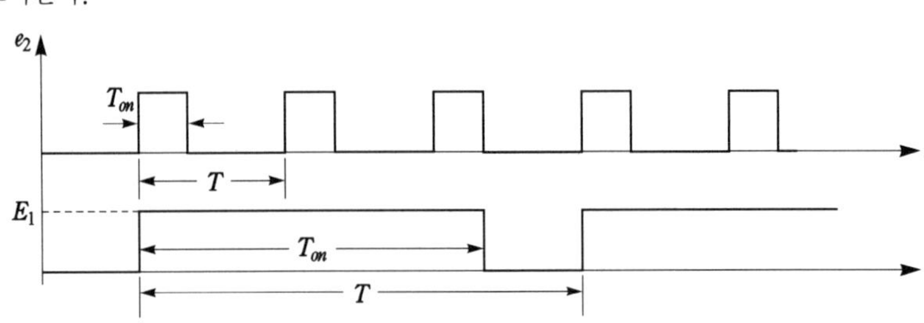

이때의 출력전압의 실효값은 다음과 같다.

$$E_{2r} = \sqrt{\frac{1}{T}\int_0^{\alpha T} E_1^{\,2} dt} = E_1\sqrt{\alpha}$$

또한 쵸퍼의 입력 및 출력에 내부 손실이 없을 경우 전력은 다음과 같이 시비율에 비례한다.

$$P_1 = P_2 = \frac{1}{T}\int_0^{\alpha T} E_1 i dt = \frac{1}{T}\int_0^{\alpha T} \frac{E_1^2}{R} dt = \alpha\frac{E_1^{\,2}}{R}$$

이때의 전원측에서 본 유효저항은 다음과 같이 시비율에 반비례한다.

$$R_e = \frac{E_1}{I} = \frac{E_1}{\alpha E_1/R} = \frac{R}{\alpha}$$

2. (1) 평균 출력전압 $E_2 = \alpha E_1 = 0.3 \times 100 = 30[\mathrm{V}]$

(2) 평균 출력전력 $P_2 = \alpha\dfrac{E_1^{\,2}}{R} = 0.3 \times \dfrac{100^2}{10} = 300[\mathrm{W}]$

(3) 출력 전압 및 전류의 시뮬레이션 파형을 표시한다. 한 주기 동안의 출력전압 및 출력전류는 다음과 같다.

- 스위치 온 시$(0 \le t \le \alpha T)$의 출력 전압 및 전류 :

$$e_2 = E_1 = 100[\mathrm{V}], \quad i = \frac{e_2}{R} = 10[\mathrm{A}]$$

- 스위치 오프 시$(\alpha T \le t \le T)$의 출력 전압 및 전류 :

$$e_2 = 0[\mathrm{V}], \quad i = \frac{e_2}{R} = 0[\mathrm{A}]$$

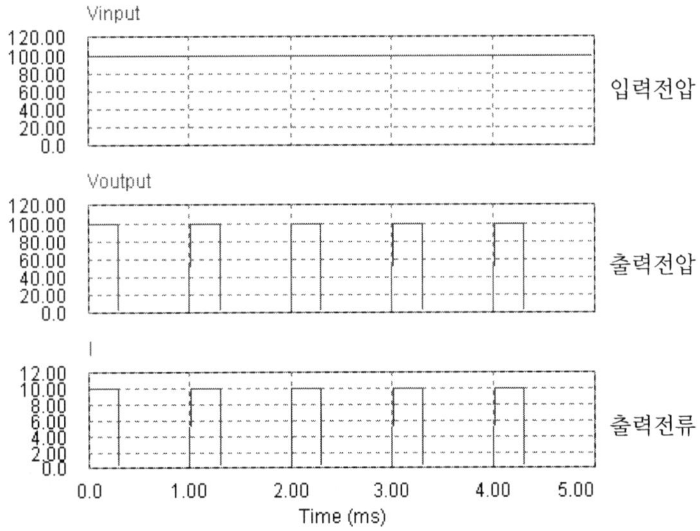

3. 시뮬레이션 파형을 표시한다.

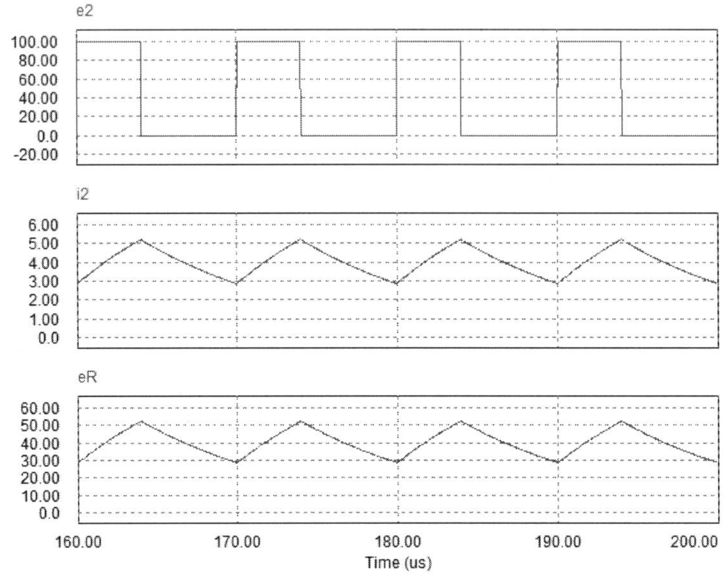

4. (1) 출력평균전압 $E_0 = \alpha E_1 = 0.5 \times 100 = 50[\mathrm{V}]$

출력평균전류 $I_0 = \dfrac{E_0}{R} = \dfrac{50}{10} = 5[\mathrm{A}]$

(2) 인덕터에 흐르는 전류의 최대값, 최소값

$$I_{\max} = I_0 + \frac{1-\alpha}{2L}E_0 T = 5 + \frac{1-0.5}{2\times 10^{-3}} \times 50 \times 10^{-4} = 6.25[\mathrm{A}]$$

$$I_{\min} = I_0 - \frac{1-\alpha}{2L}E_0 T = 5 - \frac{1-0.5}{2\times 10^{-3}} \times 50 \times 10^{-4} = 3.75[\mathrm{A}]$$

(3) 피크 맥동성분전압 $\Delta E_C = \dfrac{\Delta I}{8fC} = \dfrac{6.25-3.25}{8\times 10 \times 10^3 \times 50 \times 10^{-6}} = 0.75[\mathrm{V}]$

(4) 인덕터 전류

$-0 \le \alpha \le 0.5T$:

$$i_L = \frac{E_1 - E_2}{L}t + I_{\min} = \frac{100-50}{10^{-3}}t - 3.75 = 5\times 10^4 t - 3.75[\mathrm{A}]$$

$-0.5T \le \alpha \le T$:

$$i_L = -\frac{E_2}{L}(t - 50\mu s) + I_{\max} = -5\times 10^4(t-50\mu s) + 6.25[\mathrm{A}]$$

(5) 입력전압 E_1, 인덕터 전류 i_L, 입력전류 $i_s = i_1$, 콘덴서 전류 i_C, 콘덴서 전압 e_C의 파형의 시뮬레이션

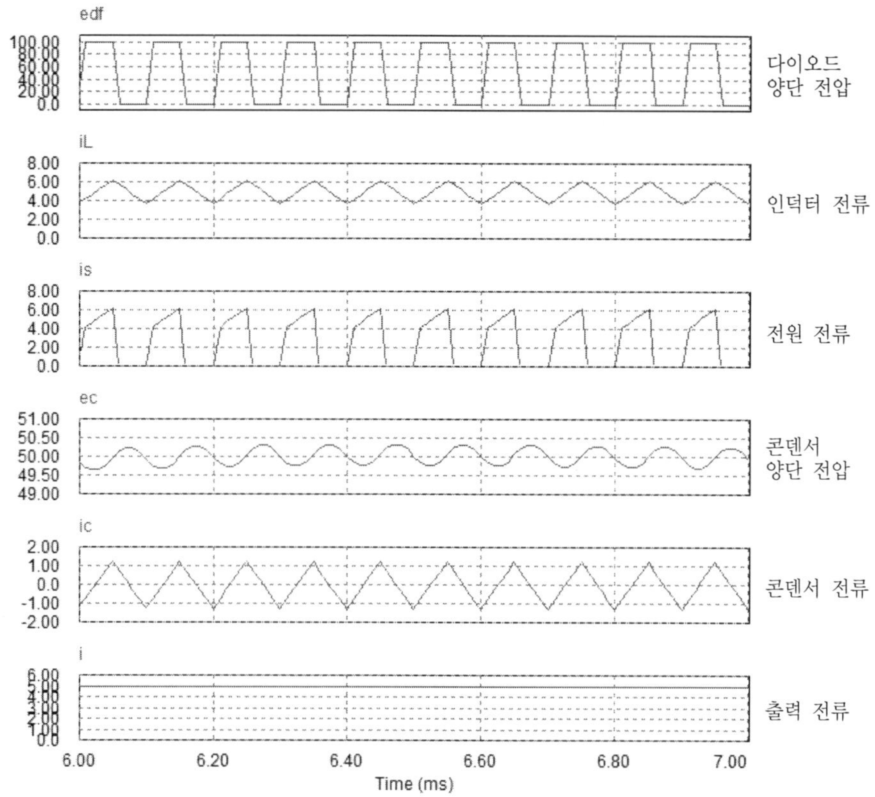

5. (1) 출력평균전압 $E_0 = \dfrac{E_1}{1-\alpha} = \dfrac{50}{1-0.4} = 83.3[\text{V}]$

(2) 출력평균전류 $I_0 = \dfrac{E_0}{R} = \dfrac{83.3}{10} = 8.3[\text{A}]$

(3) 부하전력 $P_0 = \dfrac{E_0^{\,2}}{R} = \dfrac{83.3^2}{10} = 693.9[\text{W}]$

(4) 인덕터 평균전류는 입력전력과 출력전력이 같다는 조건하에서 다음과 같이 구해진다.

입력전력 $P_{in} = E_1 I_L$

출력전력 $P_0 = E_0 I_0$

$$I_L = \frac{I_0}{1-\alpha} = \frac{E_1}{(1-\alpha)^2 R} = 13.9[\text{A}]$$

(5) 인덕터에 흐르는 전류

최대값 $I_{\max} = I_L + \dfrac{E_1}{2L}\alpha T = 13.9 + \dfrac{50}{2\times 100\times 10^{-6}} \times 0.4 \times 10^4 = 23.9[\text{A}]$

최소값 $I_{\min} = I_L - \dfrac{E_1}{2L}\alpha T = 13.9 - \dfrac{50}{2\times 100\times 10^{-6}} \times 0.4 \times 10^4 = 3.9[\text{A}]$

(6) 시뮬레이션파형

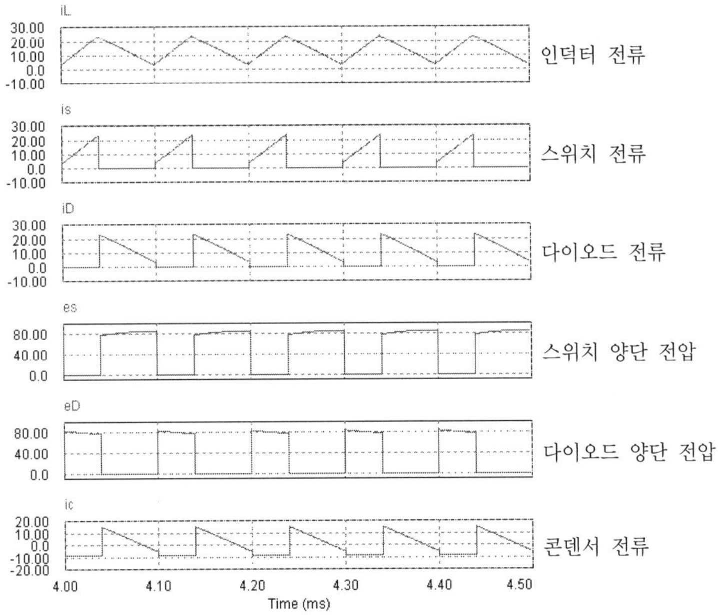

6. 출력전압 $V_0 = \alpha V_s = 0.3 \times 72 = 21.6[\mathrm{V}]$

스위칭 주파수의 최소값 $f_{\min} = \dfrac{(1-\alpha)R}{2L} = \dfrac{(1-0.3)\times 20}{2\times 1\times 10^{-3}} = 7[\mathrm{kHz}]$

이므로 여유를 두어 1.25배를 하면 $f = 8.75[\mathrm{kHz}]$가 된다.

맥동전압의 크기 $\Delta V_0 = \dfrac{V_0(1-\alpha)}{8LCf^2} = \dfrac{21.6\times(1-0.3)}{8\times 1\times 10^{-3}\times 20\times 10^{-6}\times(8.75\times 10^3)^2}$

$= 1.23[\mathrm{V}]$

7. 출력전압 $V_0 = \dfrac{V_s}{1-\alpha} = \dfrac{48}{1-0.6} = 120[\mathrm{V}]$

인덕터의 최소값 $L_{\min} = \dfrac{\alpha(1-\alpha)^2 R}{2f} = \dfrac{0.6\times(1-0.6)^2\times 20}{2\times 10\times 10^3} = 0.096[\mathrm{mH}]$

맥동전압의 크기 $\Delta V_0 = \dfrac{\alpha V_0}{RCf} = \dfrac{0.6\times 120}{20\times 100\times 10^{-6}\times 10\times 10^3} = 3.6[\mathrm{V}]$

인용문헌

1. 박민호 저 “전력전자공학” 동명사, 2000년 1월

2. 노의철 외 2인 “전력전자공학” 문운당, 2002년 1월

3. 한경희 외 3인 “전력변환회로” 동일출판사, 1990년 5월

4. Muhammad H. Rashid “Power Electronic” Prentice Hall, 2004년 2월

저 · 자 · 약 · 력

저자 | 한경희

- 명지대학교 공과대학 전기공학과 졸업(공학사)
- 일본 Nagoya대학교 대학원 전기공학과 졸업(공학석사)
- 일본 Nagoya대학교 대학원 전기공학과 졸업(공학박사)
- 명지대학교 공과대학 전기공학과 교수
- (현)명지대학교 공과대학 전기공학과 명예교수

저자 | 오봉환

- 명지대학교 공과대학 전기공학과 졸업(공학사)
- 명지대학교 대학원 전기공학과 졸업(공학석사)
- 일본 Nagoya대학교 대학원 전기공학과 졸업(공학박사)
- (현)명지전문대학 전기과 교수

저자 | 전지용

- 명지대학교 공과대학 전기공학과 졸업(공학사)
- 명지대학교 대학원 전기공학과 졸업(공학석사)
- 명지대학교 대학원 전기공학과 졸업(공학박사)
- (현)아주자동차대학 자동차계열 교수

반도체 전력변환회로

발 행 / 2023년 9월 5일

•

저 자 / 한경희, 오봉환, 전지용
펴 낸 이 / 정 창 희
펴 낸 곳 / 동일출판사
주 소 / 서울시 강서구 곰달래로31길 7 (2층)
전 화 / (02) 2608-8250
팩 스 / (02) 2608-8265
등록번호 / 제109-90-92166호

•

ISBN 978-89-381-0685-8 93560
값 / 15,000원